周期表

10	11	12	13	14	15	16	17	18
								₂He ヘリウム 4.003
			₅B ホウ素 10.81	₆C 炭素 12.01	₇N 窒素 14.01	₈O 酸素 16.00	₉F フッ素 19.00	₁₀Ne ネオン 20.18
			₁₃Al アルミニウム 26.98	₁₄Si ケイ素 28.09	₁₅P リン 30.97	₁₆S 硫黄 32.07	₁₇Cl 塩素 35.45	₁₈Ar アルゴン 39.95
₂₈Ni ニッケル 58.69	₂₉Cu 銅 63.55	₃₀Zn 亜鉛 65.38	₃₁Ga ガリウム 69.72	₃₂Ge ゲルマニウム 72.63	₃₃As ヒ素 74.92	₃₄Se セレン 78.97	₃₅Br 臭素 79.90	₃₆Kr クリプトン 83.80
₄₆Pd パラジウム 106.4	₄₇Ag 銀 107.9	₄₈Cd カドミウム 112.4	₄₉In インジウム 114.8	₅₀Sn スズ 118.7	₅₁Sb アンチモン 121.8	₅₂Te テルル 127.6	₅₃I ヨウ素 126.9	₅₄Xe キセノン 131.3
₇₈Pt 白金 195.1	₇₉Au 金 197.0	₈₀Hg 水銀 200.6	₈₁Tl タリウム 204.4	₈₂Pb 鉛 207.2	₈₃Bi ビスマス 209.0	₈₄Po ポロニウム 〔210〕	₈₅At アスタチン 〔210〕	₈₆Rn ラドン 〔222〕
₁₁₀Ds ダームスタチウム 〔281〕	₁₁₁Rg レントゲニウム 〔280〕	₁₁₂Cn コペルニシウム 〔285〕	₁₁₃Nh ニホニウム 〔278〕	₁₁₄Fl フレロビウム 〔289〕	₁₁₅Mc モスコビウム 〔289〕	₁₁₆Lv リバモリウム 〔293〕	₁₁₇Ts テネシン 〔293〕	₁₁₈Og オガネソン 〔294〕

₆₄Gd ガドリニウム 157.3	₆₅Tb テルビウム 158.9	₆₆Dy ジスプロシウム 162.5	₆₇Ho ホルミウム 164.9	₆₈Er エルビウム 167.3	₆₉Tm ツリウム 168.9	₇₀Yb イッテルビウム 173.0	₇₁Lu ルテチウム 175.0
₉₆Cm キュリウム 〔247〕	₉₇Bk バークリウム 〔247〕	₉₈Cf カリホルニウム 〔252〕	₉₉Es アインスタイニウム 〔252〕	₁₀₀Fm フェルミウム 〔257〕	₁₀₁Md メンデレビウム 〔258〕	₁₀₂No ノーベリウム 〔259〕	₁₀₃Lr ローレンシウム 〔262〕

104番元素以降の諸元素の化学的性質は明らかになっているとはいえない。

有機化学スタンダード

小林啓二・北原　武・木原伸浩　編集

生物有機化学

北原　武・石神　健・矢島　新　共著

裳華房

Bioorganic Chemistry

by

Takeshi KITAHARA   DR. AGR.
Ken ISHIGAMI   DR. AGR.
Arata YAJIMA   DR. SCI.

SHOKABO

TOKYO

JCOPY 〈出版者著作権管理機構 委託出版物〉

刊 行 趣 旨

　本シリーズは、化学専攻学科のみならず、広く理、工、農、薬、医、各学部で有機化学を学ぶ学生、あるいは高専の化学系学生を対象として、有機化学の2単位相当の教科書・参考書として編まれたものである。

　理系の専門科目あるいは専門基礎科目としての有機化学は、「基礎有機化学」、「有機化学Ⅰ」、「有機化学Ⅱ」などの講義名で行われている例が多いように見受けられる。おおかたは、数ある分厚い“有機化学”の教科書の内容を、上記のようないくつかの講義に分散させたシラバスになっているようである。有機化学といってもその中身はたいへん広く、学部によって重点の置き方は違うのかもしれないが…。一方、裾野の広い有機化学の内容をテーマ（分野）別に学習するというのも、有機化学を学ぶ一つの有効な方法であろう。専門科目ではこのようなカリキュラムも設定されているはずである。専門基礎の教育にあっても、このようなアプローチは可能と思われる。以上のような背景を考慮して、有機化学の専門基礎に相当する必須のテーマ（分野）を選び、それぞれについて、いわばスタンダードとすべき内容を盛って、学生の学びやすさと教科書としての使いやすさを最重点に考えて企画したものが本シリーズである。

　編集委員はそれぞれ、理学、工学、農学の各学部をバックグラウンドとする教育・研究の経験を豊富にもち、大学の初年度教育にも深くかかわってきている。編集委員のあいだで充分議論を重ね、テーマを選んだ。さらに、編集方針として、次の各点に配慮することにした。

1．対象読者にふさわしくできるだけ平易に、懇切に解説する。
2．記述内容はできるだけ精選し、網羅的でなく、本質的で重要なものに限定し、それらを充分に理解させるように努める。
3．全体を15章程度とし、各章を自己完結させる。これにより、15回の講義を進めやすくする。
4．基礎的概念を充分に理解させるため、各章末に演習問題を設け、また巻末にその解答を載せる。
5．適宜、内容にふさわしいコラムを挿入し、学習への興味をさらに深めるよう工夫する。

　原稿は編集委員全員が目を通し、執筆者と相談しながら改善に努めた。さいわい、執筆者の方々のご協力により、当初の目的は充分遂げられたものと確信している。

　本シリーズが理系各学部における有機化学の学習に役立ち、学生にとってのよき指針となることを願ってやまない。

「有機化学スタンダード」編集委員会

ま え が き

　本書は、大学の前期課程や高等専門学校などの学生諸君に、基礎有機化学を学んだ後、生体分子としての有機化合物全般について学んでもらうために書かれた「生物有機化学」の基礎的な教科書である。生体に関わる有機分子を対象に、主として物質的側面、有機化学的側面から、多様な性質と機能について、またどのように生体内でつくられ代謝されるかについて基本的に解説する。

　有機化学の基礎で学んだように、有機化合物の性質や機能は、それぞれのもつ構造と官能基の違いに由来していることが多い。植物をはじめ一部の生物は、光合成により二酸化炭素を固定して有機化合物に変換する。生物が、それらを代謝して多くの有機化合物を生産していく過程を生合成という。本書では、生物が生合成する多様な有機化合物を大まかに二つに分類した。前半では、直接生命活動に関わり一次代謝産物と呼ばれている糖質、タンパク質、脂質、核酸など生体高分子の構造や機能について解説する。後半では、光合成に始まり、生命活動の中で代謝されて出てくる比較的低分子の二次代謝産物について、主要な代謝経路に分類して生合成や代謝過程の仕組みおよび構造・機能について述べる。本書にまとめた分類を元にして多様な生体成分を眺めてみると、かなり整理できて記憶・理解しやすいのではないかと思う。

　一方、同じ生体分子の挙動を生物学や生化学分野から考察すると、違う側面が明らかになるであろう。これらの基礎については、その分野の適切な成書に譲ることにするが、化学と生物学の間に明確な境界線や区別があるわけではなく、生物有機化学や生化学と称される学問分野では、同様な生体分子を研究対象にして、手法も含め位相（フェーズ）が少々違う角度から観察・考察・解析している。本質を理解するには、どちらの分野に属していても周辺の科学的知識を含めた素養が必須なのである。

　生命科学に関わる有機化学の諸分野を学ぶ学生諸君はもちろんのこと、とくに遺伝子工学、バイオテクノロジー、糖鎖工学などの手段に興味を抱いており、生化学、細胞生物学など生物学的分野の研究者・技術者を目指す学生諸君にも、基礎的な化学知識の獲得のために読んでほしい。生体成分の物質的・化学的知識を獲得しておくことが、生物学的見地から未知の生命現象を探究・解明するうえで大いに役立つと、著者らは考えている。

　2018 年 7 月

著者を代表して　北 原　武

目　次

第1章　生物有機化学序論

1・1　有機化学と生命：世界における歴史的背景‥‥1
1・2　日本における有機化学の発展‥‥‥‥‥‥‥3
1・3　生物有機化学とは何か‥‥‥‥‥‥‥‥‥‥5

第2章　炭水化物

2・1　単糖類の構造と化学‥‥‥‥‥‥‥‥‥‥10
2・2　主要な単糖類の生物有機化学‥‥‥‥‥‥13
2・3　単糖類の反応‥‥‥‥‥‥‥‥‥‥‥‥‥15
　2・3・1　酸化剤との反応‥‥‥‥‥‥‥‥‥15
　2・3・2　還元剤との反応‥‥‥‥‥‥‥‥‥16
　2・3・3　アルコール類との反応‥‥‥‥‥‥17
2・4　二糖類の構造と化学‥‥‥‥‥‥‥‥‥‥18
　2・4・1　二糖類の構造‥‥‥‥‥‥‥‥‥‥18
　2・4・2　二糖類の反応‥‥‥‥‥‥‥‥‥‥19
2・5　オリゴ糖と多糖類‥‥‥‥‥‥‥‥‥‥‥19
　2・5・1　オリゴ糖‥‥‥‥‥‥‥‥‥‥‥‥19
　2・5・2　多糖類‥‥‥‥‥‥‥‥‥‥‥‥‥20
演習問題‥‥‥‥‥‥‥‥‥‥‥‥‥‥‥‥‥‥21

第3章　脂肪酸と脂質

3・1　脂質の分類‥‥‥‥‥‥‥‥‥‥‥‥‥‥23
3・2　単純脂質‥‥‥‥‥‥‥‥‥‥‥‥‥‥‥23
　3・2・1　脂肪酸‥‥‥‥‥‥‥‥‥‥‥‥‥23
　3・2・2　蝋‥‥‥‥‥‥‥‥‥‥‥‥‥‥‥25
　3・2・3　油脂‥‥‥‥‥‥‥‥‥‥‥‥‥‥25
3・3　複合脂質‥‥‥‥‥‥‥‥‥‥‥‥‥‥‥27
　3・3・1　リン脂質‥‥‥‥‥‥‥‥‥‥‥‥27
　3・3・2　糖脂質‥‥‥‥‥‥‥‥‥‥‥‥‥29
3・4　誘導脂質‥‥‥‥‥‥‥‥‥‥‥‥‥‥‥30
　3・4・1　ステロイド‥‥‥‥‥‥‥‥‥‥‥30
　3・4・2　その他の誘導脂質‥‥‥‥‥‥‥‥32
3・5　脂質と細胞膜‥‥‥‥‥‥‥‥‥‥‥‥‥33
演習問題‥‥‥‥‥‥‥‥‥‥‥‥‥‥‥‥‥‥33

第4章　アミノ酸

4・1　アミノ酸の化学‥‥‥‥‥‥‥‥‥‥‥‥35
　4・1・1　アミノ酸の構造‥‥‥‥‥‥‥‥‥35
　4・1・2　等電点‥‥‥‥‥‥‥‥‥‥‥‥‥37
　4・1・3　アミノ酸の分類‥‥‥‥‥‥‥‥‥38
　4・1・4　アミノ酸の分析‥‥‥‥‥‥‥‥‥41
4・2　アミノ酸の一文字表記‥‥‥‥‥‥‥‥‥42
4・3　その他のアミノ酸‥‥‥‥‥‥‥‥‥‥‥44
演習問題‥‥‥‥‥‥‥‥‥‥‥‥‥‥‥‥‥‥46

第5章　ペプチド・タンパク質

5・1　ペプチド結合‥‥‥‥‥‥‥‥‥‥‥‥‥47
　5・1・1　ペプチドの構造‥‥‥‥‥‥‥‥‥47
　5・1・2　ペプチドの合成‥‥‥‥‥‥‥‥‥49
5・2　リボソームペプチドと
　　　非リボソームペプチド‥‥‥‥‥‥‥‥‥52
5・3　タンパク質の構造‥‥‥‥‥‥‥‥‥‥‥54
　5・3・1　タンパク質の一次構造‥‥‥‥‥‥54
　5・3・2　タンパク質の二次構造‥‥‥‥‥‥55

vi 目　　次

5・3・3　タンパク質の構造的特徴による分類……57
5・3・4　タンパク質の三次構造………………57
5・3・5　タンパク質の四次構造………………58
5・3・6　タンパク質ドメイン…………………60
演 習 問 題………………………………………61

第6章　酵 素 と 反 応

6・1　酵素反応の基礎－触媒としての酵素………62
6・2　酵素の反応による分類………………66
6・2・1　酸化還元酵素（EC 1.X.X.X）………67
6・2・2　転移酵素（EC 2.X.X.X）……………68
6・2・3　加水分解酵素（EC 3.X.X.X）………69
6・2・4　リアーゼ（EC 4.X.X.X）……………70
6・2・5　異性化酵素（EC 5.X.X.X）…………71
6・2・6　リガーゼ（EC 6.X.X.X）……………72
演 習 問 題………………………………………73

第7章　核 　 酸

7・1　核酸の基礎－核酸の種類と構造……………74
7・2　DNA の塩基対…………………………77
7・3　RNA の構造と機能……………………78
7・3・1　mRNA…………………………………78
7・3・2　tRNA……………………………………80
演 習 問 題………………………………………83

第8章　微量必須成分：ビタミン・ホルモン

8・1　ビタミン…………………………………85
8・1・1　ビタミンの分類………………………85
8・1・2　水溶性ビタミン………………………85
8・1・3　脂溶性ビタミン………………………90
8・2　ホルモン…………………………………92
8・2・1　ホルモンの基礎………………………92
8・2・2　動物のホルモン………………………92
8・2・3　植物ホルモン…………………………94
演 習 問 題………………………………………96

第9章　光合成と糖代謝

9・1　ATP（アデノシン三リン酸）………………97
9・2　光合成と糖類の生成…………………97
9・3　糖質の代謝とエネルギー生産…………99
9・4　解 糖 系…………………………………99
9・5　ピルビン酸からアセチル CoA の生成……100
9・6　TCA 回路………………………………101
9・7　呼 吸 鎖…………………………………102
9・8　グルコースの代謝による ATP の総生産量
　　…………………………………………103
9・9　ペントースリン酸経路…………………104
演 習 問 題………………………………………104

第10章　一次代謝と生合成

10・1　一次代謝と二次代謝……………………106
10・2　脂質の代謝………………………………106
10・3　脂質の生成………………………………108
10・4　アミノ酸の生成…………………………109
10・5　アミノ酸の代謝…………………………111
演 習 問 題………………………………………114

第11章　二次代謝と生合成 (1) −生合成経路による分類：イソプレノイドの生合成−

11・1　二次代謝産物（二次成分）……………115
11・2　二次代謝産物の生合成経路による分類……115
11・3　イソプレノイドの生合成………………116
　11・3・1　イソプレノイド………………116
　11・3・2　メバロン酸経路と非メバロン酸経路
　　　　　　（MEP 経路）……………117
　11・3・3　イソプレン単位の縮合による

炭素鎖の伸長………………118
　11・3・4　モノテルペン………………119
　11・3・5　セスキテルペン………………121
　11・3・6　ジテルペン………………122
　11・3・7　トリテルペンとステロイド………123
　11・3・8　カロテノイド………………126
演習問題………………127

第12章　二次代謝と生合成 (2) −生合成経路による分類：ポリケチド・フェニルプロパノイド・アルカロイドの生合成−

12・1　酢酸-マロン酸経路………………128
　12・1・1　脂肪酸とポリケチド………………128
　12・1・2　β-ケトメチレン鎖からの変換………129
　12・1・3　ポリケチドにおける芳香環の形成………130
　12・1・4　ポリケチド合成酵素………………130
12・2　シキミ酸経路………………133
　12・2・1　芳香族アミノ酸………………133
　12・2・2　フェニルプロパノイド………………134
12・3　アミノ酸経路………………135
　12・3・1　アルカロイド………………135
　12・3・2　オルニチン由来のアルカロイド………135

　12・3・3　リシン由来のアルカロイド………137
　12・3・4　チロシンやフェニルアラニン由来の
　　　　　　アルカロイド………………137
　12・3・5　トリプトファン由来の
　　　　　　アルカロイド………………138
12・4　複合経路………………140
　12・4・1　フラボノイドやスチルベノイド………140
　12・4・2　カンナビノイド………………141
　12・4・3　一部のキノン類………………141
演習問題………………142

第13章　二次代謝と生合成 (3) −生物活性物質の機能による分類−

13・1　フェロモン………………143
　13・1・1　昆虫フェロモン………………143
　13・1・2　昆虫フェロモンの利用………………144
　13・1・3　微生物のフェロモン………………144
　13・1・4　哺乳類のフェロモン………………145
13・2　植物に関わる活性物質………………145
　13・2・1　ファイトアレキシン………………145
　13・2・2　他感物質………………146
13・3　昆虫に関わる活性物質………………146
　13・3・1　昆虫ホルモン様物質………………146

　13・3・2　殺虫剤………………147
　13・3・3　昆虫摂食阻害物質………………147
13・4　医薬・農薬………………148
　13・4・1　抗生物質………………148
　13・4・2　抗感染症薬としての抗生物質………148
　13・4・3　抗がん剤などの医薬としての
　　　　　　抗生物質………………149
　13・4・4　農薬としての抗生物質………………150
　13・4・5　植物由来の医薬品………………151
演習問題………………152

viii 目　　次

第14章　バイオテクノロジーと分子認識・人工酵素

14・1　バイオテクノロジーとは………………154
14・2　遺伝子操作………………………………154
14・3　コンビナトリアル生合成………………155
　14・3・1　ミュータシンセシス………………155
　14・3・2　酵素の改変…………………………157
　14・3・3　生合成経路の再構成………………158

14・4　ホスト–ゲストと人工酵素………………160
　14・4・1　生体触媒を用いた化学変換…………160
　14・4・2　人工ホスト…………………………161
　14・4・3　人工酵素……………………………163
演習問題…………………………………………164

演習問題解答………166
索　引………177

COLUMN

九炭糖とインフルエンザ　22
血液型・インフルエンザウイルスと糖脂質　34
翻訳後修飾　46
ペプチド合成の方向　61
PCR 法の登場　73
ゲノム　83
DNA の二重らせん　83
シグナル伝達　84
ビタミンの歴史　96
光合成の発見　105
光合成における二酸化炭素の固定　105
必須アミノ酸　111
色素としてのカロテノイド　127
麦角アルカロイド　142
マイトマイシン C の活性発現機構　153
キラルビルディングブロック　165

第1章 生物有機化学序論

　生物有機化学は、生物の生命活動に深く関わっている有機化合物すなわち生体成分について探究する学問分野である。第1章では、最初に、生命との関わりの中で有機化学がどのように発展してきたか、世界における歴史的背景と、それが日本にどのように伝承されたかを述べる。次いで、生物有機化学とは何か、そしてその発展の歴史を簡潔に述べ、生命活動に関わる生体成分の分類について解説し、これをもとに第2章以下の構成を示す。

1・1　有機化学と生命：世界における歴史的背景

　有機化学は、有機化合物について科学的に研究する学問である。では、有機化合物とは何か。実は生物およびその生命活動と深い関わりをもった分子なのである。本シリーズの『基礎有機化学』（小林啓二 著）および『立体化学』（木原伸治 著）では、有機化合物のもつ多様な構造と基本的性質について解説されているが、もともと有機化合物は生体成分として発見されてきている。有史以前から人類は、たとえばアルコール（酒）や酢や植物繊維や木材のような有機化合物を、食料や衣料や住居として利用し生存してきた。化学の発展により、18世紀後半には多数の有機化合物が生体から純粋にとりだされるようになった。スウェーデンのシェーレは、ブドウから酒石酸、レモンからクエン酸、酸敗した牛乳から乳酸（1780年ごろ）などと、種々の有機酸の単離に成功した（**図1・1**）。また、フランスのルエルは、1725年ごろにオランダで人尿から見つけられていた尿素を1773年ごろに改めてとりだし、その性質を調べた。これらの生体成分は成分元素として炭素を含んでおり、ほとんどが燃える性質（可燃性）をもつ。

シェーレ Scheele, K. W.
1742～1786年

ルエル Rouélle, H. M.
1718～1779年

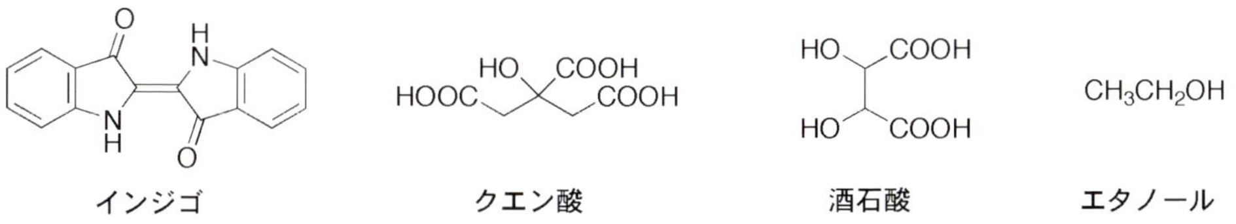

インジゴ　　　　　クエン酸　　　　　酒石酸　　　　　エタノール

図1・1　単離された有機化合物の例（構造が明らかになるのは後年）

　19世紀の初頭、スウェーデンの化学者ベルセリウスは、前世紀からの急激な化学の進歩により得られた多くの化合物の性質を元にして、次のように分類する新しい概念を提唱した。一方は、食塩や塩化アンモニウムのように人間の手でつくり出せる物質群であり、もう一方は、生体成分であるアルコールや、酸や、染料として知られていた青い色素インジゴのような物質群である。彼は、前者を**無機化合物**、後者を**有機化合物**と命名した。

ベルセリウス Berzelius, J. J.
1779～1848年

無機化合物
inorganic compound

有機化合物
organic compound

生命力 vital force
生気論 vitalism

以降、化学の分野において無機化合物を中心に研究する学問分野を無機化学、有機化合物を中心に研究する分野を有機化学と呼ぶようになった。彼は、生体成分である有機化合物は複雑な物質であるが故に、生命を有する有機体の**生命力**によってのみつくられ、人間の手で合成することはできないと考えた。1807年に提唱されたこの新しい概念である**生気論**は、当時の学問水準では妥当であると考えられ、化学の世界に流布定着した。

ウェーラー Wöhler, F.
1800～1882年
リービッヒ von Liebig, J.F.
1803～1873年

＊1 リービッヒは、シアン酸イオンと同じ組成であるが違う性質をもつ化合物に雷酸イオンと命名し、ウェーラーとの間で激しい論争が起こった。後に、どちらも正しく、これらは結合様式の違う異性体と判明した。

　この生気論は、約20年後の1828年、皮肉なことに彼自身の弟子であるドイツ人ウェーラーによって打破される。ドイツのリービッヒ[*1]との激しい競争の中で、ウェーラーは、無機化合物であるシアン酸イオンについて実験しているとき、偶然にとんでもない大発見に遭遇した。すなわち、シアン酸銀と塩化アンモニウムを混ぜて**図1・2**の括弧内に示すシアン酸アンモニウムをつくろうとした際、沈殿した塩化銀を濾過・除去した水溶液を加熱して濃縮したところ、熱で転位して尿素が生成してしまったのである。尿素は、先に述べたように典型的な有機化合物として知られていたため、この結果は世間を驚かせるとともに、生気論は打ち破られた。結果として有機化学は生命力から独立し、人間の手による有機化合物の合成が可能であることが判明して、有機合成化学が始まったのである。

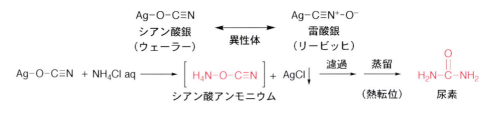

図1・2　尿素の合成

ケクレ Kekulé, A.
1829～1896年
パスツール Pasteur, L.
1822～1895年

＊2 パスツールの実験により、実は天然型と非天然型酒石酸の1:1の混合物であることが判明した。ブドウ酸はブドウの房を意味するラセミ酸と命名されていたので、以後、このような鏡像異性体の1:1混合物を**ラセミ体**（racemate）と呼ぶようになった。

ファントホッフ
van't Hoff, J. H.
1852～1911年
炭素正四面体説
theory of tetrahedral configuration of carbon

　有機化学の発展に拍車をかけたのは、19世紀後半に明らかにされた化学結合の理論（炭素正四面体説）である。1859年、ケクレは、炭素の原子価が4価であることを提唱し、さらに当時の大難問であったベンゼン（分子式, C_6H_6）の不飽和環状構造についても言及して、有機化合物の構造について画期的な第一歩を記した。しかしながら、フランスのパスツールによる1848年の大発見、「葡萄酒から得られた天然型（＋）-酒石酸と、あるとき偶然に生成した同じ組成の光学不活性なブドウ酸[*2]の関係を、再結晶による分離という驚くべき実験事実から明らかにした鏡像異性体に関する研究結果」を説明するには、ケクレ構造は不充分であった。1874年にオランダの若者、ファントホッフ（1901年第1回ノーベル化学賞受賞）が提出した**炭素正四面体説**がその矛盾点を解決し、立体化学も含めて正しい化学構造を表すことが可能となったのである（**図1・3**）。その後、20世紀に入ってから共有結合の概念が確立され、化学構造が基盤となる有機化学のすべての分

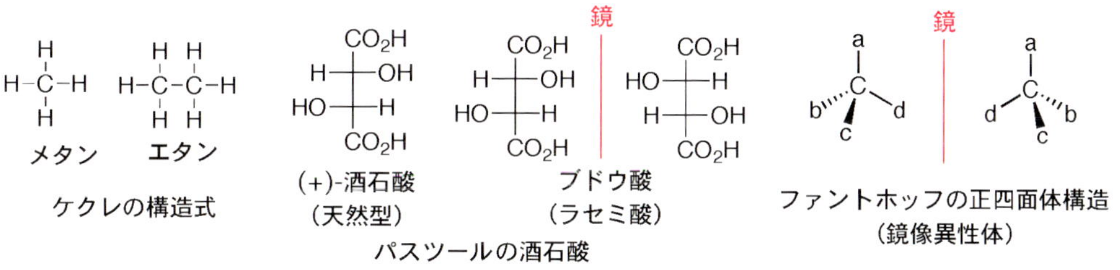

図 1・3　正四面体構造の提唱と立体化学

野の著しい発展を促した[*3]。

このような経緯を経て、生体物質を人間の手でつくる有機合成化学は、その後多くの化学者により研究され大きく発展した。20世紀後半には、きわめて複雑な有機化合物も合成が可能になった。代表的な例として、ウッドワード(1965年ノーベル化学賞受賞)らは、血圧降下作用をもつレセルピン(1956年)、さらに複雑な補酵素ビタミン B_{12} (1972年)等の合成に成功している(図 1・4)[*4]。現代においては、合理的な設計と経費があれば、有機化合物は人間の手で自由自在に合成できるといって過言ではないであろう(有機合成の基本的解説は、本シリーズの『有機反応・合成』(小林 進 著)で詳しく著述されている)。

[*3] 共有結合と正四面体構造についての詳細は、本シリーズ『基礎有機化学』の2・1節を参照せよ。

ウッドワード Woodward, R. B. 1917～1979年

[*4] ウッドワード-エッシェンモーザーの全合成
当時実現不能と思われていた、非常に複雑な分子であるビタミン B_{12} の全合成は、ウッドワード(米国ハーバード大学)とエッシェンモーザー(Eschenmoser, A.; スイス ETH)が1960年ごろから約12年を費やし、(下へ続く)

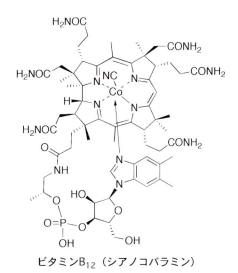

図 1・4　レセルピンとビタミン B_{12}

1・2　日本における有機化学の発展

明治政府は、鎖国により完全に立ち遅れていた日本の自然科学を急速に発展させるために、文明開化とともに有能な外国人教師を雇って大学生を教育した。その中から、とくに優秀な若者たちを、当時化学の最先端にあったドイツを中心とするヨーロッパに留学させた。化学の分野では留学生の

(上から続く)
延べ100人に及ぶ博士研究員を指揮して成功した有機合成化学における金字塔である。その間、「分子軌道の対称性理論」という新しい概念が創出されるなど、科学の進歩に大きく貢献した。

＊5　鈴木梅太郎のオリザニンとフンクのビタミン

1886 年にオランダのエイクマン（Eijkman, C.）は、白米食でニワトリに脚気が発生し、玄米食では治癒するという結果を得た。これを重視した鈴木は、1906 年ドイツ留学から帰国後、国民病といわれていた脚気の治癒を目指して研究を重ねた。その結果、1910 年に米糠から有効成分オリザニンを取り出し、動物の成育に必須な栄養素であることを明らかにした。ほぼ同じころ（1911 年）、ポーランドのフンク（Funk, K.）が同様の発見をしたと報告（実際には、ビタミン B_1 ではなく、ニコチン酸であったとされる）して、生命に必須（ヴァイタル）な塩基性のアミンであるということから、ビタミンと命名し、ヨーロッパの先進諸国にはこちらが流布したのである。ビタミン B_1 の機能が明確になるのは 10 年ほど後で、構造が決定されるのは 1937 年である。

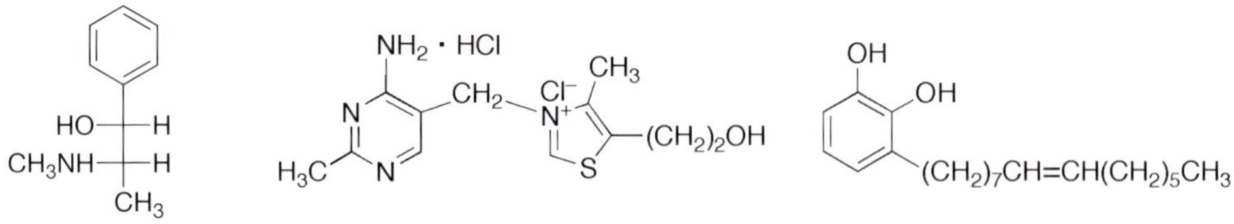

表 1・1　日本の諸分野における 3 人の有機化学の先駆者

長井長義（1845〜1929 年）　大学東校（東京大学医学部）卒。ドイツ Berlin 大学留学、Hofmann, A. W.（1818〜1892 年、ドイツ化学会創立者、アニリンの研究）に師事。東京帝国大学医学部教授、漢方薬の成分研究、麻黄よりエフェドリンの発見（1885 年）。

鈴木梅太郎（1874〜1943 年）　農科大学農芸化学科卒。ドイツ Berlin 大学留学、Fischer, E.（1852〜1919 年、糖類、核酸、アミノ酸の研究、1901 年第 2 回ノーベル化学賞受賞）に師事。東京帝国大学農学部教授、殺虫剤・ビタミン・食品成分等の研究、米糠中の抗脚気成分オリザニン（ビタミン B_1）の発見（1910 年）、1943 年文化勲章受章。

真島利行（1874〜1962 年）　理科大学化学科卒。ドイツ Kiel 大学、Harries, C. D.（1866〜1923 年、オゾンによる二重結合開裂反応の発見）およびスイス Zürich 大学 Willstätter, R. M.（1872〜1942 年、クロロフィル、花の色素の研究、1915 年ノーベル化学賞受賞）に師事。東北帝国大学理学部教授、植物成分・色素の研究、漆の主成分ウルシオールの構造決定（1903 年）、1949 年文化勲章受章。

本表および下記「彼らが卓越していたのは…図ろうとした点である」の記述は、伊能 敬 編著『基礎化学 II ─化学と人間のかかわり─』（森 謙治 分担執筆；旺文社、1982）および森 謙治 著『有機化学 I ─有機化学の基礎─』（養賢堂、1988）より一部改変して引用した。

中から 3 人の巨人が出現し、日本の薬学系・農学系・理工学系の有機化学の基礎を築き上げたのである（**表1・1**）。

　彼らが卓越していたのは、留学先での成果を直輸入するのではなく、自ら手に入れた西欧の先端的な手法を駆使し、日本固有のテーマを取り上げて新規な展開を図ろうとした点である（**図1・5**）。

図 1・5　先駆者たちの研究テーマとなった有機化合物の構造

＊6　ピレスロイド

除虫菊に含まれる天然の殺虫成分ピレトリン類は、人畜にほとんど無害なために、19 世紀以来世界中で家庭用殺虫剤として使用されてきた。20 世紀中ごろには構造も確定し、構造活性相関研究を経て、さらに高い殺虫活性と安定性をもつ構造改変された類縁体が次々と発見された。現在では、天然ピレトリンの数千倍の殺虫活性をもつ、合成ピレスロイドと呼ばれる類縁体が農業用殺虫剤として生産され、世界的に使用されている（13・3・2 項参照）。

　薬学の長井は、咳止めの漢方薬として知られていた麻黄から、有効成分として含窒素塩基性化合物であるエフェドリンを発見した。塩基性を示す含窒素化合物は一般にアルカロイドと総称され、様々な生理活性をもつことが多く、エフェドリンも咳止めだけでなく血圧上昇など強力な薬理作用をもつため、現在でも医薬として利用されている。これを契機に、薬学分野ではアルカロイドや漢方薬を中心とする医薬研究が大きく発展した。

　農芸化学の鈴木は、フィッシャーに師事してペプチド研究で成果を挙げた経験を生かし、帰国後、日本人の体格の貧弱な点を改善すべく、食品成分の研究を志した。その結果、1910 年に米糠中の抗脚気成分オリザニン（ビタミン B_1）を単離した[＊5]。補酵素ビタミン研究の黎明期に、世界的に大きな足跡を残したのである。鈴木学派からはその後次々とビタミン A や B_6 などが発見され、やがてピレスロイド[＊6]やロテノンなど天然殺虫剤研

究、植物ホルモンのジベレリン研究[*7]等へと展開される農学系有機化学の源流となった（**図1・6**）。

　理工学系の真島は、帰国後日本特産の漆（うるし）の研究を開始し、活性本体は混合物でウルシオールが主成分であることを明らかにした。真島学派からは日本独自の植物成分・色素の研究が多々なされ、理工学系有機化学発展の基礎となったのである。一例を挙げると、台湾ヒノキから野副鉄男（東北大学）により単離されたヒノキチオール（**図1・6**）は、ベンゼン環を有していないが芳香族性をもつという興味深い物質であり、この発見を契機に、非ベンゼン系芳香族の化学[*8]という新しい概念の有機化学分野が誕生したのである。

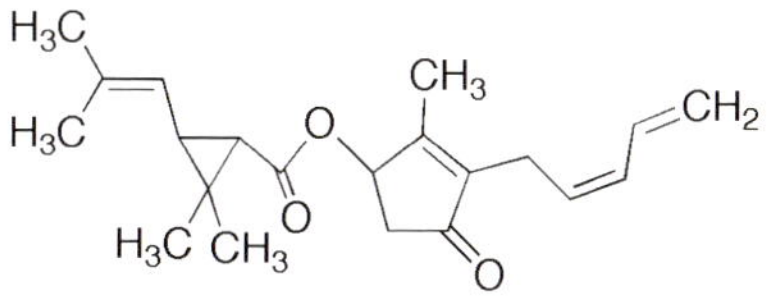

ピレトリンI

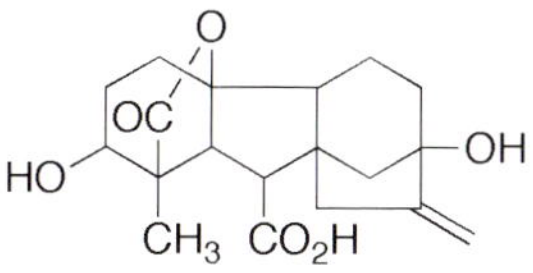

ジベレリン A$_1$

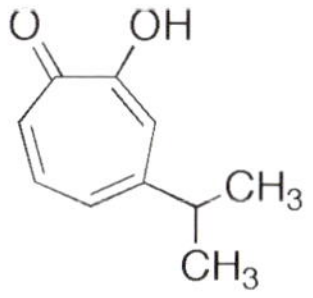

ヒノキチオール

図1・6　戦前に研究が開始され日本で単離された天然有機化合物の例

　江戸時代の鎖国政策のために立ち遅れた19世紀後半における我が国の自然科学の発展途上期に、若き先駆者たちが、先進欧米諸国の学問を単に模倣するだけではなく、日本独自の問題をテーマとして取り上げて解決するべく独創的な研究を展開しながら後進の教育にも献身したことにより、20世紀後半に至って、有機化学をはじめとする日本の自然科学の大発展につながったことを忘れてはならない。

1・3　生物有機化学とは何か

　以上述べたように、歴史的には生体成分として天然にある有機化合物の研究の発展が有機化学の進歩と並行しているのは事実であるが、この**天然物化学**が有機化学のすべてではなく、あくまでその一分科である。有機化合物の構造を調べて物性との関係を追究する**構造有機化学**や、有機化合物の反応性を研究する**反応有機化学**は、物理学的研究手段や思考方法を主として用いるので、**物理有機化学**と総称される分野である。京都大学の福井謙一はフロンティア・オービタル理論の提唱により1981年ノーベル化学賞を受賞したが、これはこの分野の先駆的な研究である。**合成有機化学**は、

＊7　ジベレリン
明治から大正時代にかけて、イネが徒長して実らなくなる深刻な「馬鹿苗病（ばかなえびょう）」が蔓延し、*Gibberella fujikuroi* というカビが生産する毒素によって引き起こされることが判明した。この毒素は、ジベレリンと命名され、単離・構造決定されるに至った。その後、多くのジベレリン類を植物自身が微量生産しており、それらが植物自身の成長促進に関わる重要な植物ホルモンであることが判明し、新たな生命科学の研究分野が発展した。

＊8　非ベンゼン系芳香族化合物
ケクレの構造提唱に始まるベンゼンおよび類縁体は、炭素6員環を含む特殊な構造と化学的性質をもち、芳香族化合物と呼ばれている。野副が発見したヒノキチオールは、まったく異なる7員環をもつにもかかわらず、芳香族化合物と似た性質を示したのである。その後、世界中で同様な化学的性質を示す非ベンゼン系化合物が次々と発見されている。これらの研究が、「非ベンゼン系芳香族化合物」という新しい概念を生んだのである。

天然物化学
natural product chemistry
構造有機化学
structural organic chemistry
反応有機化学
reaction organic chemistry
物理有機化学
physical organic chemistry
合成有機化学
synthetic organic chemistry

有機分析化学
analytical organic chemistry

生物有機化学
bioorganic chemistry

有機化合物の合成法を研究し、化学的手法により有用物質を供給するという点で、基礎的にも実用面でも重要な分野である。有機化学においては構造が基本となるため分析手段が必須であり、これらの研究に関わる**有機分析化学**も重要な基礎的分野である。

それでは、本書の第2章以下で詳述する**生物有機化学**はどこに位置するのだろうか。一言でいえば、生物に含まれていたり、生物がつくり出している有機分子（化合物）について、物理的・化学的性質や生体分子としての機能について詳細に研究し、生命活動との関わりを追究する学問分野である。これらの生体分子ならびに関連分子が示す性質や機能の多様性は、当然ながらそれらの分子のもつ構造や官能基の違いによって生じている。すでに述べてきたように、生体分子としての有機化合物の研究が有機化学の出発点であるが故に、生物有機化学は天然物化学に近接・重複する学問分野であり、有機化学の中でも生物学・生化学・生理学・生命科学に近縁の学問分野といえよう。それゆえ歴史的に、偶然も含めて糖やアミノ酸、さらには抗生物質のような天然物化学における生物活性物質の探索と発見が、その進歩に大きく関わってきている。以下に、歴史上のターニングポイントとなったいくつかの事例を挙げよう。

フィッシャー Fischer, E.
1852〜1919年

*9　1891年、D-グルコースの立体配置決定。

バイヤー von Baeyer, A.
1835〜1917年

1874年の炭素正四面体構造の確立後に開始されたフィッシャー（1901年ノーベル化学賞受賞）の糖質の研究[*9]は、後の生命科学・生物化学の発展に大きな影響を与えた。フィッシャーは、1874年に恩師バイヤー（染料インジゴの合成など；1905年ノーベル化学賞受賞）のもとで、初めて合成することに成功したフェニルヒドラジンの特性を利用して、未知であった糖質の構造研究に着手し、20年の歳月をかけて、グルコースやマンノースをはじめとする単糖類の構造解明に成功した（**図1・7**）。糖質の構造・特性・機能については第2章で解説する。フィッシャーはさらに、核酸塩基（プリン）の研究、タンパク質やアミノ酸研究にも画期的な成果を挙げており、生物有機化学のみならず、近代生化学の祖といえる存在である。

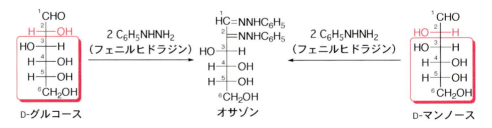

図1・7　単糖類の構造の解明

伝染病も含め感染症（ペスト、結核、肺炎など）の克服は、人類にとって数世紀にわたる大課題であったが、20世紀に入り抗生物質を中心とする画

期的な治療法が開発されてきた。代表例として、ペニシリンの発見と医療への応用ならびに医学・生命科学への貢献を挙げよう。1928年、フレミングはブドウ球菌類（肺炎の原因菌も含まれる）の研究中に、まったく偶然にカビによる汚染が起こり、ブドウ球菌が溶解する現象を発見した。彼は、このペニシリウム属のアオカビが、ブドウ球菌を殺菌する作用物質を培養液中に出していると考えた。抗生物質発見の端緒となったペニシリンの発見である（**図1・8**）。1940年、フローリーとチェインがペニシリンの殺菌効果を明確にし（再発見）、さらに精製大量生産に成功して、ペニシリンの医療への応用が確立した。この偉大な功績により、1945年、彼ら三名はノーベル生理学・医学賞を受賞した。

フレミング Fleming, A.
1881～1955年

フローリー Florey, H.
1898～1968年
チェイン Chain, E. B.
1906～1979年

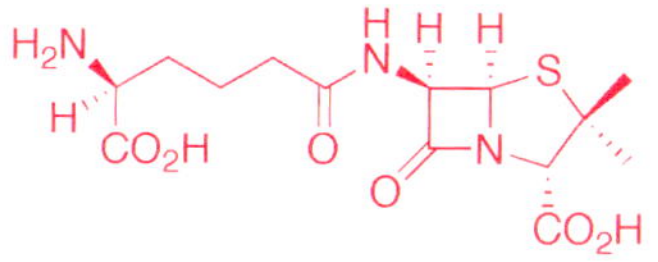

図1・8　ペニシリンの構造
アミド側鎖のカルボン酸の違いにより
多数の類縁体がある。

ペニシリンN

　その後、ストレプトマイシン、エリスロマイシン、オキシテトラサイクリン等多くの重要な抗生物質が次々と発見・使用されて全世界の人々の命を救う福音を与え、現代医学に化学療法による革命をもたらした（**図1・9**）。これらの重要な抗生物質がどのように微生物からつくられるか（生合成）、動物体内で分解されるか（代謝）、どのようにして殺菌性を示すのか（機能解析）等の研究が当然ながら精力的に行われ、関連する生命科学分野である天然物化学・生物有機化学・生化学が大きく発展したのである。

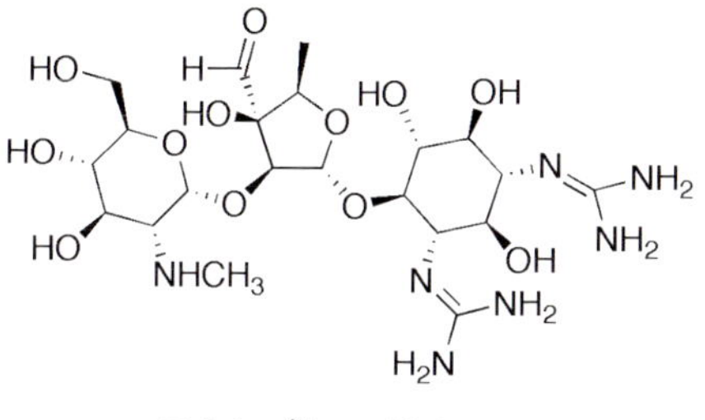

ストレプトマイシン
（アミノ糖系）

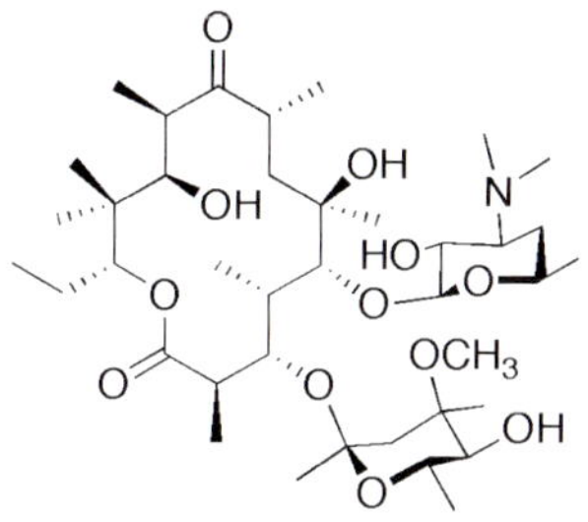

エリスロマイシン
（マクロリド系）

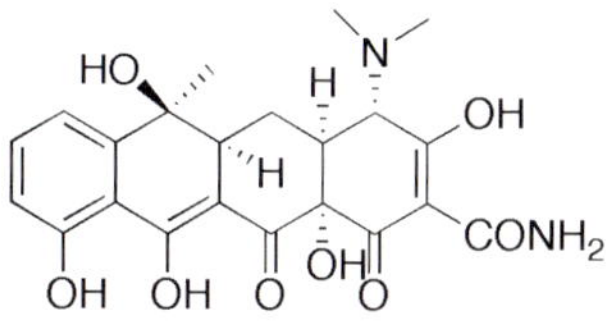

オキシテトラサイクリン
（テトラサイクリン系）

図1・9　各種抗生物質の構造

8　第 1 章　生物有機化学序論

*10　アベルメクチンの二重結合の一つが還元されたジヒドロ体である。

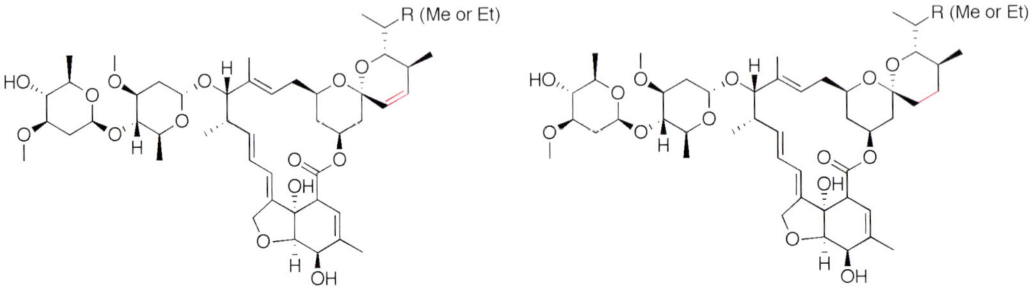

　　歴史のしめくくりに、日本人の業績として、動物医療用抗生物質の発見とその誘導体の風土病への応用が人類の福祉に貢献している最近の例を挙げよう。北里大学の大村　智は、1979 年、土壌中の放線菌からマクロリド抗生物質アベルメクチン（**図 1・10 左**）を発見した。この抗生物質は、動物の寄生虫に対する特効薬として世界中で使用されるに至った。さらに、この物質からメルク社との共同研究により合成した誘導体イベルメクチン*10（**図 1・10 右**）は、動物用医薬として有効なだけでなく、熱帯地方の人々が罹病して失明してしまう風土病オンコセルカ症およびリンパ系フィラリア症等の線虫による寄生虫の感染症根絶をも可能にする医薬品となり、熱帯地域の 10 億人を越す住民を失明の危機から救ったのである（14・3・1 項参照）。この多大な功績に対して 2015 年ノーベル生理学・医学賞が授与された。

図 1・10　アベルメクチンとイベルメクチンの構造

　　以上、歴史的にも、生体成分の有機化学的探究を担う天然物化学・生物有機化学の研究は、化学分野で重要な位置を占めていることが明らかである。

　　既述のように、有機化合物は生体由来の分子であり、様々な生物体の活動からつくり出された物質群である。これらは、以下第 2 章から第 13 章までに詳述するように非常に多様・多彩であるが、大まかに分けて一次代謝産物および二次代謝産物の二群に分類できよう。

1）一次代謝産物

　　炭水化物（糖質）、タンパク質（アミノ酸、ペプチドを含む）、脂質（脂肪酸および誘導体）、核酸

2）二次代謝産物

　　イソプレノイド、ポリケチド、フェニルプロパノイド、脂肪族アミノ酸や芳香族アミノ酸およびアルカロイド類等

　　一次代謝産物は、生体分子とも呼ばれ、生物の生命活動において必須の分子である。原点となるのは光合成であり、炭酸固定により生成したグル

コースを貯蔵し、それを起源として代謝することにより様々な形でエネルギーを獲得し、生命活動を維持している。これらの成分は、生体内では主として単糖が重合した多糖類、アミノ酸の重合したポリペプチドやタンパク質、ヌクレオチドの重合した DNA や RNA のように、高分子化合物、すなわち生体高分子として生命活動を担っている。その多様な構造・物性や生物機能については、本書の前半（第 2 ～ 8 章）で詳しく解説する。また、これら一次代謝産物の生体内での生成過程（生合成経路）や分解過程（代謝経路）については、第 9，10 章で詳細に学ぶ。

　一方、二次代謝産物は、直接的に生命活動に関与している訳ではない。むしろ、上記の生命活動の中で様々な形で一次代謝産物の分解が起こって（代謝されて）生成した低分子有機化合物である。しかしながら、これらの化合物には多様な生物活性があることが多いのである。つまり、生物は無目的に一次代謝産物を分解するのではなく、むしろ生成した二次代謝産物をいろいろな形で利用しているとも考えられる。たとえばホルモンやビタミンのように生命の維持に必要な分子もあれば、フェロモンのように種の保存に必要な分子もある。時には、外敵から身を守るための防御物質もあれば、攻撃するような分子もある。これらの二次代謝産物については、本書の後半（第 11 ～ 13 章）で、その生成過程（生合成経路）による分類を中心に、多様な構造と性質、代謝分解、さらには生物活性ないしは機能について述べる。本書では、生物有機化学の基礎について理解を深めるために、以下のような章立てになっている。

　前半では、生体の一次代謝産物として生命活動に本質的に関わっていると考えられる炭水化物（第 2 章）、脂肪酸と脂質（第 3 章）、タンパク質とアミノ酸（第 4，5 章）および酵素（第 6 章）、核酸（第 7 章）、補酵素ともいわれるビタミンやホルモンなどの微量必須成分（第 8 章）の構造・物性・化学および機能を述べる。後半では、第 9，10 章で、これら一次代謝産物の生成過程である生合成と、糖代謝など生命活動に関わる代謝を学ぶ。第 11 章から第 13 章では、生物による代謝過程で生成する二次代謝産物（テルペノイド、アルカロイド、ポリケチド、フェノール類など）と総称される低分子有機化合物が生合成される過程と、それら低分子化合物の化学的性質や機能（生物活性）について解説する。第 14 章では、このような生物による生合成や代謝の仕組みに学んで、人工的により効率良くつくり出そうとする、バイオテクノロジーや人工酵素等の新たな研究分野について触れる。

第2章　炭水化物

　炭水化物は糖質とも呼ばれ、生物界に幅広く存在している有機化合物群である。代表的な糖であるグルコースの分子式は $C_6H_{12}O_6$ であり、これを書き直すと $C_6(H_2O)_6$ となることから、古くは炭素の水和物と考えられていた。現在では「炭水化物」という名称だけが残っており、類似の化合物群を表すために用いられている。本章では主に糖質の構造や分類、反応性について学ぶ。

2・1　単糖類の構造と化学

炭水化物 carbohydrate
糖質 saccharide

　炭水化物は主に植物の光合成の過程でつくられ、グルコースが多数連結したデンプンは動物が利用するエネルギー源として主要な役割を演じている（9・1節参照）。炭水化物はタンパク質、脂肪とともに三大栄養素とも呼ばれている。

単糖（類） monosaccharide (s)

アルドース aldose
ケトース ketose

　炭水化物を構成する単一の炭素数3〜7の糖を**単糖**と呼ぶ。その構造中にはアルデヒド基あるいはカルボニル基とともにいくつかのヒドロキシ基がある。糖がアルデヒド基をもつ場合は**アルドース**、カルボニル基をもつ場合は**ケトース**として分類される。また炭素数によっての総称も用いられている（**表2・1**）。たとえば、グルコースは炭素数が6でアルデヒド基をもつのでアルドヘキソースに分類される。

表2・1　代表的な単糖類

	トリオース 三炭糖	テトロース 四炭糖	ペントース 五炭糖	ヘキソース 六炭糖	ヘプトース 七炭糖
アルドース	グリセルアルデヒド	エリトロース トレオース	リボース キシロース アラビノース	グルコース マンノース ガラクトース	
ケトース	ジヒドロキシアセトン	エリトルロース	リブロース キシルロース	フルクトース プシコース	セドヘプツロース

フィッシャー投影式
Fischer projection

　一般に単糖分子の炭素骨格には枝分れがないことから、鎖状構造を**フィッシャー投影式**で表記すると便利である。フィッシャー投影式では単糖類のアルデヒド基もしくはカルボニル基が上側になるように配置し、炭素の鎖を上から下へ描いていく。よって、最も単純な単糖であるグリセルアルデヒドをフィッシャー投影式で表すと**図2・1**のようになる。フィッシャー投影式では縦の線は紙面の下側を、横の線は上側を向いている結合を表している。

不斉炭素原子
asymmetric carbon atom

　グリセルアルデヒドには**不斉炭素原子**があることから、分子中の真ん中

2・1 単糖類の構造と化学　11

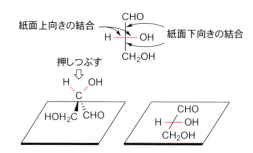

図 2・1　グリセルアルデヒドの
　　　　　フィッシャー投影式

の炭素に結合したヒドロキシ基と水素が逆の配置で結合した分子、すなわち**鏡像異性体**が存在する（**図 2・2**）[*1]。このときヒドロキシ基が右側に描かれる異性体を D 形、左側に描かれる異性体を L 形と呼ぶ。

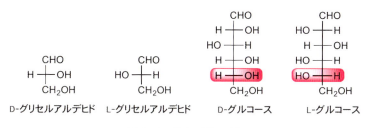

図 2・2　糖の D 形，L 形

その他の糖の D 形、L 形はどのようにして決めればよいだろうか？　D と L の表記は、それぞれ右と左を表すラテン語 "dextro" と "levo" に由来する。これは平面偏光の回転の方向を意味して提案されたものであるが、実際には偏光面の回転方向とは必ずしも一致しない。よって基準としてグリセルアルデヒドを用いることとし、アルデヒド基もしくはカルボニル基から最も離れた不斉炭素に結合したヒドロキシ基が、フィッシャー投影式で右側になるものを D 形、左側になるものを L 形と表記することになっている（図 2・2 のグルコースの構造式で確認せよ）。

　図 2・3 に示すように、六炭糖ともなると不斉炭素原子が多数存在することから、**立体異性体**が数多く存在することになる。原理的には、不斉炭素原子が分子中に n 個ある場合、最大で 2^n 個の立体異性体が存在しうる。グルコースのようにアルデヒド基以外の炭素がすべてヒドロキシ基で置換されている糖の場合、天然には存在しない L 形の糖を除くと八種の立体異性体が考えられるが、そのすべてが天然から見出されている（図 2・3）。ただし、グルコース、マンノース、ガラクトース以外の糖を生物はほとんど用いておらず、産出量は圧倒的に少ないことから、それらは希少糖と呼ばれる。D-グルコースのアルデヒド基の炭素を 1 位として順に炭素に番号をふると、D-マンノースは 2 位が反対を向いている、すなわち**エピマー**である。図 2・3 に示したアルドヘキソースは、それぞれ**ジアステレオマー**の関係に

[*1]　四つの異なる置換基をもつ原子は正四面体の中心にあり、不斉中心 (chiral center) と呼ばれる。炭素原子が不斉中心のとき不斉炭素と呼ぶ。分子に不斉炭素原子が存在するとき、特別な場合を除いて、鏡に映した関係にある**鏡像異性体** (enantiomer) が存在する。

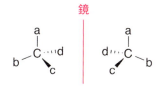

立体異性体　stereoisomer

エピマー　epimer

ジアステレオマー
diastereomer

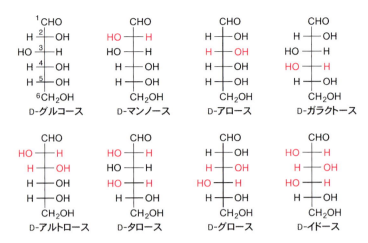

図2・3 アルドヘキソースのフィッシャー投影式
グルコースと逆の立体化学の部位を赤で示した。

*2 複数の不斉炭素原子をもつ分子において、一部の立体化学が反転している立体異性体をジアステレオマーと呼ぶ。ジアステレオマーのうち、一つの立体化学が異なる関係にある異性体同士を特にエピマーと呼ぶ。

ヘミアセタール hemiacetal

*3 アルデヒド（RCHO）と2分子のアルコール（R'OH）から形成される官能基をアセタール、アルデヒドと1分子のアルコールから形成される官能基をヘミアセタールと呼ぶ。糖の場合はアルデヒド基とヒドロキシ基が同一の分子に存在するので、分子内でヘミアセタールを形成することができる。

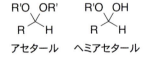

ハース投影式
Haworth projection

なっている*2。

糖はフィッシャー投影式で直鎖状に描かれているが、五炭糖あるいは六炭糖は、生体中のような水溶液中では主として環状型で存在している。グルコースは同一分子内にヒドロキシ基とアルデヒド基をもっていることから、分子内で**ヘミアセタール**を形成することができる*3。実際には多数存在するヒドロキシ基のうち、主として5位のヒドロキシ基と1位の炭素のアルデヒド基との間でヘミアセタールが形成され、6員環を形成するものが多い（図2・4）。糖の環状構造を描く場合、図2・4のような**ハース投影式**が便利である。ハース投影式では、フィッシャー投影式で右側に配置していたC2とC4のヒドロキシ基は下向きに、左に描かれていたC3のヒドロキシ基は上向きに描かれている。D形糖の6位にあたる-CH₂OH基は常に環平面の上側に描かれることになる。

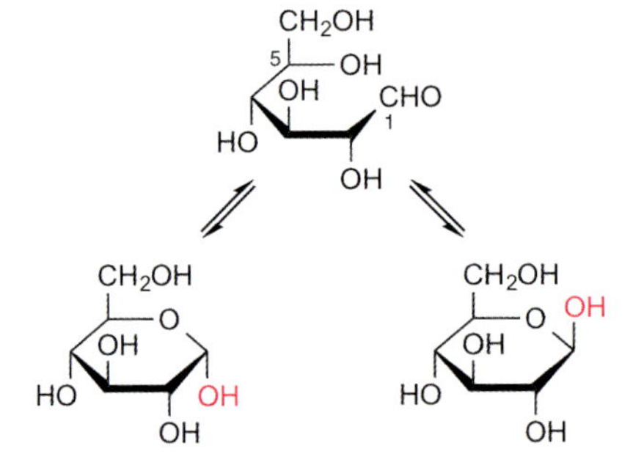

図2・4 グルコースの閉環

ピラノース pyranose
フラノース furanose

6員環構造の糖を**ピラノース**型と呼び、5員環構造の糖を**フラノース**型と呼ぶが、グルコースの場合、4位にヘミアセタールを形成しうるヒドロキシ基があるにもかかわらず、フラノース型はほとんど生成しない。閉環

2・2　主要な単糖類の生物有機化学 ▎13

構造がピラノース型、フラノース型どちらが有利なのかは、糖の構造や立体化学に強く依存している。

　図2・4のグルコースを例にすると、閉環してヘミアセタールが形成されると新たに1位が不斉炭素原子となる。この新たに生じたヘミアセタール性のヒドロキシ基は、環平面に対して下向き、もしくは上向きが可能であり、これらをそれぞれ α **アノマー**、β アノマーとして区別し、1位炭素を特にアノマー炭素と呼ぶ。ヘミアセタール形成の過程は可逆反応であるため、α アノマーと β アノマーは鎖状構造を介して相互変換可能である。水にグルコースを溶解し平衡に達すると、α-グルコピラノース約38%、β-グルコピラノース約62%の混合物となり、鎖状構造やフラノース型ではほとんど存在しない。

　6員環構造となる一般的な糖は、シクロヘキサンと同様にいす形の立体配座が安定である。6員環に置換基がある場合は、同じいす形配座であっても**環反転**によって二種の構造をとりうるが、シクロヘキサノールの場合は、ヒドロキシ基が**エクアトリアル**方向を向いた構造が、約9：1程度で優先して存在している（**図2・5**）。これは立体障害を避ける要因（1,3-ジアキシアル相互作用）の影響による。たとえば β-D-グルコピラノースでは、6員環に結合しているすべての置換基がエクアトリアルになる $^4C_1$ 配座をとっており、逆にすべての置換基が**アキシアル**になる $^1C_4$ 配座は、置換基同士の立体反発のためほとんど存在しない[*4]。

アノマー anomer

環反転 ring flip
エクアトリアル equatorial
アキシアル axial

[*4]　シクロヘキサンの水素には、水平方向に出ている6個の水素と、上下方向に出ている6個の水素がある。このうち、水平方向に出ている水素はエクアトリアルであるといい、上下方向に出ている水素はアキシアルであるという。環反転が起こるとエクアトリアルの置換基はアキシアルに、アキシアルの置換基はエクアトリアル方向に入れ換わることになる。

　アキシアルに位置する置換基同士は空間的に接近しているため、お互いが反発し合うことになる。シクロヘキサン環の場合は一つのメチレンを挟んで（1位と3位に）アキシアル方向の置換基があることから、1,3-ジアキシアル相互作用と呼ぶ。

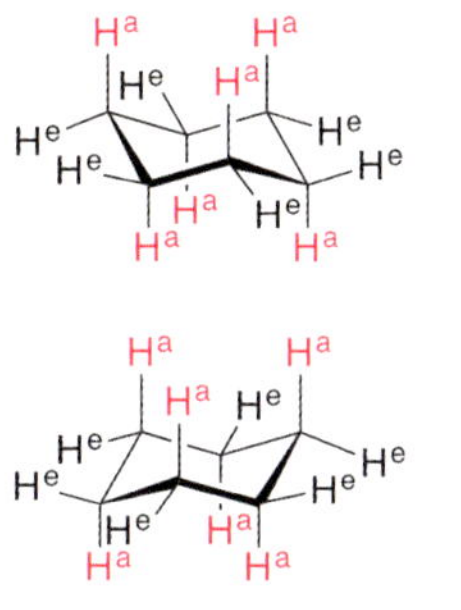

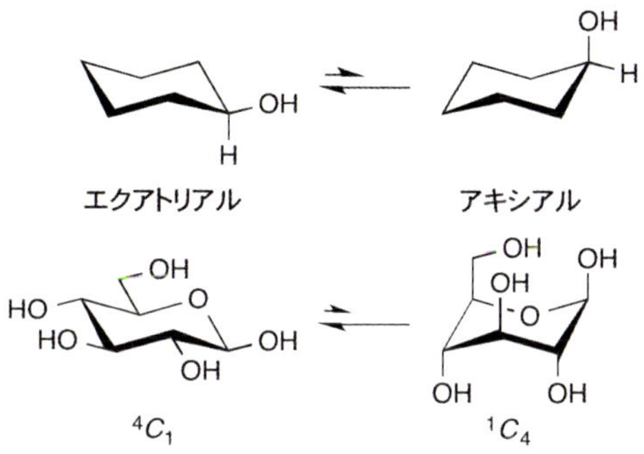

図2・5　シクロヘキサノール（上）とグルコース（下）の立体配座

2・2　主要な単糖類の生物有機化学

グルコース（図2・6）

　グルコースは、自然界に存在する炭水化物の構成成分として最も広く存在している。ヒトの場合、小腸で吸収されて体内における主要なエネルギー源となる。グルコースが細胞内に取り込まれると6位のヒドロキシ基がリン酸エステルに変換され、グルコース6-リン酸となる。グルコース6-リン酸は微生物によるアルコール発酵や、ピルビン酸を経由してアセチル-

グルコース glucose

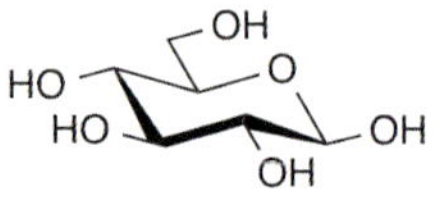

14 ‖ 第2章 炭水化物

β-D-グルコース

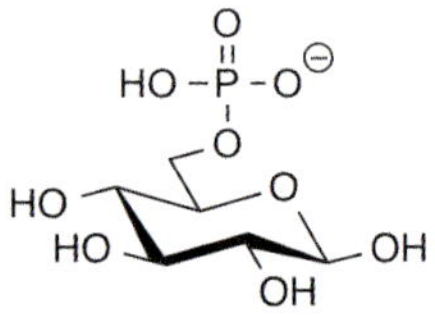

グルコース6-リン酸

図2・6 グルコース

マンノース mannose

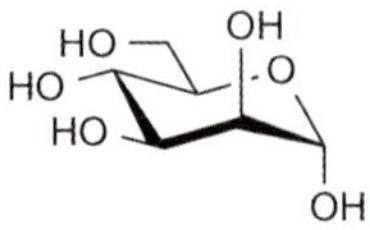

β-D-マンノース

図2・7 マンノース

*5 生体内の多くのタンパク質には糖が結合している。その中でアスパラギン残基の側鎖の窒素原子に糖鎖が結合したものをN結合型糖鎖と呼ぶ。

ガラクトース galactose

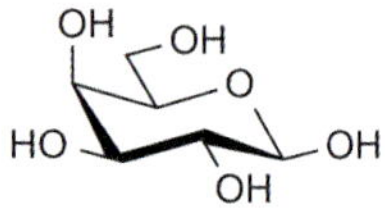

β-D-ガラクトース

図2・8 ガラクトース

エピメリ化(エピ化)
epimerization

*6 不斉炭素原子の立体化学を反転させることをエピメリ化と呼ぶ。

フルクトース fructose
果糖 fruit sugar
スクロース sucrose
ショ糖 cane sugar

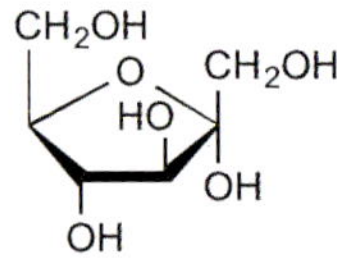

CoA に代謝され TCA 回路に入る代謝系など、様々な過程の原料となっている(9・6節参照)。グルコースは動物の活動を支える重要な化合物であるが、一方で、高濃度のグルコースはそのアルデヒド基がタンパク質を修飾する望まない反応を起こすため毒性を示す(高血糖症)。よって適切な血糖値(おおむね 10 mmol/L 以下)を保つことがヒトの健康にとって重要である。

マンノース(図2・7)

マンノースはグルコースの2位の立体化学が異なる異性体である。グルコースとは対照的に、水溶液中では約70%がα形で、約30%がβ形として存在している。マンノースはグルコースと異なり、ヒトではあまり代謝されずほとんど解糖系に入らない。微生物においては、酵母の細胞壁などにマンノースが多数連結したオリゴ糖(マンナン)として多く存在している他、真核生物のタンパク質に複数の糖鎖がグリコシル化(2・3・3項参照)されたN結合型糖鎖において重要な役割を果たしている[*5]。

ガラクトース(図2・8)

ガラクトースは、グルコースの4位の立体化学が異なる異性体である。D-ガラクトースは配糖体や糖鎖(2・3・3項参照)の構成成分として、動物のガングリオシドや、植物の細胞多糖(ペクチンやキシログルカン)の側鎖部分などに広く分布している。ヒトの体内でも合成され、糖脂質や糖タンパク質の一部に用いられている。エネルギーとしての利用も可能であるが、解糖系(9・4節参照)では分解されないため、いくつかの酵素によって4位のヒドロキシ基を**エピメリ化**して利用する[*6]。この経路に異常がある遺伝病が存在し、ガラクトース血症と呼ばれる様々な症状を引き起こす原因となる。

フルクトース(図2・9)

フルクトースは**果糖**とも呼ばれ、食品や飲料に甘味料として広く用いられている。フルクトースは天然に存在する糖類の中で最も甘く、**スクロース(ショ糖)**を基準とすると約 1.7 倍甘い。しかし、高温ではスクロースよ

α-D-フルクトフラノース 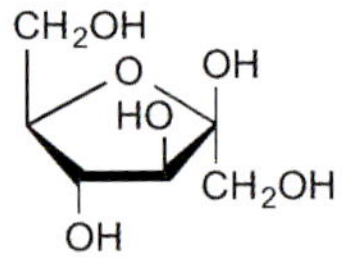   β-D-フルクトフラノース

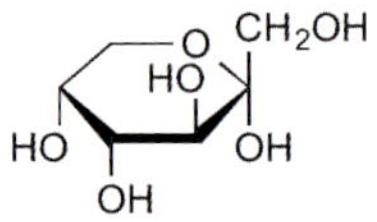

α-D-フルクトピラノース 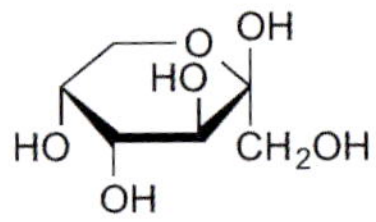   β-D-フルクトピラノース   図2・9 フルクトースの構造

り甘味を感じなくなる。これはフルクトースの構造に強く依存しており、温度による各構造間での平衡により説明できる。20℃の水溶液中では β-フルクトピラノース（76％）、β-フルクトフラノース（20％）、α-フルクトフラノース（4％）、その他鎖状を含む構造がわずかに含まれる平衡混合物となるのに対し、高温になるとフラノース型が減りピラノース型が支配的になる。強い甘味を呈するのはフラノース型であるため、フルクトースは低温でより甘く感じるのである。フルクトースはケトースであることから、グルコースなどに比べると開環しやすい。そのためタンパク質やアミノ酸との非酵素的なメイラード反応[*7]を起こしやすく、毒性が強いと考えられる。ヒトの場合、吸収された後、肝細胞中でフルクトキナーゼの作用によってリン酸化を受け、速やかに解糖系に入る。

リボースおよび 2-デオキシリボース（図 2・10）

リボースと 2-デオキシリボースは、生体分子の一部として非常に重要な働きを担う五炭糖である。2-デオキシリボースは、リボースの 2 位ヒドロキシ基が欠落した構造をしている。両化合物ともに、水溶液中ではピラノース型が優先して存在する。リボースは**リボ核酸（RNA）**、2-デオキシリボースは**デオキシリボ核酸（DNA）**の基本骨格をなす糖であるが、核酸に組み込まれる際はフラノース型になっている。リボースは、生体のエネルギー通貨とみなされているアデノシン三リン酸（ATP）（9・1 節参照）や、酸化還元で働く補酵素であるニコチンアミドアデニンジヌクレオチド（NADH）（8・1・2 項参照）、細胞内シグナル伝達におけるセカンドメッセンジャーである環状アデノシン一リン酸（cAMP）（7・1 節参照）を構成する。

＊7 糖とアミノ酸などの含窒素化合物を加熱した際、褐色の物質（主に構造不定の高分子化合物の混合物）を生じる反応をメイラード反応と呼ぶ。

リボース ribose

デオキシリボース deoxyribose

リボ核酸 ribonucleic acid

デオキシリボ核酸 deoxyribonucleic acid

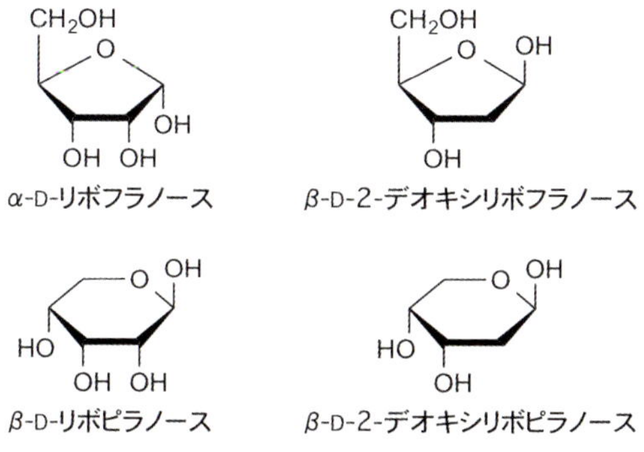

α-D-リボフラノース

β-D-2-デオキシリボフラノース

β-D-リボピラノース

β-D-2-デオキシリボピラノース

図 2・10　リボースと 2-デオキシリボース

2・3　単糖類の反応

2・3・1　酸化剤との反応

鎖状のアルドースはアルデヒド基を有するため、アンモニア性硝酸銀水

16 ▎ 第2章 炭水化物

還元糖 reducing sugar

ケト-エノール互変異性
keto-enol tautomerism

*8 カルボニル化合物は水素と電子の移動によってケト形とエノール形の両方の構造をとることができる。通常はほとんどケト形で存在している。

ケト形 ⇄ エノール形

*9 この反応は発見者2名の名前をとってロブリー・ド・ブリュイン-ファン・エッケンシュタイン転位反応（Lobry de Bruyn‐van Ekenstein transformation）と呼ばれている。

溶液（トレンス試薬）と反応して銀鏡を生じる。このように還元性を示す糖を**還元糖**と呼ぶ。トレンス試薬はアルデヒド基の検出に用いられるが、アルデヒド基をもたないケトースとも反応する。ケトン類は一般に酸化されないはずであるが、塩基性の溶液中でケトースは、**ケト-エノール互変異性**[*8]に基づいた転位反応[*9]によってアルドースに変化することができる（**図2・11**）。よって、この転位反応で生じたアルデヒド基が銀鏡反応を起こすのである。すなわち、単糖類はケトースであっても還元糖である。

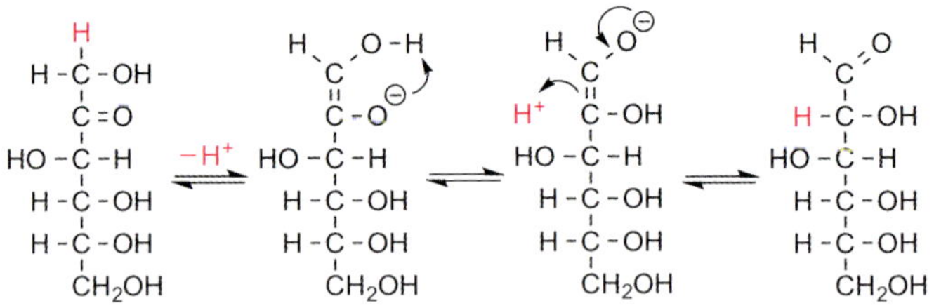

図2・11 ケトースとアルドースの相互変換

図2・11に示した反応ではD-フルクトースからD-グルコースが生成しているが、この反応は塩基性条件下で起こる可逆反応であるため、グルコースからフルクトースを合成することも可能である。また、赤で示したプロトンを受け取る過程において、プロトンが逆の面から接近してきた場合、生成物はD-マンノースとなる。すなわちグルコース、フルクトース、マンノースは相互変換できる。

糖アルコール sugar alcohol
アルジトール alditol

*10 ケトースを還元した糖アルコールはアルジトールとは呼ばない。グルコースのアルデヒド基を還元するとD-ソルビトールが生成するが、フルクトースのケト基を還元すると、D-ソルビトールとD-マンニトールの両方が生じる。

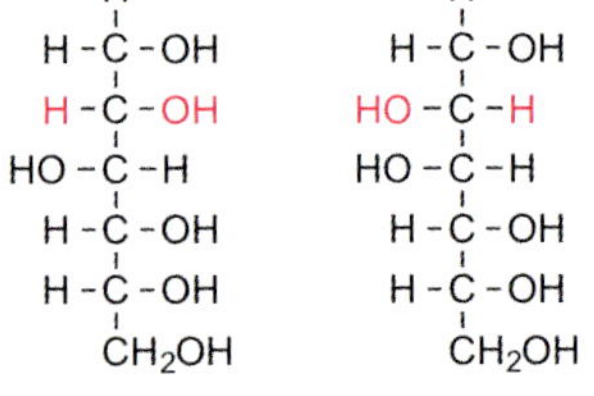

D-ソルビトール **D-マンニトール**

グリセロール（グリセリン）
glycerol（glycerin）

2・3・2 還元剤との反応

アルドースのアルデヒド基、もしくはケトースのカルボニル基を還元すると、すべての官能基がヒドロキシ基となる。このようにして生じる化合物を**糖アルコール**と呼び、特にアルドースの還元体を**アルジトール**と呼ぶ[*10]。ほのかな甘みを呈する化合物も多く、糖と異なり小腸での吸収が悪いため、糖尿病やダイエット中の食事に取り入れられることがある。最も単純なアルジトールである**グリセロール（グリセリン）**は脂肪を構成する。分子の対称性から、光学活性な糖を還元して生成したアルジトールであっても、光学不活性になる場合がある。たとえばD-リボースを還元してできるリビトール（**図2・12**）は、不斉炭素原子があるにもかかわらず、その鏡

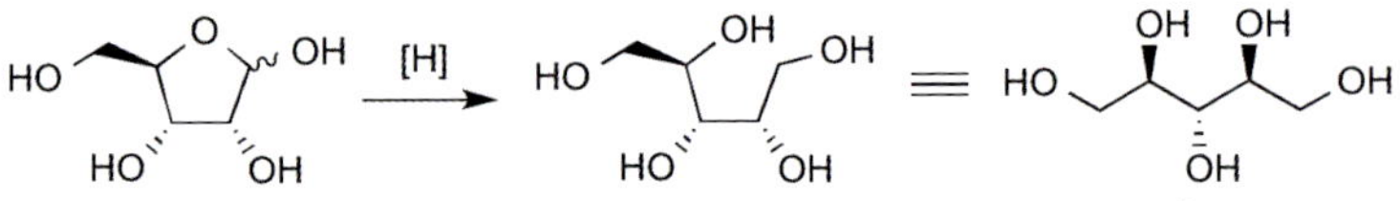

図2・12 リボースの還元

像が自身に重なる[*11]。このような化合物はメソ体と呼ばれ、光学不活性である[*12]。

2・3・3　アルコール類との反応

　前項までに述べてきたように、糖は主にヘミアセタール構造をしている。鎖状のヘミアセタールは、本来不安定な構造であるが、環状になるときは例外的に安定に存在できる。鎖状のアルデヒドやケトン類に対し、酸触媒存在下アルコールと反応させると、ヘミアセタール（RO-C-OH）は生成せずアセタール類（RO-C-OR）が得られる。糖のような環状ヘミアセタールの場合、もう一分子のアルコールと反応してアセタールを形成することができる。このとき、糖のアノマー炭素上のヒドロキシ基（-OH）がアルコキシ基（-OR）で置換されることになる。このように、糖から生じたアセタールのことを**グリコシド**（**配糖体**）と呼び、グリコシドを形成する反応のことを**グリコシル化**と呼ぶ。

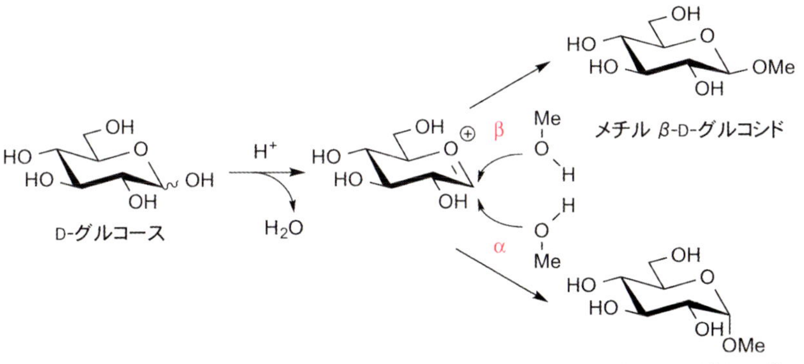

図2・13　グリコシル化

　最も単純なアルコールであるメタノールとグルコースから生じるグリコシドについて考えてみよう（**図2・13**）。グルコースには α, β 形両方が存在するが、そのどちらを用いても同じ生成物が得られる。酸触媒の作用による脱水の結果生じた反応中間体に対し、メタノールの酸素原子は環平面の上方向（β 面）、下方向（α 面）のいずれからも接近可能である。その結果グリコシドは二種類生成することになるが、どちらが優先して生成するかは反応条件に依存している。ヘミアセタール構造である糖の場合、水溶液中などで開環構造を経由して α 形と β 形は相互変換可能であるが、一度生じたグリコシドは通常相互変換できない（図2・13の反応中はすべての反応が平衡反応であるため相互変換できる）。またグリコシドは通常還元性をもたない。

　自然界にはグリコシドとして存在する生物活性天然有機化合物が無数に

[*11]

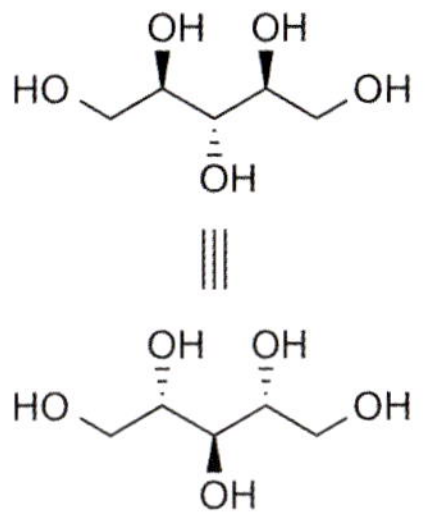

上図のように、リビトールの鏡像異性体を描いても同一の化合物であることを確認せよ。

[*12]　糖のように不斉炭素原子をもつ化合物などを偏光の通り道に置くと、偏光面が右か左に回転する現象がみられる。このような作用を光学活性という。逆に不斉炭素原子をもっていても、メソ体のように鏡像体をもたない化合物は偏光面を回転させる性質をもたない（光学不活性）。

グリコシド（**配糖体**）
glycoside

グリコシル化　glycosylation

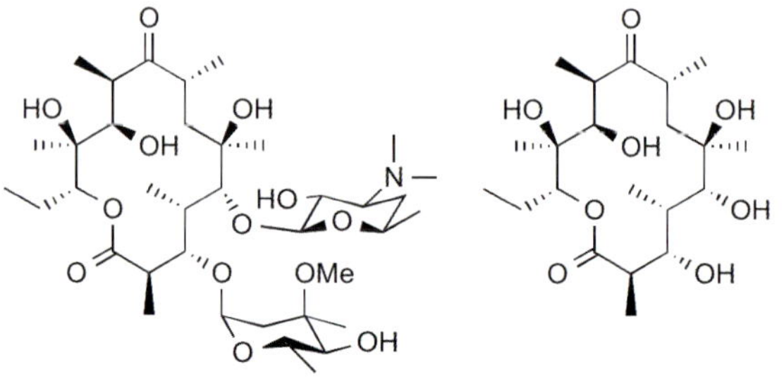

18 ┃ 第2章 炭水化物

エリスロマイシン　　　　エリスロマイシンの　　図2・14　エリスロ
　　　　　　　　　　　　　アグリコン　　　　　　　　マイシン

存在しており、グリコシル化している糖の種類や構造も様々である。マク
ロリド系抗生物質として知られる**エリスロマイシン**もその一つである（**図
2・14**；12・1・2項および13・4・2項参照）。グリコシドから糖を除いた非
糖部分のことを**アグリコン**[*13]と呼ぶ。アグリコンだけでは生物活性が発
現せず、糖部分が重要な役割を果たしていることが多い。

エリスロマイシン
erythromycin

アグリコン aglycone

[*13] ギリシャ語の *ha-* から
派生した together を意味する
a- と、甘いを意味する *glyco-*
を語源としている。

2・4 二糖類の構造と化学

2・4・1 二糖類の構造

糖にはヒドロキシ基が多数存在するので、糖同士でグリコシル化するこ
とが可能である。糖が二分子結合したものを**二糖類**と呼ぶ。

二糖（類） disaccharide (s)

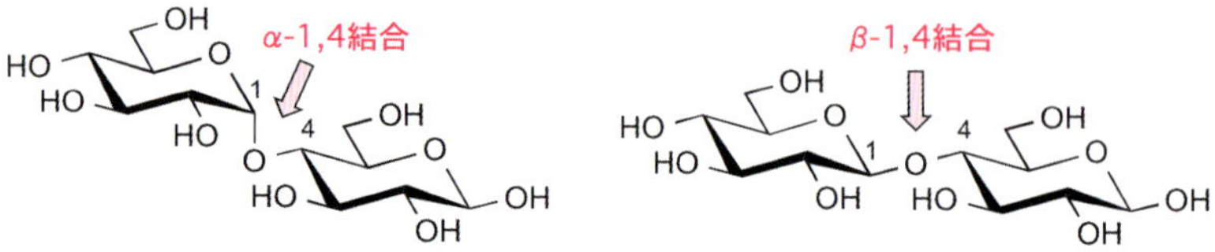

α-1,4結合　　　　　　β-1,4結合

マルトース　　　　　　　　　セロビオース

図2・15　グルコースの二糖

グルコピラノース二分子からなる二糖を考えてみよう（**図2・15**）。左側
のグルコースのアノマー炭素と、右側のグルコースのヒドロキシ基をグリ
コシル化する方法はいくつか考えられる。まずヒドロキシ基が（ヘミアセ
タール性を含めて）五つ存在するので、五通りの位置でのアセタール形成
が可能である。さらに、結果として生じるグリコシドが α 形か β 形かも考
慮しなければならない。いずれのグリコシドなのかを表すため、図2・15
に示したように、結合の様式について α, β とグリコシル結合の位置を明示
する。二分子のグルコースが α-1,4 結合 {α(1→4)} で結合した化合物は
マルトース（麦芽糖）、β-1,4 結合 {β(1→4)} で結合した化合物は**セロビ
オース**と呼ばれる。その他に、二分子のグルコースからなる二糖類として

マルトース maltose
麦芽糖 malt sugar
セロビオース cellobiose

は α,α-1,1-グリコシド（アノマー炭素同士のグリコシド）のトレハロースがある。また、その他の組合せ（たとえば β-1,6 結合など）は、天然からはあまり見出されておらず希少である。

2・4・2 二糖類の反応

二糖類にはヘミアセタール構造が残されていることから、単糖と同様に還元性を示す。このとき還元性を示す残基を還元末端と呼ぶ。ただし、トレハロースのようにアノマー炭素同士がグリコシル化されている場合は、ヘミアセタール構造がないため還元性を示さない。また、アノマー炭素が次の糖とグリコシル化することも可能であるので、次々に糖が連結されればオリゴ糖、多糖類（次節参照）となる。

二糖類を酸性条件下に置くと、加水分解を受けて単糖が生成する（**図 2・16**）。スクロース（ショ糖）の加水分解によって、グルコース（ブドウ糖）とフルクトース（果糖）の混合物が得られる。この混合物は転化糖と呼ばれ、甘味料として用いられる。この反応は、多糖類から単糖をはじめ二糖類などを切り出してくるのにも用いられる。

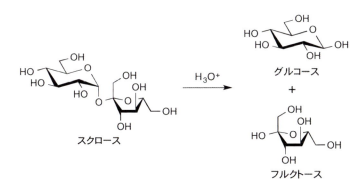

図 2・16　スクロースの加水分解

2・5　オリゴ糖と多糖類

2・5・1　オリゴ糖

数個の単糖がグリコシド結合で連結した糖類の**オリゴマー**を**オリゴ糖**と呼ぶ。しかし、オリゴ糖には明確な定義は存在せず、二糖からオリゴ糖とするケースもある。一般的には、三糖から十糖の糖鎖をオリゴ糖とする場合が多い。しかし、天然から単独で得られる三糖以上のオリゴ糖は少なく、タンパク質や脂質に結合した糖タンパク質、もしくは糖脂質（3・3・2 項参照）の一部として見出されることが多い。

ラフィノース（**図 2・17**）はスクロースにガラクトースが α-1,6 結合し

オリゴマー oligomer
オリゴ糖 oligosaccharide

ラフィノース　　　　　図2·17　ラフィノース

た三糖で、豆類、キャベツ、ブロッコリーなどの野菜に含まれるオリゴ糖である。

2·5·2　多糖類

多糖(類) polysaccharide(s)
ポリマー polymer

多糖類はオリゴ糖よりもさらに多数の単糖からなる繰返し構造をもつ**ポリマー**であり、数千にも及ぶ単糖からなるものも珍しくない。多糖類は、量としては自然界における有機化合物の大部分を占める。最も重要な多糖類としてデンプン、セルロースが挙げられる。

デンプン starch

デンプン

デンプンは、ヒトをはじめとする動物にとって、食料に含まれる最も重要な栄養源となる。主に穀物やイモ類、豆類などに幅広く含まれており、植物の光合成によってつくられる。図2·15に示したマルトースと同様に、グルコース単位が α-1,4 結合で連結した基本構造からなる。ただし、デンプンは単一構造の分子ではなく、約 20 % の分子量が数十万から数百万の**アミロース**と、約 80 % の分子量が数千万にもなる**アミロペクチン**(図2·18)の混合物である。

アミロース amylose
アミロペクチン amylopectin

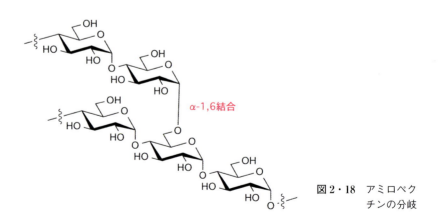

図2·18　アミロペクチンの分岐

アミロースは直線状にグルコースが並んだ構造ではなく、らせんを描くような構造をとりやすい。アミロースには基本的に分岐は存在しないが、アミロペクチンには約 25 単位ごとに α-1,6 結合による分岐がある。その

ため、アミロースのようならせん構造をとりにくく、熱水に対しても不溶である。

セルロース（図2・19）

セルロース cellulose

セルロースは、植物の強固な構造を担う主要な化合物である。セロビオースと同様な β-1,4 結合により、数千のグルコースが直鎖状に結合した巨大な高分子化合物である。アミロースやアミロペクチンで見られた α-1,4 結合は、ヒトを含めて幅広い動物がアミラーゼによって消化することができるのに対し、セルロースは、一部の微生物、もしくはその微生物を体内に共生させている動物しかセルラーゼをもたないため、消化することができない（酵素については第 6 章参照）。結合のわずかな差異ではあるが、糖鎖を加水分解して単糖、あるいは二糖に切断できる酵素は、糖鎖の構造を厳密に認識していることを示している。また、図 2・19 に赤で表した通り、個々のセルロースの直鎖は隣接する直鎖と水素結合（5・3・2 項参照）を形成することにより、植物の構造を形成するような強固な繊維状の分子となっていることも消化をむずかしくしている。

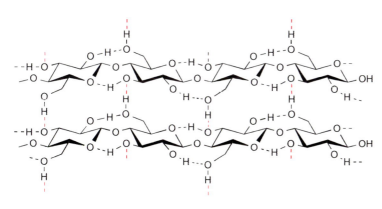

図 2・19　セルロースの構造

演習問題

2・1　リボースの L 形、D 形をフィッシャー投影式で描け。

2・2　ハース投影式で D 形糖の 6 位の $-CH_2OH$ 基が常に環平面の上側になるのはなぜか、図 2・2 と図 2・3 を参考に考えよ。

2・3　希少糖である D-アロースと D-イドースのヘミアセタール構造をハース投影式で描け。

2・4　D-グルコースにトレンス試薬を作用させて生じる化合物の構造を描け。

2・5　図 2・3 に示した六炭糖を還元して得られるアルジトールを、光学活性なものと光学不活性なものに分類せよ。

2・6　二分子の D-グルコースから、α,α-1,1-グリコシドを形成した化合物であるトレハロースの構造を描け。

22 ┃ 第2章 炭水化物

COLUMN 九炭糖とインフルエンザ

九炭糖であるノイラミン酸のアミノ基や、ヒドロキシ基が修飾を受けた化合物群を**シアル酸**（sialic acid）と総称する。ノイラミン酸自体は天然に存在しないが、*N*-アセチルノイラミン酸（Neu5Ac）や

N-グリコリルノイラミン酸は、細胞表層にある複合糖質やガングリオシド中に広く存在しており、細胞の認識、免疫などに重要な役割を果たしている。

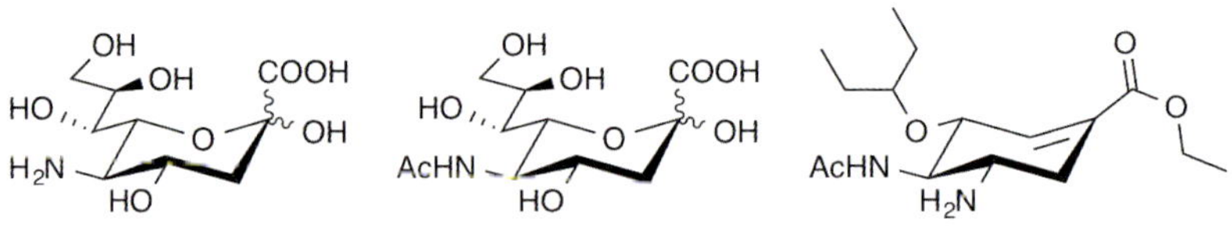

ノイラミン酸 　　　*N*-アセチルノイラミン酸 　　　オセルタミビル

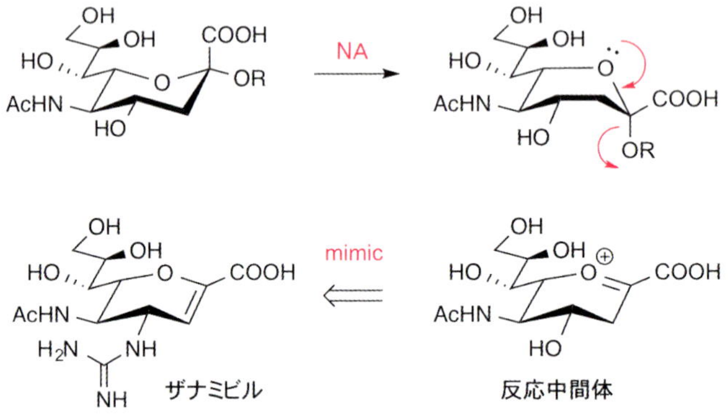

NA

mimic

ザナミビル 　　　　反応中間体

これを応用したのがノイラミニダーゼ（NA）阻害薬であり、インフルエンザの治療薬としてオセルタミビルなどが利用されている。この薬剤は、インフルエンザウイルス表面にあるヘマグルチニンと、感染細胞表面のシアル酸の結合の切断を阻害することで、ウイルスが放出されるのを阻害する。そのため、ウイルスの感染初期にのみ有効な薬剤であり、ウイルスを死滅させるような効果はない。ノイラミ

ニダーゼ阻害剤として最初に開発されたのはザナミビルであり、この薬剤の開発には、コンピュータシミュレーションによるノイラミニダーゼと薬剤の結合モデルが活躍した。すなわち、ノイラミニダーゼがシアル酸の結合を阻害すると生じる反応中間体のオキソニウムイオンを模倣（mimic）した化合物をデザインしたものである。

第3章　脂肪酸と脂質

　脂質は炭水化物、タンパク質とともに三大栄養素と呼ばれる化合物群であるが、ヒトを含む動物においてその働きは主に三つに分けられる。まず細胞を形成する細胞膜の一部となり、細胞の内外の環境を分離する。次に食料から得られたエネルギーが余剰した場合、脂肪細胞中に蓄積され、必要に応じてエネルギー源となる。そして内分泌系において信号の伝達の過程でメッセンジャーとしての役割を担う。その他に、ビタミンにも脂質に分類されうる化合物（ビタミンAやD）が存在する。本章では、それら脂質を構造的特徴で分類して、それらの化合物の機能や性質について学ぶ。

3・1　脂質の分類

　脂質に分類される化合物には**国際純正・応用化学連合（IUPAC）**の定義でも明確な化学的根拠はなく、「非極性溶媒に可溶で生物由来の物質」とされている。よってその構造は極めて多岐にわたるため、分類の仕方も様々である。そのためこの章では、主に脂質の構造的特徴による分類を採用し、**脂肪酸**とその**エステル**からなる単純脂質、その他の官能基を含む脂肪酸エステルとアルコールである複合脂質、長鎖や環構造の炭化水素部位を有する誘導脂質に分けて学ぶ。

脂質 lipid

**国際純正・応用化学連合
（IUPAC）**
International Union of Pure and
Applied Chemistry

脂肪酸 fatty acid
エステル ester

3・2　単純脂質

3・2・1　脂肪酸

　遊離の**脂肪酸**そのものは誘導脂質に分類されることもあるが、天然には油脂として脂肪酸と**グリセロール（グリセリン）**のトリエステルが幅広く存在している（図3・1）。油脂中の脂肪酸は長鎖炭化水素の末端にカルボキシ基をもった構造をしており、その多くは偶数の炭素数である（10・3節参照）。おおむね炭素数6未満のものを短鎖脂肪酸、6〜12程度のものを中鎖脂肪酸、それ以上を長鎖脂肪酸と呼ぶ。まれに22炭素以上の脂肪酸が存在し、これらは超長鎖脂肪酸と呼ばれる[*1]。かつては炭素数10以上のもの

*1　セロチン酸は蜜蝋（みつろう）などに含まれる超長鎖脂肪酸の一つである。

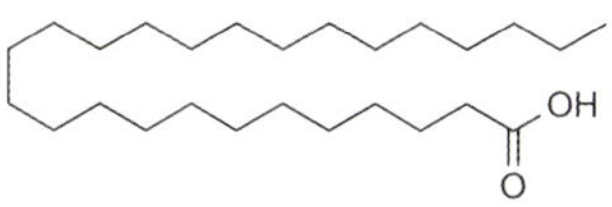

セロチン酸

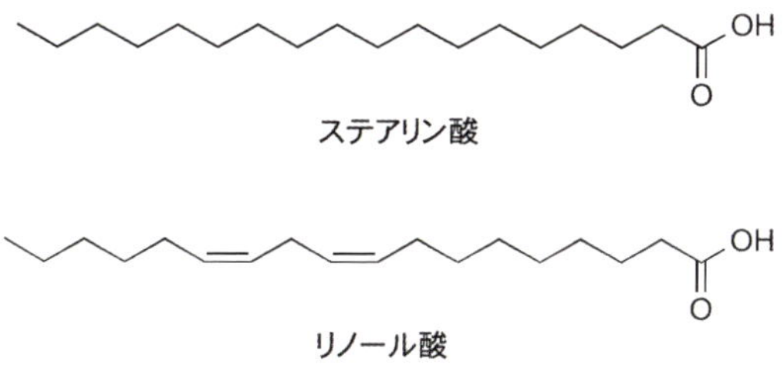

図3・1　代表的な脂肪酸

ステアリン酸

リノール酸

24　第3章　脂肪酸と脂質

を高級脂肪酸と称していたこともある。

　炭化水素鎖の二重結合の有無によって性質が異なることから、二重結合
がない場合は**飽和脂肪酸**、二重結合がある場合は**不飽和脂肪酸**として区別
している。天然から見出される不飽和脂肪酸の二重結合は、通常 $Z(cis)$ の
幾何配置である。不飽和脂肪酸の場合、同一の炭素数であっても二重結合
の数や位置が異なるものが存在する。それらを区別するためには慣用名を
すべて頭に入れる必要があるが、かなり骨の折れる作業になる。そこで系
統的に炭素数と二重結合の数、そして二重結合の位置を数字で示す方法が
便利である（**表3・1**）。

飽和脂肪酸
saturated fatty acid

不飽和脂肪酸
unsaturated fatty acid

表3・1　代表的な脂肪酸

数値表現	示性式 CH₃-(R)-COOH	組織名	慣用名	融点 (℃)
10：0	$-(CH_2)_8-$	デカン酸	カプリン酸	31.6
12：0	$-(CH_2)_{10}-$	ドデカン酸	ラウリン酸	44-46
14：0	$-(CH_2)_{12}-$	テトラデカン酸	ミリスチン酸	54.4
16：0	$-(CH_2)_{14}-$	ヘキサデカン酸	パルミチン酸	62.9
18：0	$-(CH_2)_{16}-$	オクタデカン酸	ステアリン酸	69.6
20：0	$-(CH_2)_{18}-$	エイコサン酸	アラキジン酸	75.5
16：1	$-(CH_2)_5CH=CH(CH_2)_7-$	9-ヘキサデセン酸	パルミトレイン酸	−0.1
18：1 (9)	$-(CH_2)_7CH=CH(CH_2)_7-$	9-オクタデセン酸	オレイン酸	13.4
18：2 (9,12)	$-(CH_2)_3(CH_2CH=CH)_2(CH_2)_7-$	9,12-オクタデカジエン酸	リノール酸	−5
18：3 (6,9,12)	$-(CH_2)_3(CH_2CH=CH)_3(CH_2)_4-$	6,9,12-オクタデカトリエン酸	(6,9,12)-リノレン酸	−11
18：3 (9,12,15)	$-(CH_2CH=CH)_3(CH_2)_7-$	9,12,15-オクタデカトリエン酸	(9,12,15)-リノレン酸	−11
20：4	$-(CH_2)_3(CH_2CH=CH)_4(CH_2)_3-$	5,8,11,14-エイコサテトラエン酸	アラキドン酸	−49

　数値表現の最初の数は炭素数を、コロンの後の数字は二重結合の数を表
している。二重結合の位置が異なるものが知られている場合は、その二重
結合の位置を括弧内に明示する。位置を示す番号は、カルボキシ基の炭素
から数え始め、何番目の炭素に二重結合があるかを示している。それとは
逆に不飽和脂肪酸の分類として、二重結合が末端のメチル基から数えてど
の位置にあるかを示す方法があり、特に生理学者がよく用いている。たと
えば、(9,12,15)-リノレン酸は末端から3番目の炭素に、リノール酸やア
ラキドン酸は末端から6番目の炭素に二重結合が位置しているので、それぞ
れ ω-3、ω-6 脂肪酸 としてまとめられる。この分類法は、栄養学的観
点からみて ω-3や ω-6脂肪酸がヒトにとって必須であったり、それぞれ
のグループに属する脂肪酸が同様の代謝を受けるなど、一定の合理性があ
る。また (6,9,12)-リノレン酸を γ-リノレン酸、(9,12,15)-リノレン酸を
α-リノレン酸と称することもある。

　飽和脂肪酸の融点に着目すると、分子量が大きくなるにつれて融点が高
くなっていくことが分かる。一方、不飽和脂肪酸の場合は、不飽和結合の
数が増えると融点が低下していることが見てとれる。ステアリン酸の融点

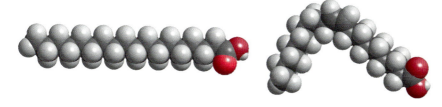

図3・2　ステアリン酸（左）とオレイン酸（右）の三次元構造

が約70℃であるのに対して、オレイン酸の融点は約13℃と劇的に低下している。これは分子の三次元構造が大きく異なっていることを表している。

　飽和脂肪酸はほぼ直線状に脂肪鎖が伸びた構造をしているのに対し、不飽和脂肪酸ではその二重結合がZ（シス形）であるので、必然的に分子が折れ曲がることになる（図3・2）。その結果、分子構造に柔軟性が生まれることから、分子間に働く力が弱くなり融点が低くなる。

3・2・2　蝋

　一般に、天然に存在する炭素数16〜36程度の脂肪酸と、24〜36程度の長鎖アルコールのエステルを**蝋**と呼ぶ。動物の体表や植物の果実、葉の表面にも存在し、主に組織を保護する役割を果たしている。ミツバチの巣から得られる蜜蝋[*2]や、マッコウクジラから得られるパルミチン酸セチル（図3・3）を主成分とする固体蝋などが、ろうそくとして使用されてきた。

蝋　wax

*2　パルミチン酸トリアコンタニルなどで構成される（p.23の側注1も参照）。

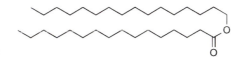

図3・3　パルミチン酸セチル

3・2・3　油脂

　脂肪酸は生体内でグリセロールとのエステルの形で蓄積している。通常は、三つのヒドロキシ基がすべて脂肪酸とのエステルを形成した**トリアシルグリセロール（トリグリセリド）**であり、これを**油脂**と総称し、**中性脂肪**とも呼ばれる。一般に常温で液体のものを脂肪油、固体のものを脂肪と呼んでいる。植物、動物問わずトリアシルグリセロールを産出しており、自然界に最も広く存在する脂質である。トリアシルグリセロール1分子には三つのアシル基部位があるが、同一のアシル基であるとは限らない。よって天然から得られる油脂は、ほぼ均質な組成を示すココアバターのような例外を除いて、様々なトリアシルグリセロールの複雑な混合物であり、その組成の差異によって油脂の性状や物性が異なっている。脂肪酸と同様に、油脂中のアシル基部位の不飽和度が高いほどトリアシルグリセロールの融

トリアシルグリセロール（トリグリセリド）　triglyceride
油脂　fat and oil
中性脂肪　neutral fat

点は低くなる。ナタネ油やオリーブ油などの植物由来の油脂は常温で液体であるのに対し、ラードや牛脂のような動物性の油脂が固体なのは、含まれるアシル基部位の不飽和度が低いことを示している。

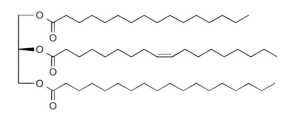

図 3・4　トリアシルグリセロールの構造

　図 3・4 に示したトリアシルグリセロールは、異なる三つの脂肪酸がグリセロールにエステル結合している。グリセロールは、対称な分子であるので不斉炭素原子をもたない。また、同一のアシル基が 3 分子結合している場合や、1,3-位のアシル基が同一な場合は不斉炭素原子とならないが、それ以外は、トリアシルグリセロールの 2 位は不斉炭素原子となる。糖の場合と異なり、天然から得られるトリアシルグリセロールの絶対立体配置は定まっていない。

　植物由来のトリアシルグリセロール中の不飽和結合を接触水素化[*3]することで、動物性脂肪と同等の融点をもつ油脂を製造することができる。水素化反応の進行度合いを制御することで望みの物性をもつ油脂をつくることができ、たとえばマーガリンは、原料となる植物性油脂の約 60 % を水素化することで製造されている。この過程で数 % 程度、二重結合が Z から E に異性化して生成するトランス脂肪酸が、健康を害する可能性があるとして近年問題化しつつある[*4]。

　また、トリアシルグリセロールはエステルであるので、加水分解によってアルコールと脂肪酸に分解することができる。生体内ではこの反応は酵素が担っているが、人類はこの反応を古くから行っていた。すなわち、動物もしくは植物から得られた脂肪に、木を燃焼させた後に残存する灰からつくった灰汁を混ぜて煮込むのである。灰汁には塩基性物質が含まれており、これが脂肪を加水分解して脂肪酸の塩「石鹸」が得られる。石鹸は長鎖カルボン酸の塩であるので、電離可能な親水性の部位と、長い炭化水素基に由来する疎水性の部位を併せもった構造をしている。これを水に拡散させると、石鹸分子は親水性部位を外側に向け、疎水性部位を内側にした球状の**ミセル**（図 3・16, p.33 参照）と呼ばれる集合体（クラスター）をつくることができる。この際、油汚れはミセルの内側に捉えられることから、水中に分散される。20 世紀まではこの過程で何が起こっているかは誰も知らなかったが、とにかくその「白い固体」は汚れを落とすのに最適である

[*3] ニッケルや白金を触媒として用い、アルケンなどの不飽和結合に水素を付加する反応を接触水素化と呼ぶ。

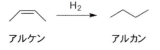

[*4] トランス脂肪酸には、オレイン酸が異性化して生成するエライジン酸などが知られている。世界保健機構（WHO）の勧告によると、トランス脂肪酸は 1 日あたり摂取カロリーの 1 % 未満を基準としている。我が国の平均的な食生活では推計で 0.6 % となっており（米国は 2.5 % 以上）、特別に注意する必要はないのかもしれない。

エライジン酸

ミセル　micelle

3・3 複合脂質

3・3・1 リン脂質

　生体組織の基本となるのは細胞であり、その細胞の機能を維持するためには外界との境界をもたなければならない。通常、生物の細胞は親水的な環境中に置かれており、また細胞内も親水的、すなわち水が主な媒体となっている。そのため、脂質のような疎水的な構造をもつ物質が、細胞の「膜」を形成するのに都合がよい。動物の細胞は細胞膜をもち、その構造中に主として三種の脂質、すなわちリン脂質、糖脂質、ステロイドがある。このうちリン脂質と糖脂質は複合脂質に、ステロイドは誘導脂質に分類される。

　リン脂質はリン酸基を含んでおり、生体内のpH下ではイオン化している。その結果、イオン化した親水部分と、長鎖炭化水素に由来する疎水性部位を併せもつことになる。これは石鹸と同様の構造であるため、集合体を形成しやすい構造ともいえる。膜脂質においては、その母核がグリセロールもしくはスフィンゴシンからなる。

　グリセロールを母核とする脂質は、**グリセロリン脂質（ホスホグリセリド）**と呼ばれ、存在量としては最も多い。3・2・3項で示したトリアシルグリセロールとは異なり、アシル基は二つで、残りのヒドロキシ基がリン酸とのエステルを形成している。このような構造的特徴により、リン脂質は脂肪酸とはまったく異なる機能を果たす。

　リン脂質のリン酸エステル部位は、さらに異なる分子とのエステルを形成しており、**図3・5**中赤で示した**コリン**とのエステルである**ホスファチジルコリン**がその例である*5。コリンの代わりにエタノールアミンや、セリンがエステル結合したホスファチジルエタノールアミン、ホスファチジルセリンは、膜脂質や様々な組織に存在するリン脂質である。

リン脂質　phospholipid

グリセロリン脂質
glycerophospholipids
ホスホグリセリド
phosphoglyceride
コリン　choline
ホスファチジルコリン
phosphatidylcholine

＊5　コリンおよびその代謝産物は、細胞膜における脂質や、神経伝達物質としての働きなどがある。化学的には第四級アンモニウム塩であることから、陰イオンと対になるが、ホスファチジルコリンではリン酸部位がその対イオンになっている。

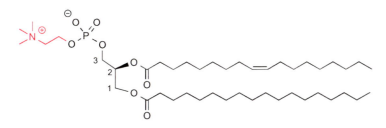

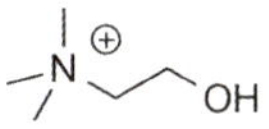

図3・5　ホスファチジルコリン

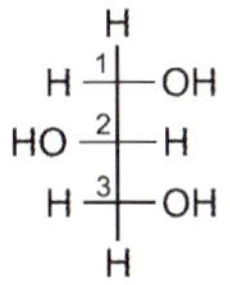

　トリアシルグリセロールの場合は、不斉炭素の絶対立体配置は明確でないことがほとんどであるが、リン脂質では図3・6で示した立体化学で決まっている。グリセロール誘導体の立体化学を表す際、**立体特異的番号付**

図3・6　立体特異的番号付

立体特異的番号付
stereospecific numbering

第3章　脂肪酸と脂質

に従う。フィッシャー投影式でグリセロールを描いた際、2位のヒドロキシ基が左側になるように置き、上側の炭素を1位、下側の炭素を3位とする。この表記法に従う場合は、図3・5に示したホスファチジルコリンの名称は、1-ステアリル-2-オレイル-*sn*-グリセロホスホコリンなどのように、*sn* と書くことにより立体特異的番号付に従っていることを明示する。

　ホスファチジルコリンに類似するリン脂質は、3位がリン酸エステル化されていることは共通しているが、1位に飽和脂肪酸が、2位に不飽和脂肪酸がエステル結合しているものが多い。しかし脂肪酸の炭素数や不飽和結合の有無など多様性に富んでおり、2900を超えるホスファチジルコリンが確認されている。また、環状糖アルコールのイノシトールと結合した**ホスファチジルイノシトール**（PI）（**図3・7**）は、細胞膜を介した情報伝達に重要で、イノシトール部位の3,4,5位のヒドロキシ基がさらにリン酸化を受けて働く[*6]。一つリン酸化を受けている場合は、そのヒドロキシ基をPI(3)Pのように表し、二つリン酸化されている場合はPI(3,5)P_2のように表す。三つすべてがリン酸化されているPIP_3は、リン脂質の中で最も負電荷を強く帯びた分子である。動物からはすべての置換パターンが見出されているが、現在までに植物からはPIP_3だけが発見されていない。ホスファチジルイノシトールの3位ヒドロキシ基をリン酸化する酵素（PI3キナーゼ）は、細胞のシグナル伝達に非常に重要な役割を果たしており、この酵素の阻害剤が糖尿病や腫瘍の治療に応用できる可能性が示されている。

ホスファチジルイノシトール
phosphatidylinositol

[*6]　イノシトールは、シクロヘキサン環上の炭素に一つずつヒドロキシ基が結合した化合物である。このような化合物をシクリトールと呼ぶ。イノシトールには九つの立体異性体が存在するが、生体内で用いられるのは主に *myo*-イノシトールである。*myo*-イノシトールはメソ体であるから、光学不活性である。

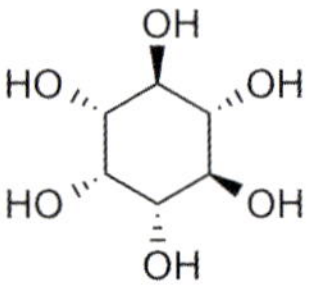

myo-イノシトール

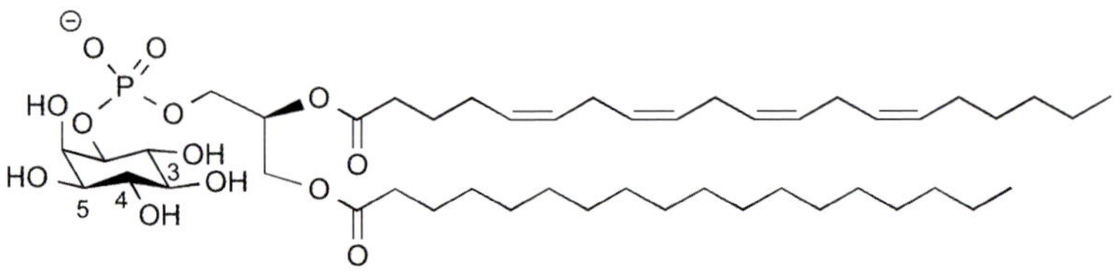

図3・7　ホスファチジルイノシトール

古細菌　Archaea
[*7]　古細菌は細菌（バクテリア）と形態こそ似ているが、まったく異なる生物のドメインに分類されている。進化の系統樹では、細菌よりもむしろ植物や動物が属している真核生物の方に近い。

　古細菌[*7]と一部の高熱性細菌の細胞膜を構成するリン脂質は、他の生物のそれとは異なり、グリセロールに炭化水素鎖がエステル結合ではなくエーテル結合していることや、立体化学が逆になっていることが特徴である（**図3・8**）。さらにその炭化水素鎖は脂肪酸由来ではなく、イソプレノイド（11・3・1項参照）であることから、複数の分岐が存在する。また、シクロプロパン環や、シクロヘキサン環を有するものも発見されている。エーテル結合はエステル結合に比べて強固であることから、高温の環境下でも細胞膜を保つことができる一因かもしれない。一方で、高熱菌ではない古細菌の細胞膜がエーテル型であることの意義については不明である。

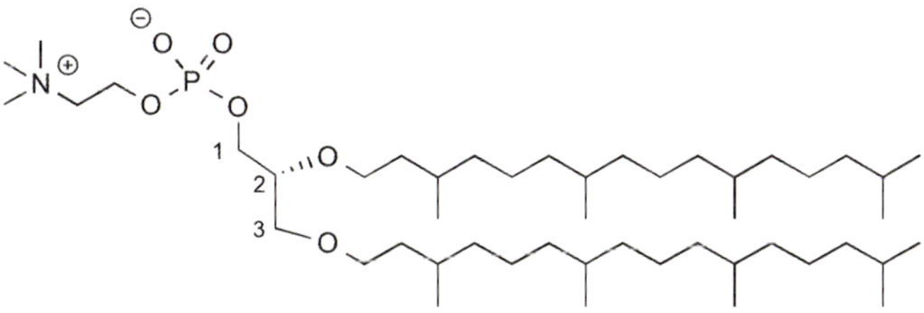

3・3 複合脂質　29

図3・8　古細菌の細胞膜に存在するリン脂質

　炭素数18のアミノアルコールである**スフィンゴシン**を母核とする脂質である**スフィンゴ脂質**にもリン脂質が存在する。**スフィンゴリン脂質（スフィンゴミエリン）**の構造をグリセロリン脂質と比較すると、2位がエステルではなくアミノ基に対するアミド結合によって脂肪酸と結合していること（その結果生じる化合物を**セラミド**と総称する）、3位はヒドロキシ基へのエステル結合ではなく直接長鎖の炭化水素基が結合していることが異なっている（**図3・9**）。また親水性のリン酸部位はコリン、もしくはエタノールアミンのエステルしか見出されていない。動物の細胞膜中に存在しており、シグナル伝達にも利用されていることが近年明らかになりつつある。

スフィンゴシン　sphingosine
スフィンゴ脂質　sphingolipid
スフィンゴリン脂質
sphingophospholipid
スフィンゴミエリン
sphingomyelin
セラミド　ceramide

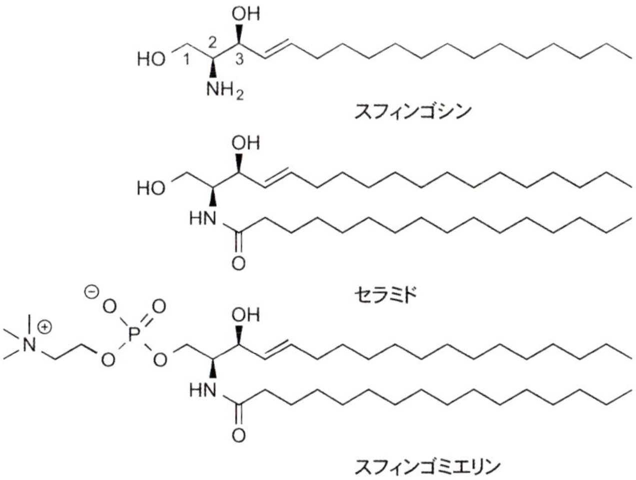

図3・9　スフィンゴ脂質関連化合物

3・3・2　糖　脂　質

　スフィンゴミエリンでは、リン酸エステル部位が親水性を司る重要な部位であった。その代わりに糖鎖が結合した**糖脂質**が知られている。
　セラミドに単糖がグリコシル化したものは**セレブロシド**と総称される（**図3・10**）。糖としてはグルコース（**グルコセレブロシド**）、またはガラクトース（**ガラクトセレブロシド**）のものが天然からは見出されており、特にガラクトセレブロシドは神経関連の組織に主として存在する。

糖脂質　glycolipid
セレブロシド　cerebroside
グルコセレブロシド
glucocerebroside
ガラクトセレブロシド
galactocerebroside

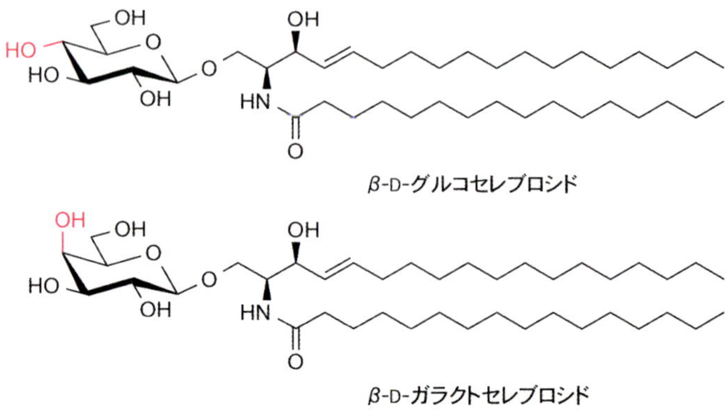

β-D-グルコセレブロシド

β-D-ガラクトセレブロシド

図3・10　セレブロシド

3・4　誘導脂質

3・4・1　ステロイド

ステロイドsteroid

ステロイドは四環性の炭素骨格を基本とした化合物群で、動物、植物を問わず広く存在し、またその役割も多様である。四つの環を左から順にA環〜D環とし、D環にある側鎖の違いによって炭素数が多い方からコレスタン、コラン、プレグナン、アンドロスタンがある。さらにA/B環の間にあるメチル基が欠落したエストランを含めて主に五種に分類される（**図3・11**）。

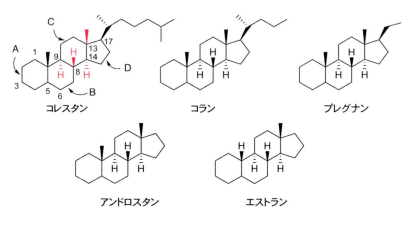

図3・11　ステロイドの骨格

テルペノイドterpenoid

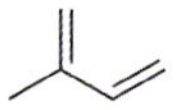

イソプレン

スクアレンsqualene

ステロイドは、すべて共通の化合物である**テルペノイド**（11・3・1項参照）の一つ**スクアレン**から生合成されており（3・4・2項および11・3・7項参照）、立体化学も厳密に制御されている。たとえば、図3・11中、赤で示したB/C環、およびC/D環はトランス縮環であることが分かる。しかし5位については、4-5位や5-6位間に二重結合がある場合や、5位に水素が

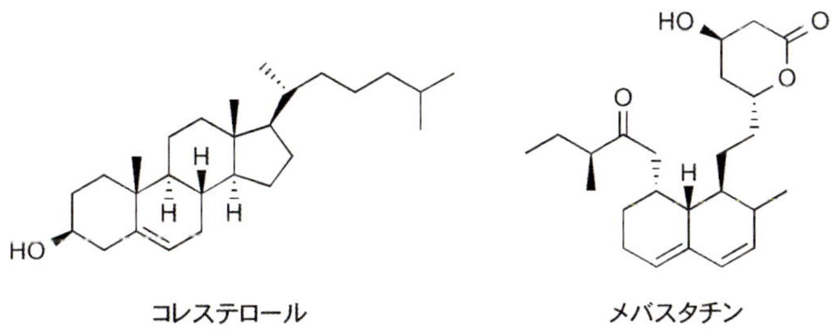

3・4 誘導脂質　31

コレステロール　　　　　メバスタチン

図3・12　コレステロールとスタチン

ある場合も上向き（β）、下向き（α）の両方が存在するため、図中では明示していない。

　ステロイドの3位にヒドロキシ基がある一連の化合物群が動植物に広く存在し、それらを**ステロール**と総称する。動物においては**コレステロール**（**図3・12左**）が特に重要であり、細胞膜の構成成分として、また他のステロイド生合成の原料としての役割を果たす。そのためコレステロールは食事からも摂取されるが、肝臓や皮膚などで合成されている。いわゆる善玉（HDL）－悪玉（LDL）コレステロールというのは、コレステロール分子そのものが変化したものではなく、タンパク質などとの複合体の違いを示している。血中の LDL 濃度が増えると高脂血症や動脈硬化のリスク要因となることが指摘されていることから、LDL を下げる試みが盛んになされている。**メバスタチン**（**図3・12右**）はテルペノイドの生合成で律速段階となる、メバロン酸を合成する過程の酵素である HMG-CoA 還元酵素を阻害する薬剤（**スタチン**と総称する）として世界で初めて発見された化合物である。スタチン類は、その後、高コレステロール血症の治療薬として市販されるに至った[8]。

　コレステロールの代謝によって、ビタミン D（8・1・3項参照）やステロイドホルモン（8・2・2項参照）をはじめ、脂肪の消化に必要な胆汁酸を構成する**コール酸**をはじめとするステロールなど、生体内で重要な役割を果たす化合物に変換されている（**図3・13**）。

ステロール sterol
コレステロール cholesterol

メバスタチン mevastatin

スタチン statin

[8]　その他に、小腸におけるコレステロールの吸収を阻害する薬剤や、コレステロールのコール酸への異化を促進する薬剤などが実用化されている。

コール酸 cholic acid

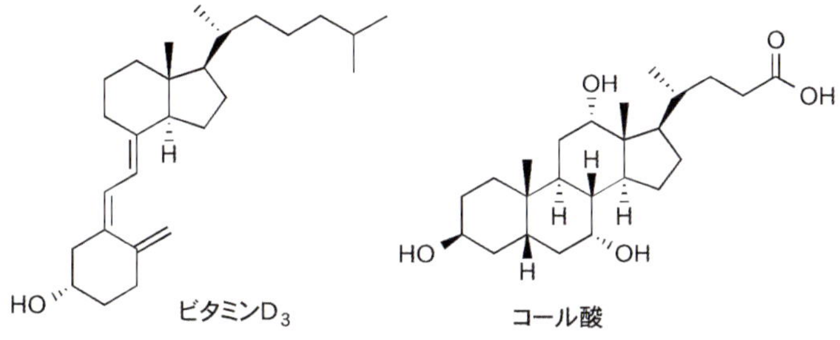

ビタミンD₃　　　　　コール酸

図3・13　ビタミン D とコール酸

3・4・2　その他の誘導脂質

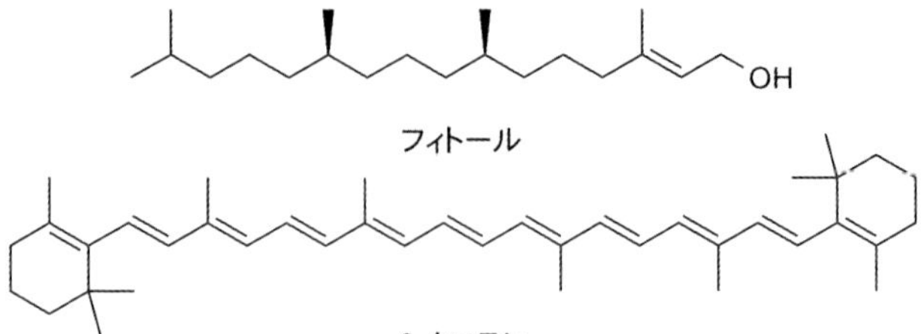

イソプレノイド isoprenoid

誘導脂質とは本来、複合脂質から加水分解によって生じる疎水性化合物という意味であったが、現在では、生体中で遊離に存在する疎水性化合物の総称になっている。上述の脂質と関連する化合物群として、テルペノイドやカロテノイド（**図3・14**）を含む**イソプレノイド**（11・3・1項参照）や、脂肪酸由来のイコサノイドがある。

OH
フィトール
β-カロテン

図3・14　代表的なテルペノイドとカロテノイド

カロテノイド carotenoid

β-カロテン β-carotene

イコサノイド icosanoid

テルペノイドは、上述のステロイドの生合成前駆体であったスクアレンが代表的な脂質で、炭素数5のイソプレン単位を基本として合成される鎖状化合物から閉環や酸化還元など様々な修飾を受け、複雑な構造的多様性をもっている。構造的には関連性があるが、その機能はあまりにも幅広く分布しており、機能から分類することはむずかしい。また**カロテノイド**も、イソプレン単位を基本骨格とする化合物群であり、炭素数が40のものを基本として長い共役二重結合をもち、主に天然色素として植物などから見出される。生体内では色素としての役割をもつ分子の他、ビタミンAの前駆体である**β-カロテン**などがある。

イコサノイド（**図3・15**）は、炭素数20の不飽和脂肪酸に由来する比較的

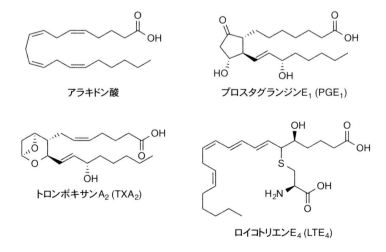

O
OH
アラキドン酸
O
O
OH
HO
OH
プロスタグランジンE1 (PGE1)
OH
O
O
OH
トロンボキサンA2 (TXA2)
OH
O
OH
S
H2N
OH
O
ロイコトリエンE4 (LTE4)

図3・15　代表的なイコサノイド

不安定な化合物群であり、生合成された部位の近傍で信号伝達物質として働くことから局所ホルモンとも呼ばれる。イコサノイドにはアラキドン酸から生合成される**プロスタグランジン**、**トロンボキサン**、**ロイコトリエン**と総称される一連の化合物群があり、それらは超微量で機能することができる。

プロスタグランジン prostaglandin
トロンボキサン thromboxane
ロイコトリエン leukotriene

3・5 脂質と細胞膜

　細胞を外界と区別するため表面には細胞膜がある。この細胞膜の基本構造はリン脂質によって形成される。リン脂質は上述の通り、親水性、疎水性部分を併せもつため、水中でリン脂質を激しく振り混ぜると自発的に集合体を形成する。このとき**ミセル**を形成する石鹸の場合とは異なり、リン脂質の二本の鎖が大きいため疎水性の層同士が組み合わさり、外側だけでなく内側にも親水性部位を剝き出しにした球状の二重層構造をつくりうる。その結果、球の内側にも親水性部位を有することになるため、親水性の物質を球の内側に内包することが可能となる。このような構造を**ベシクル**(小胞)と呼び、特にリン脂質などによって形成されたベシクルを**リポソーム**と呼ぶ(図3・16)。

ベシクル vesicle
リポソーム liposome

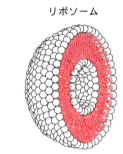
リポソーム

ミセル

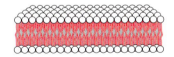
リン脂質二重層

　これは細胞膜に見られる構造と同一のものである。細胞膜の疎水性の層にはコレステロールのようなステロールも含まれており、また細胞膜の表面には糖脂質や糖タンパク質から張り出した糖鎖が存在し、さらに細胞膜を貫通するようにしてタンパク質が埋め込まれるなど、リン脂質で形成される細胞膜は決して均質ではなく、様々な機能を有する化合物の巨大な集合体としてふるまう。さらに、疎水的相互作用によって集合しているにすぎないリン脂質同士は、互いに強固に結合しているわけではない。よって、流動性をもっていることになり、埋め込まれているタンパク質の位置も定まっているわけではないことに注意が必要である。この流動性は、グリセロリン脂質中の不飽和度によって影響を受ける。これは脂肪酸の不飽和結合によって融点が低下する現象を思いだすと理解しやすい。

図3・16　リン脂質の集合体

演習問題

3・1　α-リノレン酸およびγ-リノレン酸の線構造式を描け。
3・2　トリアシルグリセロールから石鹸をつくる際の反応機構を書け。
3・3　二分子のパルミチン酸と一分子のリノール酸からなるトリアシルグリセロールの可能な構造をすべて描け。
3・4　オリーブ油の平均分子量が1450であったとすると、10 gのオリーブ油を加水分解するためにはNaOHが何g必要か。
3・5　ミセルとリポソームの違いについて述べよ。

COLUMN　血液型・インフルエンザウイルスと糖脂質

生体内ではセレブロシドに糖が付加されることで様々な糖脂質が合成され、免疫機能や細胞のシグナル伝達の調整など様々な役割を果たしている。セラミドに二つ以上の糖が結合した化合物をグロボシドと総称する。中でも、N-アセチルノイラミン酸（NeuAc）が結合したものは、**ガングリオシド**（ganglioside）と総称される重要な化合物群である。

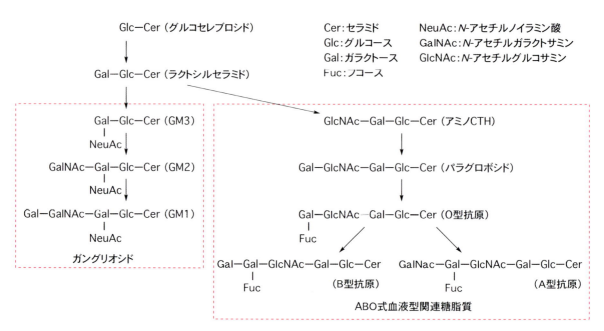

スフィンゴ糖脂質の代謝経路と ABO 式血液型

糖脂質もリン脂質と同様に細胞膜にあり、糖鎖部分が親水性を担っていることから、細胞表面に糖鎖部位が露出している。ガングリオシドはシアル酸（NeuAc）を含む糖鎖をもっており、ヒトインフルエンザウイルス（第2章コラム参照）が細胞に感染する際、そのヘマグルチニン（HA）というタンパク質がシアル酸部位に結合する。インフルエンザウイルスの型を表す H5N1 などの H は、このヘマグルチニンの型を示している（N はノイラミニダーゼの型）。

また、赤血球の表面にある糖脂質の糖部位の違いから ABO 式血液型が提案されている。ラクトースから $β$-1,3 結合で GlcNAc が結合し、次に $β$-1,4 結合でガラクトースが結合する。最後に $α$-1,2 結合でフコース（6-デオキシグルコース）が結合したものが O 型（H 型）抗原である。末端のガラクトースに $α$-1,3 結合で GalNAc が結合したものは A 型、ガラクトースが結合したものは B 型である。AB 型は A 型、B 型両方をもつ。

第4章 アミノ酸

　前章までに、三大栄養素のうち炭水化物と脂質について学んできた。この章から第6章までは、残りのタンパク質に関連した生物有機化学について学んでいく。タンパク質はヒト乾燥重量の約半分を占めるほどに主要な化合物群であり、生体の構造を形成したり、生命活動を維持するための酵素と呼ばれる特殊な機能をもった分子まで、様々な役割を果たす。しかし、その本質はアミノ酸と呼ばれる分子が多数連結したポリマーであり、その配列の違いによってタンパク質の機能性が大きく異なっている。よってタンパク質の化学を理解する第一歩として、この章では主にアミノ酸の生物有機化学について理解することを目的とする。

4・1　アミノ酸の化学

タンパク質 protein

4・1・1　アミノ酸の構造

　アミノ酸は、分子中に塩基性を示すアミノ基と、酸性を示すカルボキシ基を併せもつ化合物の総称である。特に、アミノ基とカルボキシ基が同一の炭素原子に結合している α-アミノ酸がタンパク質を構成するアミノ酸であり、図4・1に示した側鎖（R-）が異なる構造となることで、各アミノ酸の性質や構造的多様性が生まれる。生物がつくり出す多様なタンパク質は通常20種の α-アミノ酸を基本に構成されており、そのうち19種は図4・1の側鎖が異なる化合物で、唯一プロリンのみが特殊であり、環構造をもっている。逆にいえば、このわずか20種のアミノ酸の組合せのみで、地球上に存在する生物がもっているタンパク質をすべて網羅しているのであり、いかに優れたシステムであるかがうかがえる[*1]。その他に、一部の生物において2種のアミノ酸、セレノシステインとピロリシン（4・3節参照）がタンパク質を構成するアミノ酸として見出されている[*2]。

　最も構造が単純な α-アミノ酸は、側鎖が水素原子であるグリシンであり、グリシンには不斉炭素原子がない。その他の α-アミノ酸は側鎖が水素ではないため、すべて不斉炭素原子をもつことになる。その結果、グリシン以外の α-アミノ酸には鏡像異性体が存在することになるが、天然のタンパク質を構成するアミノ酸は、フィッシャー投影式において糖と関連づけるとL形である（2・1節）。しかし一方で、D形アミノ酸も、微生物の細胞壁をはじめ、幅広く天然に存在することにも注意しなければならない。もし、取り扱うアミノ酸が**ラセミ体**[*3]であるときは、「DL-アラニン」というように表記する（**図4・2**）。

　α 炭素の他、側鎖にも不斉炭素原子がある α-アミノ酸が二つ存在する。この場合、L形であってもさらに立体異性体（ジアステレオマー）が存在することになる。天然には一方のジアステレオマーが主に存在しており、異

アミノ酸 amino acid

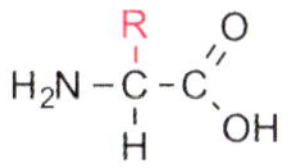

$$H_2N-\underset{\underset{H}{|}}{\overset{\overset{R}{|}}{C}}-\overset{\overset{O}{\|}}{C}-OH$$

図4・1　α-アミノ酸の一般式

[*1] なぜ20種に限定されるのかについては7・3節で学ぶ。

[*2] ただし、ここでいうタンパク質を構成するアミノ酸には、翻訳後修飾（章末コラム参照）を受けたものは含んでいない。

ラセミ体 racemate
[*3] 鏡像異性体の1：1混合物のことをラセミ体と呼ぶ。鏡像異性体同士は光学的性質を打ち消しあうので、ラセミ体は光学不活性である。

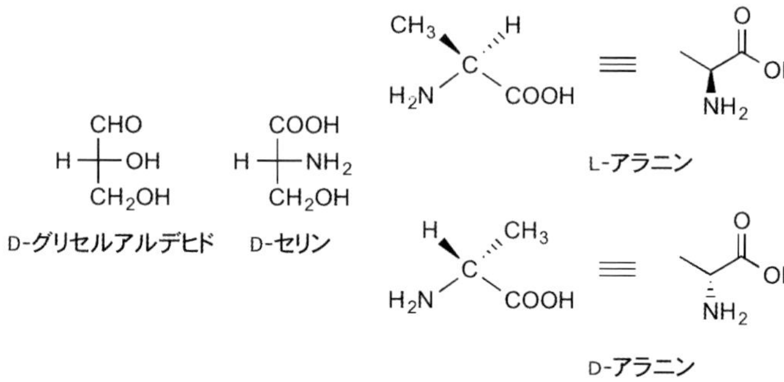

36 ‖ 第4章 アミノ酸

図4・2　α-アミノ酸の絶対立体配置

なる立体化学を有する異性体は後から発見された。そこで名称に異型を表す接頭語である *allo-* を付けていたが、それが正式に呼称に組み込まれ、現在ではアロイソロイシン、アロトレオニンという名称が与えられている（**図4・3**）。

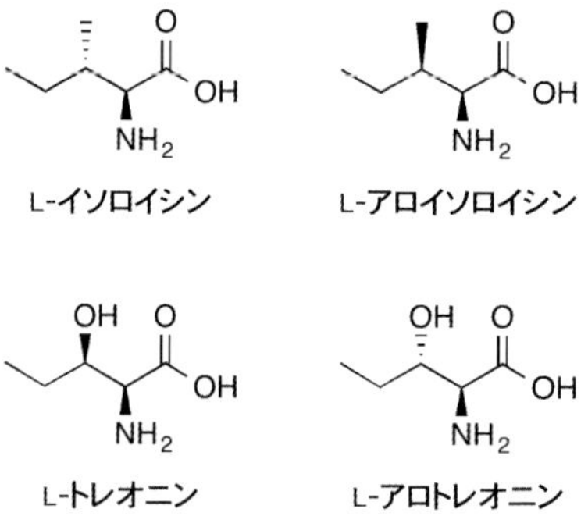

図4・3　側鎖に不斉炭素原子を有する α-アミノ酸

　α-アミノ酸には、塩基性を示すアミノ基と、酸性を示すカルボキシ基があるため、自分自身で中和して塩ができることになる。実際、生体内のような中性の水溶液中（生理的 pH）では、カルボキシ基のプロトンがアミノ基に移動して、正電荷と負電荷が同時に存在する状態となる。このような状態を**双性イオン**と呼ぶ。したがって、純粋なアミノ酸を単離してくると、すべて双性イオンの形になっていることから、結晶性が高く、水に溶解しやすいが、非極性の有機溶媒には溶けにくい。一方、水溶液を酸性にすれば、中性付近でイオン化していたカルボキシ基がプロトン化された構造をとり（**図4・4左**）、水溶液を塩基性にすれば中性付近でプロトン化されていたアミノ基からプロトンが奪われる構造（**図4・4右**）となりうる。

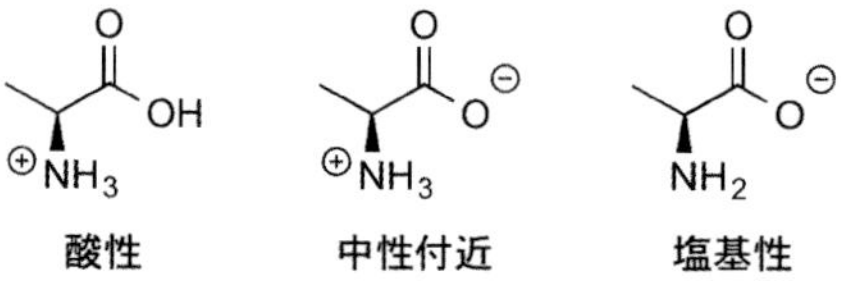

双性イオン zwitterion

図4・4　アミノ酸の電離

4・1・2 等電点

あるアミノ酸においてすべての分子が双性イオンの状態になっているとき、すなわち正電荷と負電荷の和がちょうど0になっているとき、その水溶液のpHは7であろうか？ 強酸と強塩基を1:1のモル比で混合すればpH＝7になるが、強酸と弱塩基を1:1で混合するとpHは7より小さくなる。これは塩の加水分解によるものであり、正塩であっても化合物の酸解離定数によって水溶液のpHは7にならないことを思いだそう。アミノ酸におけるカルボキシ基とアミノ基は明らかに強酸・強塩基ではないので、pHはちょうど7にはならなそうである。アミノ酸のように双性イオンとなりうる化合物について、その水溶液に含まれる化合物の電荷が平均して0になる水溶液のpHを**等電点**という。等電点は以下のようにして簡単に求めることができる。

等電点 isoelectric point

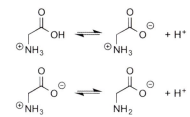

図 4・5 グリシンの電離平衡

図4・5はグリシンにおける二段階の電離平衡を表したものである。ここでグリシンをAHで表すとすると、図4・5上式より、

$$[AH][H^+] = K_1[AH_2^+] \qquad (4・1)$$

また下式より

$$[A^-][H^+] = K_2[AH] \qquad (4・2)$$

が成り立つ。ただしここでK_1, K_2は酸解離定数である。式(4・2)を[AH]について解き、式(4・1)に代入すると

$$[A^-][H^+]^2 = K_1K_2[AH_2^+] \qquad (4・3)$$

ここで、等電点においては正に荷電したAH_2^+と負に荷電したA^-のモル濃度は等しいので、

$$[H^+]^2 = K_1K_2 \qquad (4・4)$$

が成り立つ。この両辺の対数をとることによって、等電点におけるpH (pI) は

$$pI = (pK_1 + pK_2)/2 \qquad (4・5)$$

によって求められることが分かる。グリシンの場合、pK_1＝2.34、pK_2＝9.60であるから、等電点は5.97と求められる。

では実際にK_1やK_2はどのようにして測定すればいいのだろうか。今、グリシンを希薄な塩酸に溶解し、すべてをAH_2^+の状態にしておき、NaOH水溶液で中和滴定することを考えてみる（**図 4・6**）。滴下を開始す

ると、徐々に双性イオンが増えていき、$[AH_2^+] = [AH]$ の点が現れる。式 (4・1) を用いて、このとき測定された pH、すなわち $-\log[H^+]$ より K_1 を求めることができる。同様にして、$[AH] = [A^-]$ の際の pH より式 (4・2) を用いて K_2 も求めることができる。

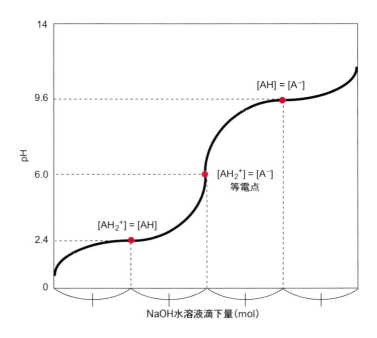

図 4・6　グリシンの中和滴定

4・1・3　アミノ酸の分類

アミノ酸の側鎖間の相互作用が、タンパク質の構造を大きく変化させたり、電荷の大小によってタンパク質の物性を大きく変化させる。また、酵素においては、構成するアミノ酸の側鎖によってその酵素が担うべき化学反応の触媒としての機能が制御されている。よって、このアミノ酸の等電点から導き出せる、生理的 pH (pH = 7.4) 付近における各アミノ酸のもつ電荷をよく理解しておく必要がある。そこで、タンパク質をつくりだすための 20 種の α-アミノ酸は、その側鎖部位の性質によって酸性、中性、塩基性のアミノ酸として分類しておくと便利である (**図 4・7**)。

タンパク質を構成する主要な 20 種のアミノ酸で、最も種類が多いのは中性、すなわち正にも負にも電離しない側鎖をもつもので、15 を数える。さらにその 15 種の中で、側鎖がまったく、もしくはほとんど極性をもたないものと、ヒドロキシ基やチオール基など、生理的 pH 近辺で電離はしないが極性をもつものに分けられる。これらの等電点は、すべて 5～7 の間にある。アスパラギン酸とグルタミン酸は、末端にカルボキシ基がある側鎖をもち、それぞれメチレン基が一つか二つの違いだけである。等電点は 3 付近であり、これらのアミノ酸のカルボキシ基は、生理的 pH ではほ

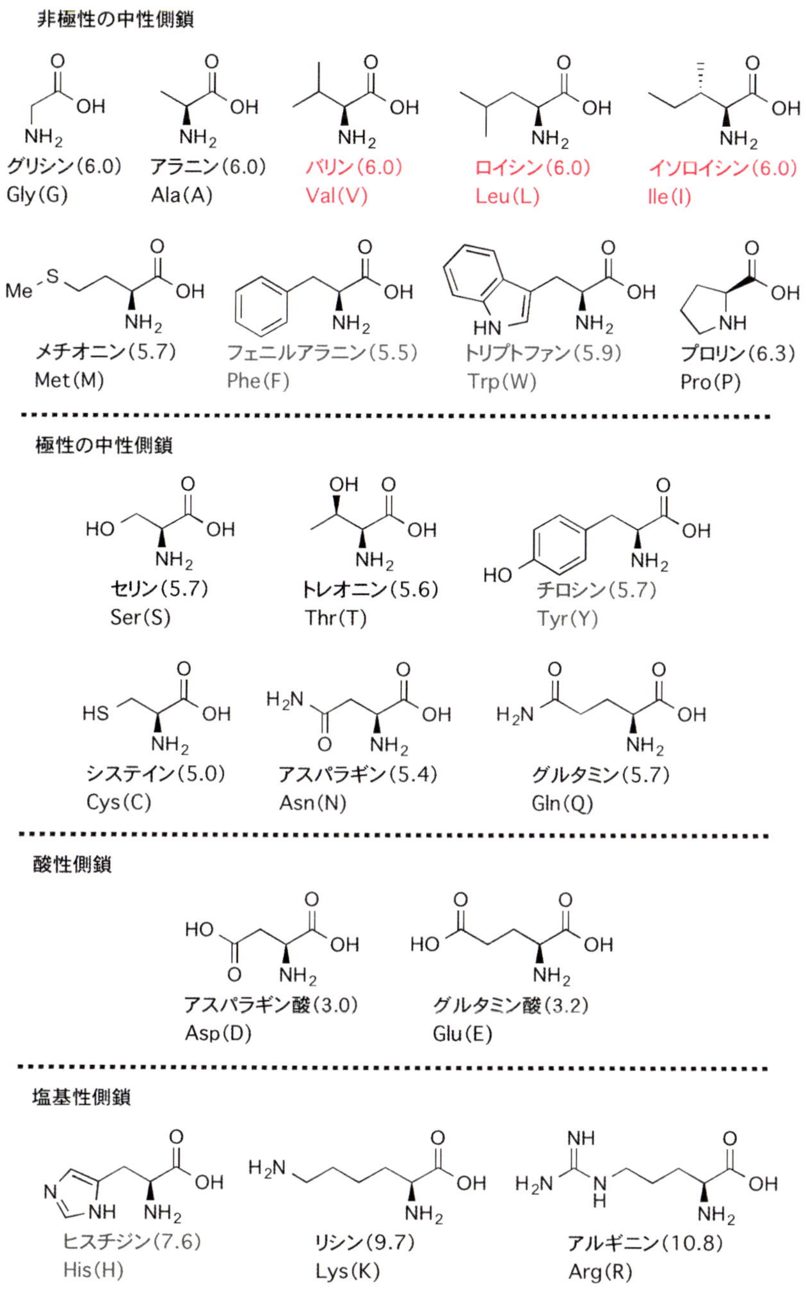

非極性の中性側鎖

グリシン(6.0) アラニン(6.0) バリン(6.0) ロイシン(6.0) イソロイシン(6.0)
Gly(G)   Ala(A)   Val(V)   Leu(L)   Ile(I)

メチオニン(5.7) フェニルアラニン(5.5) トリプトファン(5.9) プロリン(6.3)
Met(M)   Phe(F)   Trp(W)   Pro(P)

極性の中性側鎖

セリン(5.7) トレオニン(5.6) チロシン(5.7)
Ser(S)   Thr(T)   Tyr(Y)

システイン(5.0) アスパラギン(5.4) グルタミン(5.7)
Cys(C)   Asn(N)   Gln(Q)

酸性側鎖

アスパラギン酸(3.0) グルタミン酸(3.2)
Asp(D)   Glu(E)

塩基性側鎖

ヒスチジン(7.6) リシン(9.7) アルギニン(10.8)
His(H)   Lys(K)   Arg(R)

図4・7 アミノ酸の分類
上段括弧内は等電点、下段は三文字表記、一文字表記を示す。

ぼ完全に電離している。一方、塩基性を示すことができる側鎖を有するものは3種あり、末端にアミノ基があるリシン、グアニジン構造（グアニジノ基）をもつアルギニン、イミダゾール環をもつヒスチジンと、多様な構造をもっている[4]。

その他の分類法として、図4・7中赤字で示したものを分岐鎖アミノ酸、

*4

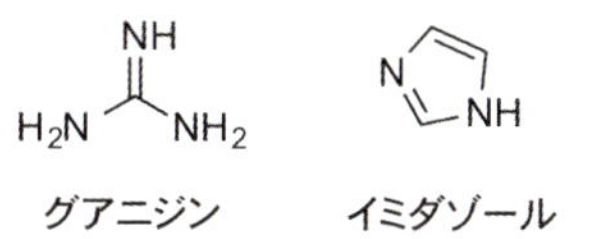

グアニジン   イミダゾール

灰色で示したものを芳香族アミノ酸、硫黄原子を含むシステインとメチオニンを含硫アミノ酸として、側鎖に含まれる構造的特徴を基にした分類もある。

芳香族アミノ酸の中で、フェニルアラニン、トリプトファン、チロシンにはベンゼン環がある。ベンゼン環は単純な炭化水素としての疎水的な性質の他、環の上下に広がる π 電子[*5]により、他の化合物と様々な相互作用をすることができる（図 4・8）。その結果、タンパク質の構造や、酵素とリガンド[*6]との相互作用へ寄与する場合がある。タンパク質や酵素については第 5 章および第 6 章で詳しく学ぶが、その前にベンゼン環の性質については学んでおく必要がある。

*5 ベンゼンの炭素－炭素結合は比較的強い σ 結合で結合しているとともに、環の上下に広がる p 軌道にある電子による比較的弱い π 結合によっても結合している。この π 結合に使われている電子（π 電子）は環の全体に広がっている（非局在化している）。

リガンド ligand
*6 生体内にある受容体に対し特異的に結合する物質をリガンドと呼ぶ。酵素とその基質や、神経伝達物質と受容体タンパク質などがある。

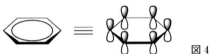

図 4・8　ベンゼン環

また、ヒトもしくは動物の生命活動という観点から考えた分類法もある。地球上のすべての生命はタンパク質に多くの機能を依存していることから、その原料となるアミノ酸を必ず必要とする。上述の通りタンパク質を構成するアミノ酸は主として 20 種あるが、すべての生物がそれらを体内で充分に合成できるわけではない。たとえばヒトは、**必須アミノ酸**と呼ばれる 9 種のアミノ酸をほとんど合成できないので、食事から栄養分として取り入れる必要がある。非必須アミノ酸はヒトの体内で合成可能なアミノ酸であり、非必須アミノ酸をさらに二つのグループに分けることがある。この場合、幼児期や、代謝系に問題がある場合など、条件によっては必須になる 6 種と、その他 5 種に分類する（表 4・1）。分岐鎖アミノ酸のすべてと、チロシンを除く芳香族アミノ酸が必須アミノ酸であることは注目に値する。しかし、チロシンは体内でフェニルアラニンより合成されることから（6・2・1 項参照）、チロシンを摂取しないとその分フェニルアラニンが

必須アミノ酸
essential amino acid

表 4・1　必須アミノ酸と非必須アミノ酸

必須アミノ酸	条件付き必須アミノ酸	非必須アミノ酸
バリン (valine)	グリシン (glycine)	アラニン (alanine)
ロイシン (leucine)	プロリン (proline)	セリン (serine)
イソロイシン (isoleucine)	チロシン (tyrosine)	アスパラギン (asparagine)
メチオニン (methionine)	システイン (cysteine)	アスパラギン酸 (aspartic acid)
フェニルアラニン (phenylalanine)	グルタミン (glutamine)	グルタミン酸 (glutamic acid)
トリプトファン (tryptophan)	アルギニン (arginine)	
トレオニン (threonine)		
ヒスチジン (histidine)		
リシン (lysine)		

4・1　アミノ酸の化学 ║ 41

不足することにつながる。

4・1・4　アミノ酸の分析

　生体などから得られるアミノ酸の種類や量を分析することは、栄養学などの分野では非常に重要である。近年では洗練された機器分析によって、短時間で正確にアミノ酸の組成などを知ることができるようになっている。ニンヒドリンを用いることで、アミノ酸がサンプル中に含まれているかどうかについて調べる方法が古くから知られており、指紋の検出などにも適用されてきた[7]。反応の機構は少し複雑であり、まずニンヒドリンとアミノ酸の間で**シッフ塩基**[8]が形成され、脱炭酸を含む反応によりアミノ基がアミノ酸からニンヒドリンへ移される。そこで生じた分子のアミノ基と、さらにもう一分子のニンヒドリンが反応して二量体が生じる。この二量体が紫色を呈することで、アミノ酸の存在を知ることができる。これを**ニンヒドリン反応**（図4・9）と呼ぶが、プロリンのような第二級アミン類を用いた場合はこの反応は起こらず黄色を呈する。またニンヒドリン反応は、アミノ酸に限らず、第一級アミンであれば呈色するので注意が必要である。

　ニンヒドリン反応は簡便な方法ではあるが、（第一級の）アミノ基をもつ

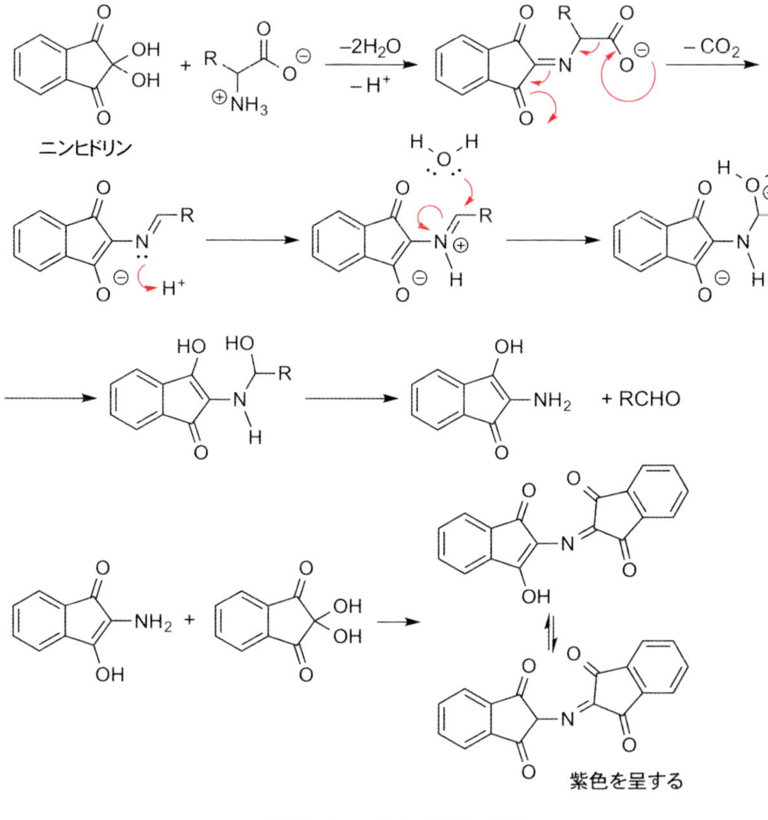

[7]　手の表面にあるタンパク質を検出する。

シッフ塩基 Schiff base
[8]　アルデヒドまたはケトンと第一級アミンが反応して形成される炭素–窒素二重結合を含むイミン類をシッフ塩基と呼ぶ。

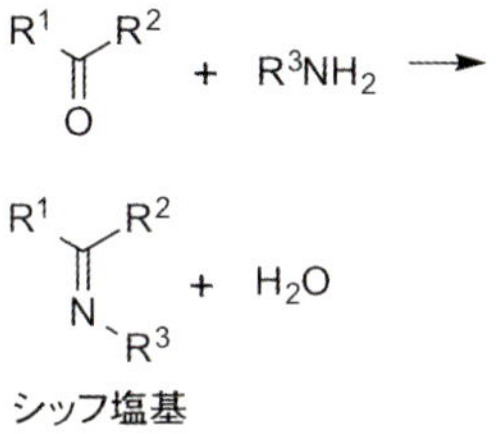

ニンヒドリン反応
ninhydrin reaction

図4・9　ニンヒドリン反応

42 ┃ 第4章 アミノ酸

高速液体クロマトグラフィー
high performance liquid
chromatography

化合物が含まれたサンプルであれば何でも呈色することから、サンプル中にどのようなアミノ酸が含まれているかまでは判定できない。そこで、現代では**高速液体クロマトグラフィー**（HPLC）を用いてアミノ酸組成を分析する手法が開発されている。HPLC は、化合物の性質によって、シリカゲルのような固定相への試料の吸着と、有機溶媒や水のような移動相への溶出の度合いが異なっていることを利用した物質の分離・分析技術である。

アミノ酸を分析する手法としては、まず試料中のアミノ酸を *o*‒フタルアルデヒドやイソチアン酸フェニルなどで誘導体化（**図4・10**）した後、逆相クロマトグラフィー[*9]によって誘導体を分離分析するプレラベル法と、アミノ酸を分離した後ニンヒドリンや *o*‒フタルアルデヒドなどで誘導体化してから分析するポストカラム法の二つがある。プレラベル法は特別な装置が不要で、迅速な逆相クロマトグラフィーを用いることができ、高感度での分析が可能であるが、誘導体化の反応効率が一定せず、夾雑物が多い試料の分析に不向きであるという欠点がある。一方ポストカラム法は、定量性・再現性に優れ、分析の自動化も可能であるが、逆相クロマトグラフィーが適用できないため分析時間が長いなどの欠点がある。どちらも一長一短あるので、アミノ酸の分析においては試料の特性をよく見極めることが大切である。

[*9] クロマトグラフィーに用いる固定相にシリカゲルのような極性物質を用いるものを順相、固定相にシリカゲルに疎水性基を結合したものを用いるものを逆相と呼ぶ。逆相クロマトグラフィーは、アミノ酸のような極性が大きい化合物の分析に適している。

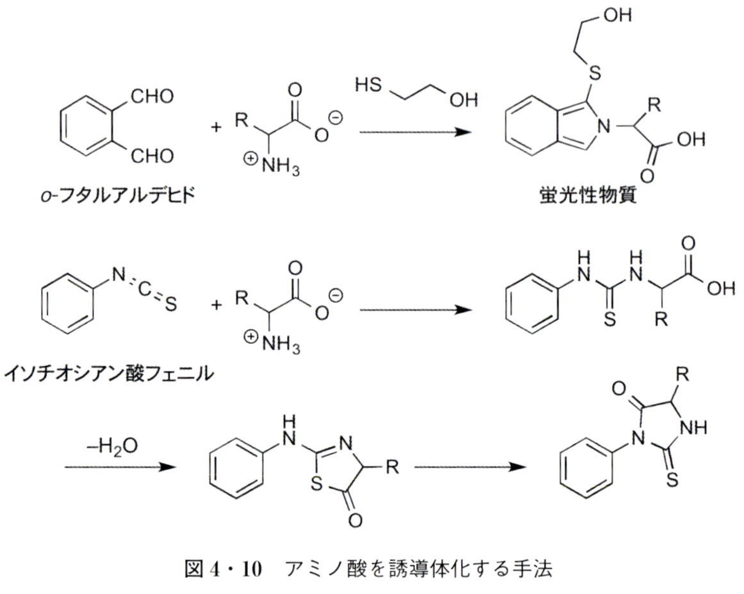

図4・10　アミノ酸を誘導体化する手法

4・2　アミノ酸の一文字表記

アミノ酸の三文字表記は、直接アミノ酸の名称が分かるので見た瞬間に

イメージしやすい。しかし一方で、**ペプチド**やタンパク質といったアミノ酸が多数連結した化合物を表すためには、三文字表記では煩雑である。そこで近年では、アミノ酸の配列を表す際は主に一文字表記を用いる。アルファベットは 26 文字であり、タンパク質を構成するアミノ酸は主に 20 種であるので比較的都合がいいように思えるが、一文字表記を記憶しようとすると少々戸惑う読者も多いことと思う。たとえばフェニルアラニンは Phe であるのに、一文字表記では F が割り当てられている。もし一文字表記は頭文字で表すという規則にしてしまうと、プロリン（Pro）も頭文字が P であり、Phe と重複してしまう不都合が生じる。他にも頭文字の重複は多数あるので、検討が重ねられた結果、**表 4・2** のような表記に落ち着いた。Lys が K や Asp が D などは名称とはまったく関係がなく、機械的に残り

ペプチド peptide

表 4・2　アミノ酸の一文字表記の由来

一文字表記	三文字表記	由来（下線はアルファベットの頭文字から）
A	Ala	Alanine
B	Asx	Asp と Asn が判別できないときに用いる
C	Cys	Cysteine
D	Asp	Asp と Glu に対し順番に振った
E	Glu	Asp と Glu に対し順番に振った
F	Phe	*phe*nylalanine（音が似ているから）
G	Gly	Glycine
H	His	Histidine
I	Ile	Isoleucine
J		J はいくつかの言語にないため不採用
K	Lys	Lys と Tyr に対し残りのアルファベットから
L	Leu	Leucine
M	Met	Methionine
N	Asn	Asn と Gln に対し順番に振った
O		G, Q, C, D と紛らわしいので不採用
P	Pro	Proline
Q	Gln	Asn と Gln に対し順番に振った
R	Arg	*arg*inine（音が似ているから）
S	Ser	Serine
T	Thr	Threonine
U		V と紛らわしいので不採用
V	Val	Valine
W	Trp	二環性が思い起こさせるから
X	Xaa	不明もしくはその他のアミノ酸
Y	Tyr	Lys と Tyr に対し残りのアルファベットから
Z	Glx	Glu と Gln が判別できないときに用いる

44 ┃ 第4章 アミノ酸

*10 アミノ酸の一文字表記はデイホフ（Dayhoff, M.O.）によって提唱されたが、トリプトファンがWな理由は諸説あり、この他にも tryptophan のスペルを tWiptophan としたという説や、二環性（double ring）からという説も知られている。

のアルファベットから選択されている。トリプトファンは異色で、二環性の側鎖の構造が嵩高く、アルファベットの W を連想させるというものである*10。

4・3　その他のアミノ酸

4・1・3項においてアミノ酸の分類について学んだが、タンパク質を構成する主要な20種のアミノ酸以外にも、一部の生物のタンパク質には、セレンを含む**セレノシステイン**が含まれている。また、古細菌や一部の細菌には、**ピロリシン**を用いているものがある（**図4・11**）。この二つのアミノ酸は、mRNA より翻訳されたアミノ酸が合成された後に修飾を受ける翻訳後修飾による産物ではなく、他の20種と同様にコドンが割り当てられている（7・3・1項参照）。

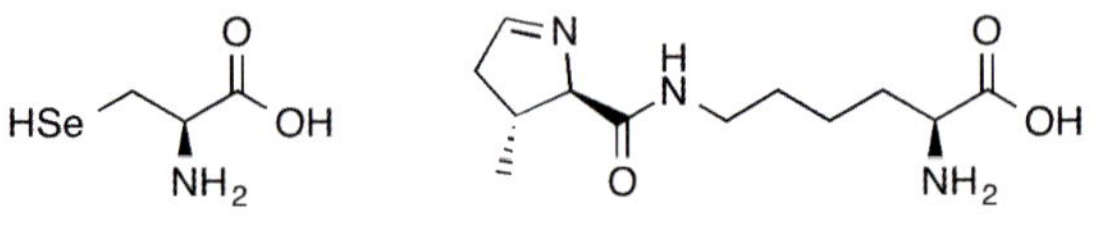

セレノシステイン
selenocysteine

ピロリシン pyrrolysine

セレノシステイン（5.5）
Sec（U）

ピロリシン（一）
Pyl（O）

図4・11　セレノシステインとピロリシンの構造

セレノシステインは、tRNA に結合したセリンの酸素がセレンで置き換えられることによって合成されている（7・3・2項参照）。またピロリシンは、リシンとプロリンからではなく、二分子のリシンから合成されている。

天然からはタンパク質を構成しないアミノ酸も多数見出されており（**図4・12**）、それらは**γ-アミノ酪酸**（GABA）のようにそれ自体が生理的に重要な役割を果たしていたり、抗生物質のような生物活性を有する天然有機化合物の中に組み込まれていたりすることがある（5・2節参照）。また、**δ-アミノレブリン酸**はクロロフィルやビタミン B_{12}（図8・7参照；p.90）の、

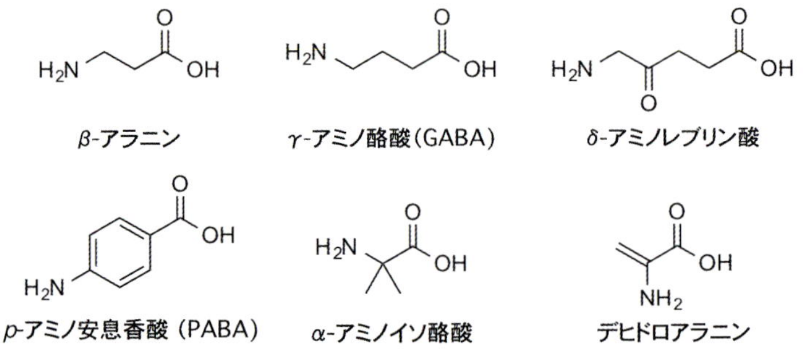

γ-アミノ酪酸
γ-aminobutyric acid

δ-アミノレブリン酸
δ-aminolevulinic acid

β-アラニン　　　γ-アミノ酪酸（GABA）　　　δ-アミノレブリン酸

p-アミノ安息香酸（PABA）　　α-アミノイソ酪酸　　　デヒドロアラニン

図4・12　その他のアミノ酸

p-アミノ安息香酸（PABA）は葉酸（図8・7参照）の生合成過程における中間体として知られている。

　アミノ基、カルボキシ基を二つずつ分子内にもつ化合物もいくつか知られている（**図4・13**）。**シスチン**は、二分子のシステインがチオール基間で**ジスルフィド結合**[11]を形成した化合物である。このジスルフィド結合は、チオール同士が酸化的条件で反応した結果生じる共有結合であるため、強固に二分子のシステインを結びつけることになる。タンパク質中に組み込まれたシステイン残基同士がこのジスルフィド結合を形成すると、環構造（ループ）がつくられ、タンパク質の立体構造が安定化される。反対に、形成されたジスルフィド結合は、還元的な条件で二つのチオールに戻ることができるため、タンパク質のループをほどくことができる。これら一連の反応は、タンパク質の働きにとって非常に重要な意味をもっている。タンパク質の立体構造については次章で詳しく学ぶ。

　シスチンとは異なり、二分子のシステインがチオエーテル[12]で結合したような構造をしている**ランチオニン**は、ある種の微生物が生産する抗菌性ペプチドに多く含まれる。それらのペプチドはランチオニン抗生物質と呼ばれ、乳酸菌のナイシンなどが食品添加物として認可されている。また、ランチオニンの硫黄原子がメチレン基（$-CH_2-$）である**ジアミノピメリン酸**は、ある種の微生物の細胞壁を構成する化合物であるとともに、リシンの生合成中間体でもある。

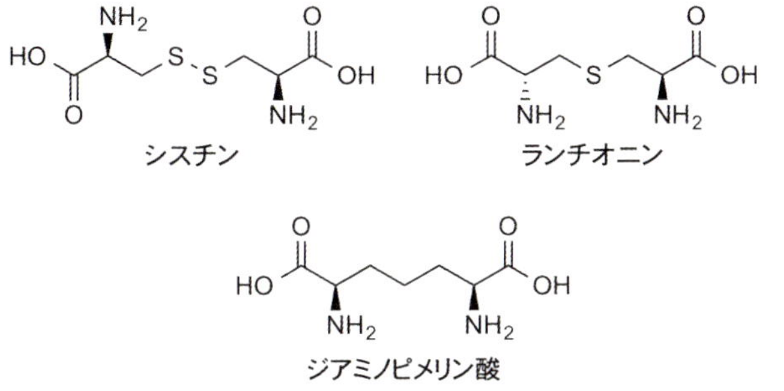

p-アミノ安息香酸
p-aminobenzoic acid

シスチン cystine
ジスルフィド結合
disulfide bond
*11　二つのチオール基（-SH）が酸化的条件において結合して形成される S-S 結合をジスルフィド結合と呼ぶ。ジスルフィド結合は還元されると二つのチオールに戻ることができる。

$$R\text{-}S\text{-}H \quad H\text{-}S\text{-}R \underset{[H]}{\overset{[O]}{\rightleftharpoons}} R\text{-}S\text{-}S\text{-}R$$

*12

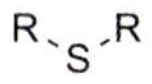

チオエーテル

ランチオニン lanthionine

ジアミノピメリン酸
diaminopimelic acid

図4・13　二官能性のアミノ酸

演習問題

4・1 リシンには塩基性の側鎖があるため、三段階の電離平衡が考えられる。酸性から塩基性の水溶液中におけるリシンの構造式を描け。

4・2 問題4・1で描いた電離平衡において $pK_1 = 2.16$, $pK_2 = 9.06$, $pK_3 = 10.54$ であるとしたとき、リシンの等電点を求めよ。

4・3 トリプトファン、アスパラギン、グルタミンは、側鎖にアミノ基に類似した構造をもつにもかかわらず、中性アミノ酸に分類されるのはなぜか。

4・4 アミノ酸のDLを区別する方法を二つ挙げ、メリット、デメリットについて述べよ。

4・5 合成抗菌薬であるサルファ剤と p-アミノ安息香酸 (PABA) の関係性について調査せよ。

COLUMN　翻訳後修飾

一度生合成されたアミノ酸が、何らかの修飾を受けることがある。翻訳された後のアミノ酸がさらに構造の改変を受けることを**翻訳後修飾** (post-translational modification) と呼ぶ。翻訳後修飾を受ける位置は求核性をもつ官能基、すなわちカルボキシ基、ヒドロキシ基、アミノ基などが代表的である。タンパク質のC末端やN末端 (5・1・1項参照) のアミノ酸残基であれば、カルボキシ基もしくはアミノ基が剥き出しになっているため、その位置が様々な翻訳後修飾を受けうる。特にN末端がグルタミン酸の場合は、自動的にカルボキシ基とアミノ基から脱水してラクタム環が形成され、ピログルタミン酸となる。

最も単純な修飾はメチル化である。グルタミン酸残基などのカルボキシ基はメチル化されてメチルエステルになり、リシン、ヒスチジン、アルギニン、グルタミンの側鎖における窒素原子は N-メチル化

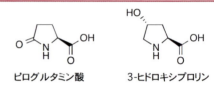

翻訳後修飾によって生じるアミノ酸

を受ける。また、セリン、トレオニン、チロシン残基側鎖中のヒドロキシ基、ヒスチジン側鎖の窒素原子、そしてアスパラギン酸のカルボキシ基はリン酸化を受ける。側鎖にヒドロキシ基やアミノ基をもつアミノ酸残基に対して糖鎖が結合することで、糖タンパク質として初めて機能をもつタンパク質も多い。その他にも、比較的小さな分子の付加だけでなく、他のタンパク質による修飾など、現在までに様々な形式の修飾様式が次々に見出されてきており、その修飾の生体における意義が未解明なものも多い。

第5章 ペプチド・タンパク質

　第4章ではアミノ酸の生物有機化学について学んだが、生体内でアミノ酸が"単体"として機能を果たすことはそう多くない。アミノ酸はアミノ基とカルボキシ基を分子中にもつため、アミノ酸同士をアミド結合によって連結することができる。さらに次々とアミノ酸を縮合することが可能であり、原理的には無限にアミノ酸をつなげていくことができる。一般に、数個のアミノ酸からなるものをペプチドと呼び、より多数のアミノ酸からなるものをタンパク質と呼ぶ。しかし、この分け方はあまり厳密ではない。この章では、まずペプチドの化学について学んだ後、タンパク質の構造に関する基本を学ぶことにする。

5・1　ペプチド結合

5・1・1　ペプチドの構造

　二分子のアミノ酸を**ペプチド結合（アミド結合）**で結合した化合物を**ジペプチド**と呼ぶ（図5・1）。第4章で学んだとおり、グリシン以外の α-アミノ酸には側鎖があり、D体とL体が存在する。ここで、グリシン以外をL体だけに限ることにしても、20種のアミノ酸からつくることができるジペプチドは $20 \times 20 - 20 = 380$ 通りにもなる[*1]。

　ジペプチドの構造を見てみると、遊離のアミノ基をもつ残基と、遊離のカルボキシ基をもつ残基があることが分かる。この残基のことをそれぞれN末端、C末端と呼ぶ。よって、異なるアミノ酸からなるジペプチドの場合、どちらがN末端かC末端かによって異なる化合物になることに注意を要する。三つ以上のアミノ酸からなるペプチドや、タンパク質でも、鎖の両端に位置するアミノ酸にはN末端、C末端があることになる。ただし、ある種のペプチドでは環状構造になっているものがあり、その場合は末端がない（図5・2）。

　シクロスポリン（図5・2左）は真菌が生産する抗生物質の一種であり、D-アミノ酸を一つ含む11のアミノ酸からなる環状ペプチドである。すべてのアミノ酸残基がアミド結合で結合していることが特徴である。**ロミデプシン**（図5・2右）は、細菌が生産する抗がん活性を有する環状ペプチドである。その環構造はジスルフィド結合によって形成されている環、赤で示したエステル結合によって形成されている環の二環性化合物である。シクロスポリンのようにアミド結合で構成されるペプチドをホモデティック環状ペプチド、ロミデプシンのように一つ以上のエステル結合を有するペプチドを環状デプシペプチドと呼ぶ。

　図5・3の赤で示したように、アミド結合のC−N結合は共鳴が存在するため、部分的に二重結合性を帯びている。その結果アミド結合部分は平面

ペプチド結合　peptide bond
アミド結合　amide bond
ジペプチド　dipeptide

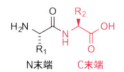

図5・1　ジペプチドの構造

[*1]　ただし、ここでは側鎖に存在するアミノ基やカルボキシ基のことは考えていない。

シクロスポリン　ciclosporin

ロミデプシン　romidepsin

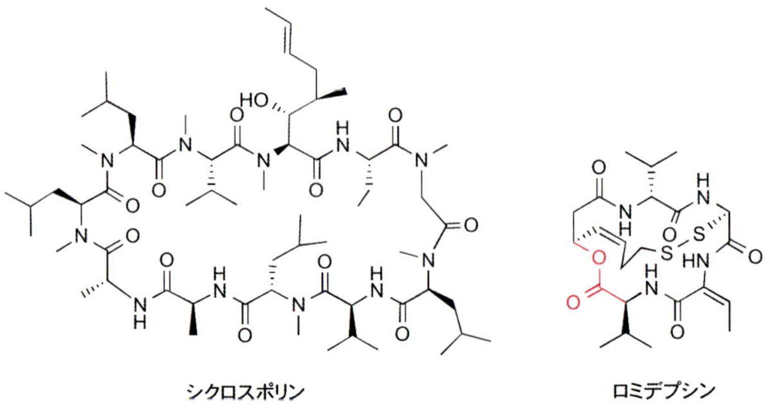

第5章　ペプチド・タンパク質

シクロスポリン　　　　ロミデプシン

図5・2　環状ペプチドの構造

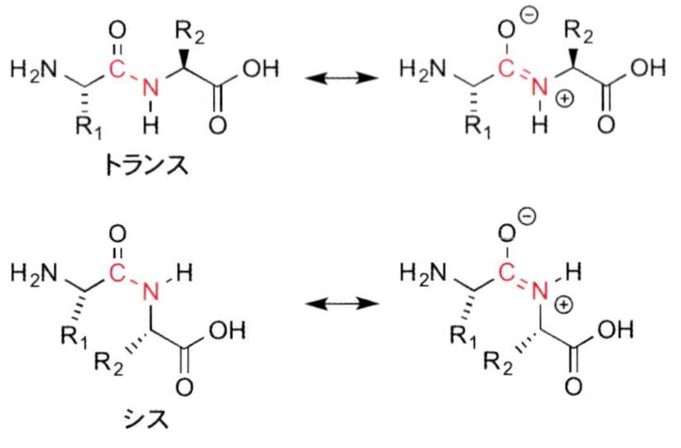

トランス

シス

図5・3　アミド結合の平面性

的な構造をしており、シス-トランス異性を考えることができる。シス体は側鎖同士が接近することから、トランス体に比べて約 17 kJ/mol 不安定であり、室温付近ではほとんどがトランス体となる。ただし図5・3で示したプロリンは例外で、両異性体間には 3 kJ/mol 程度しか差がないため、室温付近でも両者が存在しうる。

　アミド結合以外の部分の結合は sp^3 混成軌道[*2]であるから、自由に回転することができるはずである。しかし、ペプチド鎖におけるアミド結合の両隣の結合は、側鎖同士の立体障害などの影響により、ある程度の束縛を受ける。**図5・4** に示したペプチド鎖において、C_1-N_1-$C\alpha$-C_2 がつくりだす二面角（Φ）と、N_1-$C\alpha$-C_2-N_2 がつくりだす二面角（Ψ）に着目すると、二つのアミド結合によってつくられる二つの平面間の角度がイメージできるであろう。この角度はペプチドを形成するアミノ酸残基ごとに自由度が異

*2　炭素の原子軌道のうち、s軌道一つと p 軌道三つが混成して生じる軌道を sp^3 混成軌道と呼ぶ。sp^3 混成軌道は四つあり、結合は炭素原子を中心として正四面体方向に向いている。原子軌道の詳細については有機化学の成書を参照されたい。

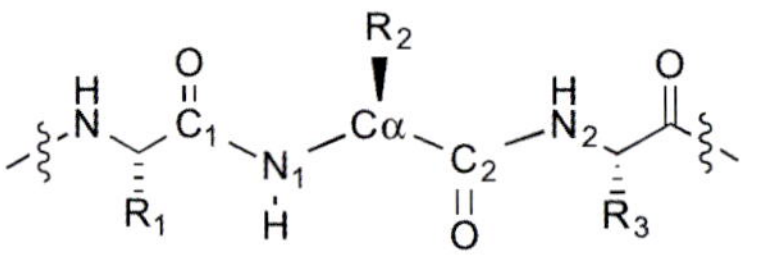

図5・4　ペプチド鎖の構造

5・1　ペプチド結合　｜　49

なっており、ペプチド鎖の基本的な立体構造をある程度予測することができる[*3]。

*3　これは5・3節で学ぶタンパク質の構造を理解するうえで非常に重要である。

5・1・2　ペプチドの合成

ペプチドのアミド結合は、アミノ酸のアミノ基とカルボキシ基から脱水縮合して合成されたものとみなすことができるが、生体内では遊離のアミノ酸同士を結合させるのではないことに注意を要する。生体内におけるペプチド鎖およびタンパク質の合成機構については7・3・2項で詳しく学ぶ。

フラスコ内でペプチドを合成するにはどうすればよいであろうか？　有機化学の教科書を参照すれば、アミド結合を形成させるにはカルボン酸とアミン類を混合し加熱する方法や、脱水縮合に適した反応剤を用いるとよいとされている。今、L-フェニルアラニン（Phe）とL-アスパラギン酸（Asp）から、Asp-Pheという並び（ペプチド鎖はN末端から順番に表記することに注意）のペプチドを合成することを考えてみよう（**図5・5**）。両者を混合して反応させただけではランダムに反応が進行することが予想され、望む構造のペプチドを選択的に得ることが困難であろうことは容易に想像できる。そこで、選択的にペプチドを合成するためには工夫が必要になる。

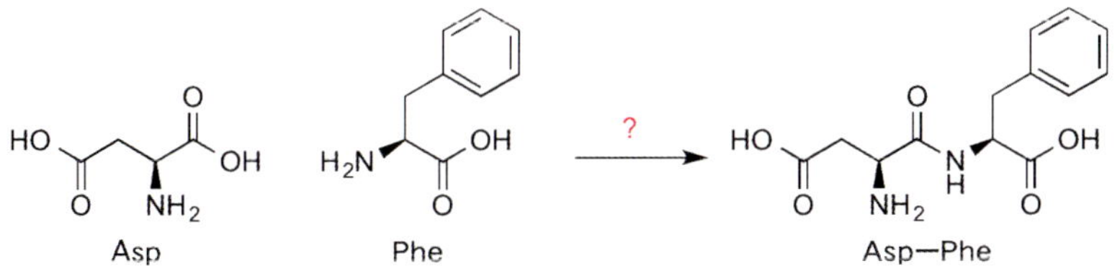

図5・5　ジペプチドの合成

まず、Aspの三つの官能基のうち、アミノ基と側鎖のカルボキシ基、Pheのカルボキシ基は反応に関与してほしくないことが分かる。そこで、それらの官能基を、縮合反応中は反応せず、反応後その部分を元に戻すことができる官能基に変換しておく。このような操作を官能基の保護と呼び、そこで導入された置換基を**保護基**と呼ぶ[*4]。ここで明らかに保護基として適しているものの条件として、1) 容易に（効率よく）導入可能であること、2) 縮合反応中に分解しないこと、3) 縮合反応後には容易に（効率よく）除去できること、のすべてを満たすことが求められる。また、グリシンを除くα-アミノ酸はすべて不斉炭素原子を有しているが、上述の反応中に不斉炭素原子のエピメリ化（2・2節参照）が起こらないことも重要である。たとえば、アミノ基の保護基として単純なアセチル基を用いてしまうと、保護基を除去（脱保護という）する反応の段階で強酸と加熱するなどの激

保護基　protecting group
*4　保護基については、本シリーズ『有機反応・合成』の13・4節を参照されたい。

50　第5章　ペプチド・タンパク質

しい反応条件が必要になってしまい、不斉炭素原子がエピメリ化してしまうので不適切である。ペプチド合成によく用いられる保護基として、アミノ基には様々なカルバメート基が、カルボキシ基には t-ブチル基が好まれる。これらを念頭に Asp-Phe の合成について再考してみると、**図5・6**で示した経路などが考えられる。

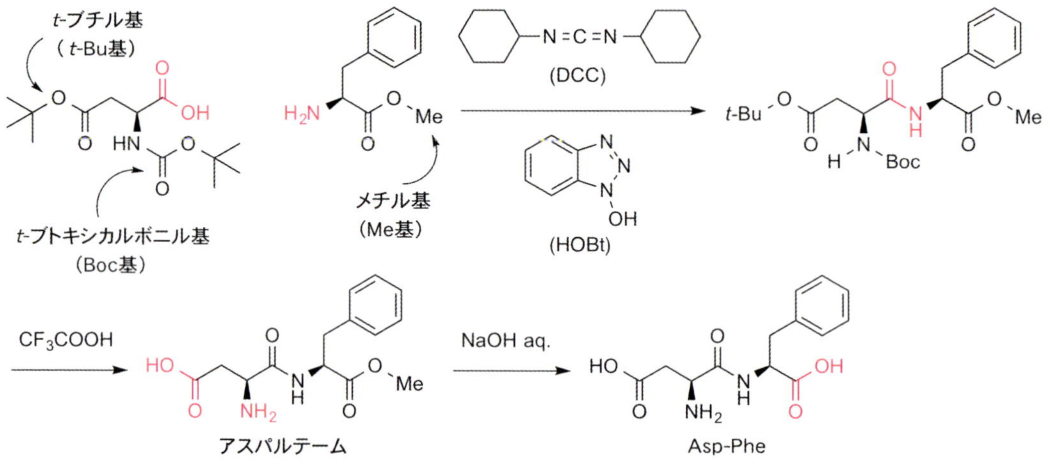

図5・6　ペプチドの合成法

＊5　DCC のような縮合剤を用いてアミド結合を形成させる際、カルボン酸とアミンを直接反応させることも可能であるが、ペプチド合成ではアミノ酸残基の一部ラセミ化が問題になる。カルボキシ基を活性エステルへと誘導した後、生じた活性エステルとアミノ基の反応によってアミド結合を形成させる方法により、この問題を回避することが多い。

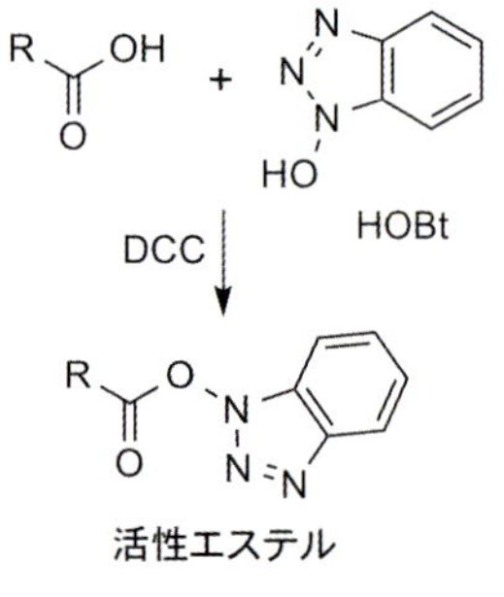

＊6　ただし、工業的には図5・6のような方法で合成されているわけではない（問題5・3参照）。

　アミド結合の形成反応に便利な縮合剤として、N,N'-ジシクロヘキシルカルボジイミド（DCC）のようなカルボジイミド（N=C=N 結合をもつ化合物）誘導体がよく用いられる。温和な条件で反応を行うことができ、アミン類を反応系内に加えると反応がさらに素早く進行するようになる。また、エピメリ化を最小限に抑える目的で N-ヒドロキシベンゾトリアゾール（HOBt）を添加することで、まずカルボキシ基と HOBt から活性エステルを経由してアミド結合を形成する手法は有効である[＊5]。反応基質としては、Asp の側鎖カルボキシ基を t-Bu 基で、アミノ基を Boc 基で保護した化合物と、Phe のカルボキシ基を Me 基で保護した化合物を用いれば、望みの官能基同士で縮合することができるであろう。生成したペプチドの不要な保護基を脱保護するために、トリフルオロ酢酸のような強酸で手早く処理すると、t-Bu 基や Boc 基が簡便に除去できる。ここで生成した化合物はアスパルテームと呼ばれるペプチドであり、人工甘味料として用いられている[＊6]。最後に Phe 残基のメチルエステルを加水分解すれば、望みの Asp-Phe を得ることができるであろう。

　図5・6で示したような一連の反応は、有機溶媒中で行うことができる。このように溶媒中で行うペプチド合成は、液相合成法と呼ばれる。しかし、多数のアミノ酸が連結した化合物を合成する場合は、生成したペプチドの極性が極めて高いことから有機溶媒への溶解性が低くなり、その結果液相

での合成が困難になる。そこで、数十残基のペプチドをも合成可能な手法として、固相合成法が多用されている（**図5・7**）。

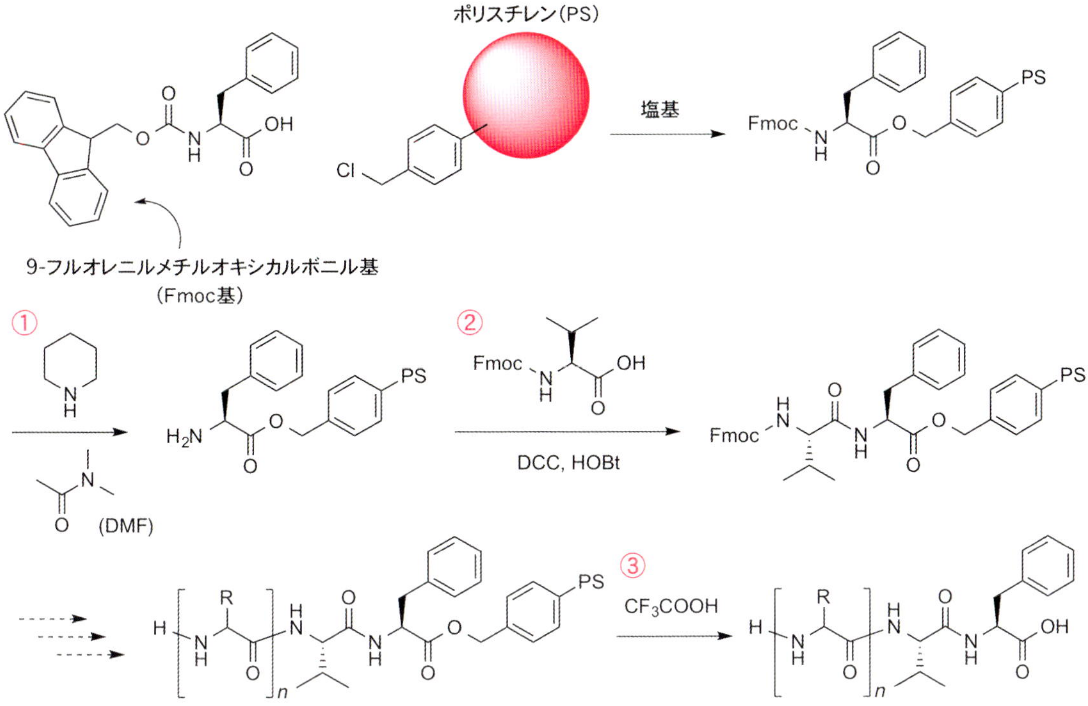

図5・7　ペプチドの固相合成法

　一部にカルボキシ基と反応可能な部位（図5・7ではベンジルクロリド部）を備えた、直径約0.1 mm程度のポリスチレンを主とする樹脂ビーズを調製し、目的のペプチドのN末端に相当するアミノ酸を結合させる。この際、C末端側から開始すると、反応中間体がエピメリ化を起こしやすいので適切ではない（章末コラム参照）。樹脂に担持されたアミノ酸残基は、もはや有機溶媒には溶解しなくなる。アミノ基の保護基としてはFmoc基やBoc基がよく用いられており、適切な反応剤を用いて保護基を除去し（段階①）、次のアミノ酸残基と縮合する（段階②）。この段階①と②を繰り返すことで、ペプチド鎖を伸長することができる。各段階で生じる余分な反応剤や未反応の基質などは、反応が完結したと判断した後に樹脂を適切な有機溶媒で洗浄するだけで除去することができるため、数十段階の反応を行った後であっても、樹脂に結合しているペプチド鎖以外の不純物は含まないことになる。最後に樹脂からペプチド鎖を切り出す（段階③）ことで、望みの配列をもつペプチドを合成することができる。

　この手法はメリフィールドの先駆的な研究で開発されたもので、この業績により彼は1984年にノーベル化学賞を受賞した。また、近年ではこの固

メリフィールド Merrifield, R.

52 　第 5 章　ペプチド・タンパク質

相合成法を自動化する装置が市販されており、様々なペプチドを簡便に合成可能となっている。

　液相・固相のどちらにしても、ペプチド合成の基本は遊離のアミノ基、カルボキシ基をもつアミノ酸同士を（形式的に）脱水縮合させアミド結合を形成させるというものである。図 5・7 では DCC を例に挙げたが、その他にも有用なペプチド合成のための縮合剤が開発されている（**図 5・8**）。

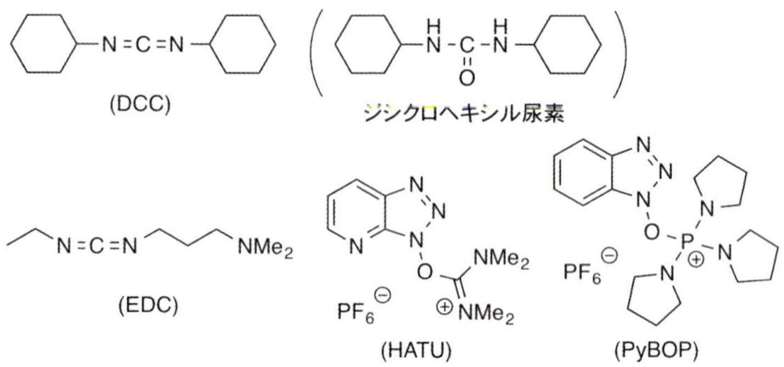

図 5・8　ペプチド合成に用いられる縮合剤

　DCC は優れた縮合剤ではあるが、アレルギー症状を発症する可能性があるので取扱いに注意が必要である。また、固相合成では問題にならないが、反応終了後にはジシクロヘキシル尿素が生じており、この化合物は結晶性が高いことから、液相合成においてはしばしば生成物の精製が困難になる。EDC（市販品は塩酸塩として入手できる）は反応後に生じる尿素誘導体が水溶性になるため、分液操作によって容易に除去することができる。その他にも非常に優れた試薬として HATU や PyBOP などが頻繁に用いられるが、どの組合せが最適なのかは基質によって異なっており、万能のものはないようである[*7]。

*7　活性エステルをつくるための試薬も HOBt の他に様々開発されていることから、縮合剤との組合せは膨大になっている。

5・2　リボソームペプチドと非リボソームペプチド

　生体内では、**mRNA（伝令 RNA）**の翻訳（7・3・1 項参照）によりアミノ酸が指定され、それらが連結されることによってペプチド鎖が伸長されていく経路が主要なタンパク質の合成経路である。この経路によって生成するペプチドを**リボソームペプチド**と呼ぶ。その名の通り細胞内の**リボソーム**[*8]で合成され、高等生物ではホルモンやシグナル物質として働くものが多い。たとえば胃や膵臓からの重炭酸塩の分泌を制御することで十二指腸の環境を整えたり、体内の浸透圧の恒常性を制御するホルモンとして知られる**セクレチン**は、27 アミノ酸残基からなる（His-Ser-Asp-Gly-Thr-Phe-Thr-Ser-Glu-Leu-Ser-Arg-Leu-Arg-Asp-Ser-Ala-Arg-Leu-Gln-

mRNA messenger RNA

リボソームペプチド
ribosomal peptide (s)

リボソーム ribosome

*8　リボソームはすべての生物の細胞に存在する複雑な構造体である。RNA の情報からタンパク質を合成する機能を担っており、数十のタンパク質と複数の RNA 分子からなる。

セクレチン secretin

5・2　リボソームペプチドと非リボソームペプチド ┃ 53

Arg-Leu-Leu-Gln-Gly-Leu-Val-NH$_2$）。これは最初に発見されたホルモンである。

　また、ヒトを含む多くの動物で使われる**オキシトシン**（**図5・9**）は、通称愛情ホルモンとも呼ばれ、ストレスの緩和や多幸感をもたらす効果があるといわれている（8・2・2項参照）。

オキシトシン oxytocin

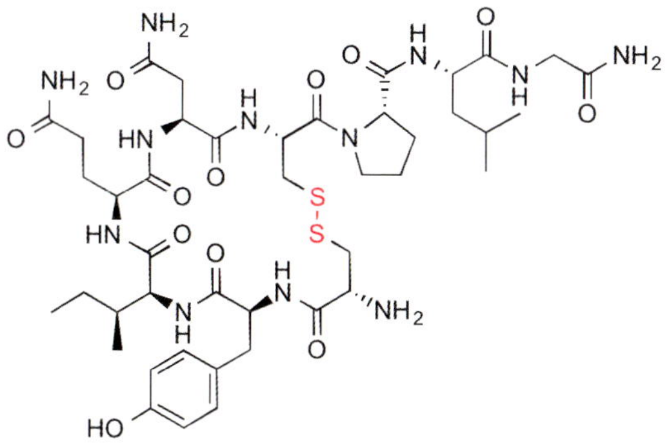

図5・9　オキシトシンの構造

　一方、細菌や真菌などの微生物が産生する二次代謝産物（11・1節参照）中には、ペプチド構造を有しているものが少なくない。しかしそのペプチドは必ずしも mRNA の転写から始まるリボソームペプチドではなく、それらは**非リボソームペプチド**（NRP（s））と呼ばれる化合物が含まれる。非リボソームペプチドの生合成は、**非リボソームペプチド合成酵素**（NRPS（s））によって行われる。非リボソームペプチド合成酵素は、モジュールが組み合わさった、いわば合成工場のような構成になっており、脂肪酸（10・3節参照）やポリケチド（12・1・4項参照）の生合成と類似した部分があることから、非リボソームペプチドにはしばしば脂肪酸やポリケチド部位が分子内に含まれている。また、生合成されたペプチドはグリコシル化、アシル化、ハロゲン化など様々な修飾を受けることも多く、非リボソームペプチドが多彩な生物活性（11・1節参照）をもつ所以となっている。

非リボソームペプチド nonribosomal peptide（s）
非リボソームペプチド合成酵素 nonribosomal peptide synthetase（s）

　バンコマイシン（**図5・10上**）は、メチシリン耐性黄色ブドウ球菌（MRSA）に対しても効果がある抗生物質として注目された、土壌細菌から単離された非リボソームペプチドであり、七つの「アミノ酸残基」に該当する部位を基本とした骨格をもっている。Asn 残基以外はすべて修飾されたアミノ酸、もしくはタンパク質には用いられないアミノ酸の構造となっている。そのペプチド鎖が連結された後、環化やグリコシル化を経て生物活性を示すバンコマイシンの構造となる。**ブレオマイシン**（**図5・10下**）も細菌から単離された化合物で、がんの治療薬として用いられている。このような複雑な構造も、非リボソーム合成酵素と、**ポリケチド合成酵素**（PKS）（12・1・4項参照）のモジュールからなる巨大な酵素によって合成

バンコマイシン vancomycin

ブレオマイシン bleomycin

ポリケチド合成酵素 polyketide synthetase

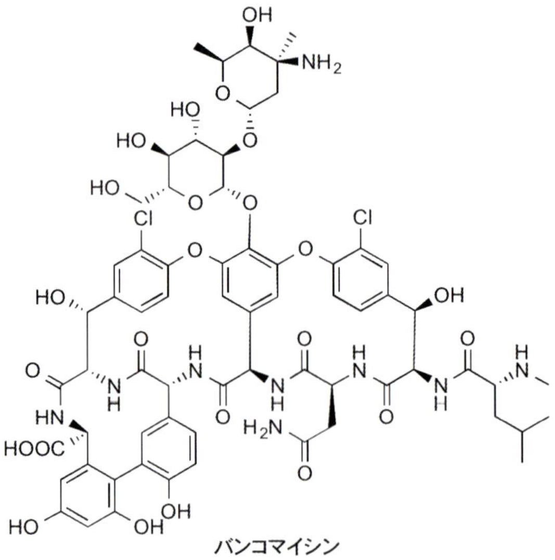

54 第5章 ペプチド・タンパク質

バンコマイシン

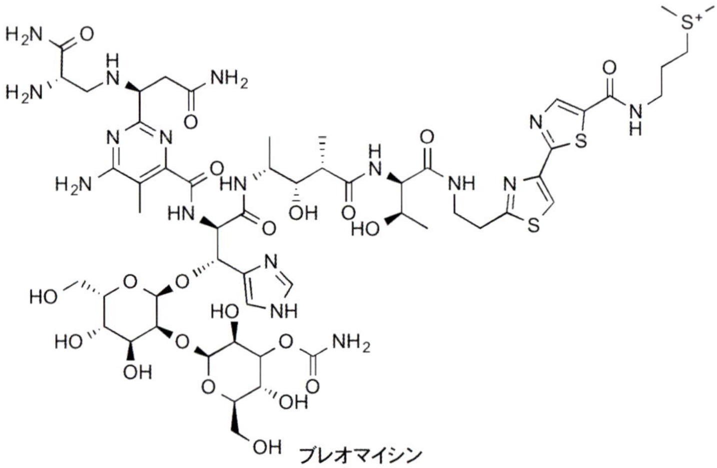

プレオマイシン

図5・10 非リボソームペプチド

されている（ただし配糖化の段階は別の酵素による）。

5・3 タンパク質の構造

5・3・1 タンパク質の一次構造

　タンパク質は 20 種類のアミノ酸を基本単位として、多数のアミノ酸が連結することで、分子量が数千から数千万まで様々な大きさにわたる生体内高分子化合物である。タンパク質中のアミノ酸の結合の順序、すなわちアミノ酸配列をタンパク質の**一次構造**という。前節までに学んだ通り、原理的にはアミノ酸はいくつでも連結することができる。その鎖はタンパク質の**骨格**となり、アミド結合と α 炭素原子が交互に並ぶことになる。

　当然かもしれないが、タンパク質の一次構造が異なれば、最終的な構造

一次構造 primary structure

（タンパク質の）骨格
back bone

（以下の項で学ぶ）は異なるであろう。たった一つのアミノ酸が異なるだけで、そのタンパク質本来の機能をまったく失ってしまうことも珍しくない。第7章で学ぶように、タンパク質の一次配列の情報は遺伝子に記録されている。タンパク質は生体内で何らかの機能を担っていることが多く、その遺伝子の記録に誤りがあると（変異すると）、生活機能に大きな影響を与えることがあり、これが遺伝子疾患の原因となりうる[9]。

5・3・2　タンパク質の二次構造

　タンパク質を構成するアミノ酸の骨格を一本の鎖とみなすことはできるが、生体内で実際に真っ直ぐな鎖として機能していることはない。ポリペプチドを媒質中（生体内では水）で放置すると、ある部位は**二次構造**と呼ばれるポリペプチド骨格の特徴的な空間的配置をとる。二次構造としては、α-ヘリックス[10]とβ-シートの二種類の繰返し構造が主要なものとして知られており、両者とも骨格における原子間で**水素結合**を介してポリペプチド鎖を一定の形に保つことでできあがる。この水素結合は、あるアミノ酸残基のアミド結合のカルボニル酸素と、もう一つのアミノ酸残基のアミド結合中の水素原子によって形成される。タンパク質の一次配列によって、α-ヘリックスになりやすい配列、β-シートになりやすい配列があるが、これは各々のアミノ酸残基によって側鎖の立体障害などが異なることに起因する。

　水素結合は、一次構造上は離れたアミノ酸残基の側鎖の官能基同士、たとえばセリン残基のヒドロキシ基などでも形成される。その他にも、周囲の水分子を介した水素結合も考慮しなければならない。側鎖間の相互作用としては、酸性アミノ酸と塩基性アミノ酸間の静電的、もしくはイオン的な相互作用（塩橋）や、疎水性側鎖同士のファンデルワールス力などによる疎水性相互作用も無視できない[11]。

α-ヘリックス（図5・11）

　アミノ酸には不斉炭素原子があることを思いだそう。通常のタンパク質ではすべてのアミノ酸がL形であることから、タンパク質を構成するアミノ酸の側鎖は一定の空間的配置をとりやすいことが容易に想像できる。そのような構造にらせん構造があるが、ポリペプチド鎖をらせんを描くように配置したとき、右巻きと左巻きのどちらが有利だろうか。らせん構造はN—H…O＝Cの水素結合で支えられるが、右巻きのらせんの場合、ちょうど四残基離れたアミノ酸同士の水素結合が理想的な距離となり、側鎖を外向きに配置すると空間的に都合がよいことが分かる。その結果形成されるヘリックス一回転当たりのアミノ酸残基数は3〜6となる。一方で、左巻きの構造をつくろうとしても、アミノ酸残基の側鎖が内側を向かざるを得なくなり、ヘリックスの主鎖に近くなりすぎることから、形成はほとんど

＊9　赤血球中にあり、酸素分子と結合する役割を果たすヘモグロビン β 鎖の6番目のグルタミン酸がバリンに変異するだけで、鎌状赤血球症という遺伝性の貧血病の原因となる。

二次構造 secondary structure

＊10　ヘリックスはらせんの英語（helix）のカタカナ読みである。

水素結合 hydrogen bond

＊11　静電的もしくはイオン的ではなく、双極子と双極子、ロンドン分散力などによる相互作用を総称してファンデルワールス（van der Waals）力と呼ぶ。疎水性部分に結合が形成されるわけではなく、直接引力が働かない場合でも、水にはじかれて集合するなどして疎水性部位が会合することができる。

α-ヘリックス α-helix

56　第5章　ペプチド・タンパク質

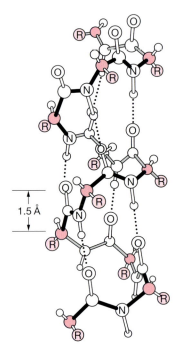

図 5・11　α-ヘリックスの構造（Å = 10^{-10} m）
有坂文雄『よくわかるスタンダード生化学』
（裳華房，2015）より転載。

不可能である。

β-シート　β-sheet

β-シート（図 5・12）

α-ヘリックスにおけるアミノ酸はコイル状に束ねられるのに対し、ポリペプチド鎖をほぼ伸ばした状態で並べると、図 5・12 で示したように、一定周期の位置にアミド結合の C=O と N−H が並ぶことになる。これがポリペプチド鎖の他の部分と N−H⋯O=C の水素結合をすることができれば、ひだ状（プリーツ状）の平面構造ができあがる。水素結合をするための並び方としては逆平行型と平行型があり、逆平行型はより効果的に水素結合が形成できる。一本のポリペプチド鎖の場合、このβ-シート構造に含まれるペプチド鎖同士の水素結合を形成させるためには、どこかでポリペプチド鎖を折り曲げなければならない。その折れ曲がり部にはプロリン残基が含まれることが多く、3〜5残基程度の残基による急激な折れ曲がり（ヘ

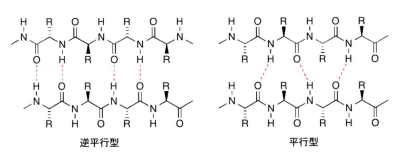

図 5・12　β-シートの水素結合

アピンターン）構造となっている。

5・3・3　タンパク質の構造的特徴による分類

　タンパク質の分類方法にはいくつかあるが、タンパク質の二次構造の違いから生まれる構造的特徴によるおおまかな分類、すなわち繊維状タンパク質と球状タンパク質に分ける方法がよく用いられる。

　ほとんど水に不溶性の**繊維状タンパク質**は、ポリペプチド鎖が長い繊維やシートをつくることにより形成される。たとえば毛髪や爪に含まれる**α-ケラチン**はほぼα-ヘリックスのみからなり、二つのα-ヘリックスが互いにねじれあって小さな原繊維をつくり、それらがさらに束ねられて巨視的な構造体を形成する。その構造は束の間のジスルフィド結合によってさらに強固に支えられるようになる。毛髪のパーマネントウェーブは、このジスルフィド結合を一度（還元的に）切断して束を緩めた後、再度ジスルフィド結合を形成させることによって行われている。一方、カイコの絹糸やクモの糸に含まれる**フィブロイン**は、ほぼβ-シートのみが積み重なってできた構造をもつ。フィブロインを構成するアミノ酸は小さな側鎖をもつグリシンが約 37 %、アラニンが約 27 % と高い割合で含まれており、これが互いのβ-シートを密にし、強固なタンパク質としての性質を示す要因となっている。

　球状タンパク質は、様々な二次構造をもつポリペプチド鎖が折りたたまれた構造を示すものであり、可溶性のものが多い。球状といっても球体になっている訳ではなく、その形状は主に疎水性のアミノ酸残基を内側に覆い隠し、親水性の残基や荷電性の残基が外側を向くような配置にして形成されるため、細長くなったり、突起のような部分が複数あったりと様々である。これらの構造は次項のタンパク質の三次構造で詳しく説明する。

5・3・4　タンパク質の三次構造

　タンパク質を形成するポリペプチド鎖が折りたたまれて特定の三次元的な形をとる構造のことをタンパク質の**三次構造**と呼ぶ。上述の二次構造で学んだいくつかの要素が組み合わさり、最終的には一次配列では遠く離れたアミノ酸の側鎖間の相互作用によって三次構造が形成されることになる。球状タンパク質においては特徴的な構造の繰返しではなく、一見するとランダムな三次元構造のように見えるが、一次構造に従って特定の構造に折りたたまれ、最も安定化した構造になっていると考えてよい[*12]。三次構造は通常、注意深く結晶化したタンパク質の **X 線結晶構造解析**によって明らかにされるが、生体内で機能する際は部分的に様々な構造変化（立体配座の変化）を伴って機能することが多い。

　高解像度の X 線結晶構造解析によって構造が明らかになった最初の酵

繊維状タンパク質
fibrous protein

α-ケラチン α-keratin

フィブロイン fibroin

球状タンパク質
globular protein

三次構造 tertiary structure

＊12　この折りたたみは自然に起こり、形成された構造の状態を天然状態（native state）と呼ぶ。また、天然状態が形成される過程のことをフォールディング（folding）と呼ぶ。

X 線結晶構造解析
X-ray crystal structure analysis

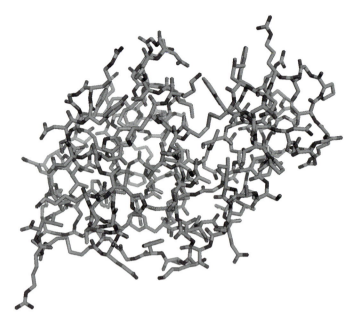

図 5・13 リゾチームの三次構造（スティックモデル）

フィリップス Phillips, D.
リゾチーム lysozyme

素は、1965 年にフィリップスらによって報告された、卵白に含まれるアミノ酸 129 個からなる**リゾチーム**である。**図 5・13** はアミノ酸のすべての原子をスティック表示したもので、およその三次元的な広がりや、ジスルフィド結合の存在（たとえば左下の方に見える）が分かる。しかし一方で、どのような一次構造、二次構造なのかについてを読み取ることはかなりむずかしくなっている。そこで、**図 5・14** に示したようなリボンモデルが便利である。このような表現法によれば、このリゾチームには α-ヘリックスが 4 カ所、β-シートが 4 カ所あることが分かる。β-シートの矢印は N 末端から C 末端方向に向いているので、ポリペプチド鎖の方向も分かりやすいであろう。

ケンドリュー Kendrew, J.
ミオグロビン myoglobin

最初に構造解析に成功したタンパク質は、1958 年にケンドリューらによって報告された**ミオグロビン**である（**図 5・15**）。ただし、当時の技術的な制約から、図 5・15 で示したような高解像度のものではなかった。構造中に、タンパク質のポリペプチド鎖以外に、有機化合物の部分（中央上部）が見えるであろう。この部位は、中心に鉄原子が配置された**ヘム**と呼ばれる化合物群の一種である[*13]。タンパク質とこのような非アミノ酸部位が組み合わさり、複合体を形成して機能を発現するタンパク質を複合タンパク質と呼ぶ。この複合体を形成する非アミノ酸部分の違いによって、糖タンパク質やリポタンパク質など様々な種類が存在する。

ヘム heme

[*13] ヘムは中心にある鉄原子が酸素と結合する。血液を通じて体内の組織に酸素を運搬する役割を担う。

5・3・5 タンパク質の四次構造

三次構造を形成したタンパク質が二つ以上寄り集まり、一つの巨大なタ

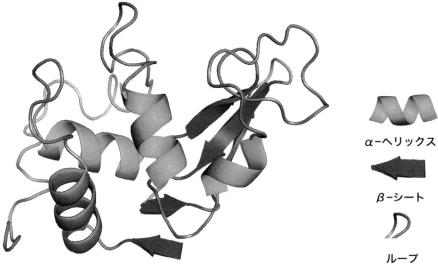

図5・14 リゾチームの三次構造（リボンモデル）

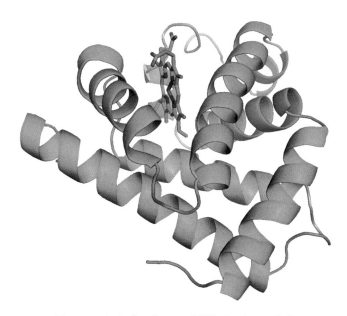

図5・15 ミオグロビンの三次構造（リボンモデル）

ンパク質を形成することでつくられる構造を**四次構造**と呼ぶ。各ポリペプチド鎖を**サブユニット**と呼び、それらの三次構造に基づいた非共有結合性の引力によって集合体を形成しており、そのサブユニットは同じタンパク質のこともあれば、異なる場合もある。

　ヘモグロビンの四次構造中には四つのサブユニット、四つのヘムが存在している。サブユニットには二種類のポリペプチド鎖、すなわち141個のアミノ酸からなる α サブユニット、146個のアミノ酸からなる β サブユニットがそれぞれ二つずつあり、あわせて四量体である。ヘモグロビンの

四次構造
quaternary structure
サブユニット subunit

ヘモグロビン hemoglobin

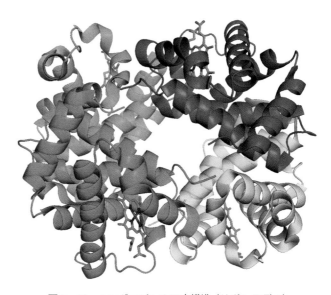

図 5・16　ヘモグロビンの四次構造（リボンモデル）
左上：β, 右上：α, 左下：α, 右下：β の各サブユニットから構成されている。

ように異なるサブユニットで構成されているものをヘテロ四量体、コンカナバリン A のように同じサブユニットで構成されるものをホモ四量体と呼ぶ。多い場合では、四つの七量体からなるタンパク質分解酵素のプロテアソームは、二十八量体と考えることもできる。

5・3・6　タンパク質ドメイン

前項までに説明したように、タンパク質は立体的な構造をもつことになる。その構造に基づいてタンパク質は様々な機能を発揮する。まったく異なる生物がつくりだし、全体的には異なるように見えるタンパク質であっても、ある特定の部位に着目すると配列や三次元構造が似ており、同様の機能をもつ場合がある。そのような構造の一部のことを**タンパク質ドメイン**と呼ぶ。このドメインの長さには制限がなく、約 30 残基から、多い場合は 500 残基程度まで幅広い。多くの場合一つのタンパク質が複数のドメインをもち、それぞれ独立した機能をもっているものや、他のドメインと協調的に働くものがある。次章ではタンパク質の機能について学ぶ。

タンパク質ドメイン
protein domain

演習問題 ‖ 61

演 習 問 題

5・1 グリシン、ヒスチジン、リシンからなるトリペプチドの可能な構造を描け。

5・2 問題5・1のトリペプチドを一文字表記で表せ。

5・3 アスパルテームの工業的製造法を調査せよ。

5・4 ペプチド合成における保護基として用いられるFmoc基の脱保護反応の機構を書け。

5・5 タンパク質におけるα-ヘリックス中のアミノ酸の二面角は、$(\Phi, \Psi) = (-60°, -45°)$であることが多い。プロリンの構造から得られる二面角の値を推測し、プロリンがα-ヘリックスをつくりやすいかを判定せよ。

COLUMN ペプチド合成の方向

ペプチド鎖を伸長するためには新たなアミド結合を形成させなければならない。アミド結合は、アミノ基とカルボキシ基から（形式的に）脱水すればよいため、N末端、C末端のどちらにでもアミノ酸を伸ばしていくことができるように思えるかもしれない。

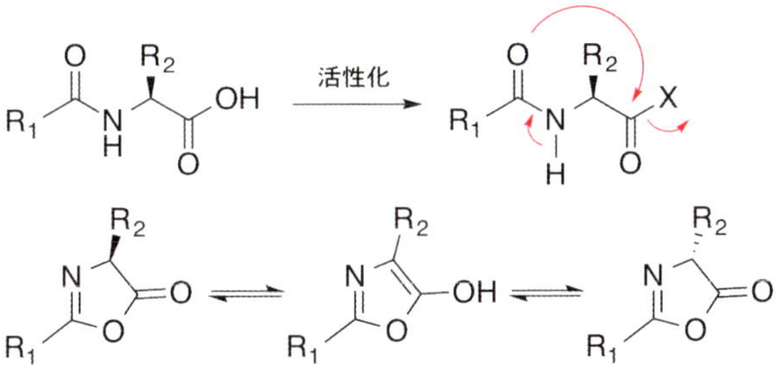

C末端アミノ酸で起こる望まない反応

しかし、C末端のカルボキシ基に次のアミノ酸を縮合させようとする場合、その第一段階であるカルボン酸の活性化で問題が発生する。すなわちカルボキシ基のOHを、何らかの方法で脱離能がある置換基に変換する必要があるが、この際、図に示したように、分子内にあるアミド結合の酸素が活性化されたカルボニル炭素へ攻撃してしまう。その結果生じた5員環構造は、ケト-エノール平衡によって側鎖部位がエピメリ化（2・2節参照）してしまうのである。これはフラスコ内で行う化学反応に限られたことではないため、ペプチド鎖の生合成においても、N末端からペプチド鎖を伸長するという原則は守られている（7・3・2項参照）。

第6章 酵素と反応

　生体内で起こる化学反応の触媒として機能する、タンパク質などの分子を酵素と呼ぶ。主要な酵素であるタンパク質は、分子量が数十万にもなる巨大な分子であり、単純な化学反応から、フラスコ内で実現するのは非常に困難な化学反応までの触媒として働く。生物が進化していく過程で開発してきた酵素という触媒システムを学ぶことで、生物の巧を改めて認識することになるであろう。その思いもよらない巧妙な仕組みはどのようにして実現されているのであろうか。本章ではまず酵素の基本、構造について学んだ後、実際の酵素反応の生物有機化学を学ぶこととする。

6・1　酵素反応の基礎―触媒としての酵素

触媒 catalyst

　化学反応の基本として、**触媒**は、化学反応の前後の状態に変化は与えない、すなわち平衡を移動させることはなく、反応速度のみを加速するものである。その作用は反応の活性化エネルギーを下げるというものであるから、エネルギー的に不利な過程を起こすことはできない。触媒作用を起こす部位は、タンパク質の折りたたまれた構造によってつくられる**活性部位**と呼ばれるポケットのような部位であり、反応を触媒するために必要とされる構造や化学的性質を備えている。化学反応に関わる物質、すなわち**酵素**による触媒反応を受ける化合物を**基質**と呼び、基質は酵素の活性部位にある特定のアミノ酸残基に引きつけられ、その場で反応が始まることになる。酵素となるタンパク質は通常球状タンパク質で、その触媒機能を果たすため構造の一部分に非タンパク質を必要とする複合タンパク質であることが多い。その非タンパク質を**補因子**と呼び、金属イオンや、**補酵素**と呼ばれる有機分子がある。補因子が結合する前のタンパク質を**アポ酵素**と呼び、補因子が結合することで機能性を示す酵素のことを**ホロ酵素**と呼ぶ。

活性部位 active site

酵素 enzyme
基質 substrate

補因子 cofactor
補酵素 coenzyme
アポ酵素 apoenzyme
ホロ酵素 holoenzyme

　これら補因子は、金属イオンであればグルタミン酸などのカルボキシ基や、ヒスチジンのイミダゾール環の窒素原子上の非共有電子対からの配位結合など、複数の結合で保持される（図6・1）。

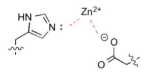

図6・1　金属イオンの保持形式

　補酵素となる有機分子は、通常ゆるくアポ酵素に結合しており、必要に応じて酵素を出入りできるものが多い。酵素タンパク質はアミノ酸の組合せであることから、その構造を維持したり、化学反応に関与したりするのはアミノ酸側鎖部位によることになる。たとえば、酸化還元に関与する酵素である場合、アミノ酸側鎖が酸化還元を受けてしまっては触媒としての機能が一反応で失われてしまうことになる。そこで、アポ酵素部位は反応の「場」を提供し、補酵素が真の酸化還元の相手になり、反応後は補酵素が酵素から離れることで、次の補酵素分子と置き換われば酵素自体は次の化

学反応の触媒として機能を果たすことができるのである。

　酵素の触媒作用がどれくらい効率的なのかを示す指標の一つに**代謝回転数（ターンオーバー数）**がある。これは単位時間、すなわち1秒間に酵素1分子によって反応を受けることができる基質分子の最大数で、k_{cat} として表し、次式で求めることができる。

$$k_{cat} = V_{max}/[E]_0 \qquad (6\cdot1)$$

ここで V_{max} は反応速度の最大値、$[E]_0$ は酵素の活性部位の全濃度である。古典的には酵素反応の V_{max} は、ミカエリス−メンテン式から導出されるラインウィーバー−バークプロットから実験的に求められた[*1]。この手法にはいくつかの限界があり、求められる V_{max} は必ずしも正確ではないが、阻害剤による酵素の阻害形式がどのようなものであるかを判別するには今なお価値がある。

　最も大きな k_{cat} をもつ酵素の一つに過酸化水素分解酵素の**カタラーゼ**があるが、その値は $4\times10^7(s^{-1})$ にもなる。これは、カタラーゼ1分子が、1秒間に4000万分子の過酸化水素を分解することを表している。物質量の単位は 10^{23} と桁違いではあるが、生体内で発生する過酸化水素を分解して細胞を守る役目としては、かなり優秀な生体内触媒であるといえよう。

　それでは、化学反応を触媒することができる酵素は、どのようにして基質を認識しているのであろうか？　酵素は基質を「選び」化学変換する。酵素は基本的にタンパク質であるから、基質よりもかなり大きいことが普通である。その基質と酵素の分子が相互作用するとき、鍵と鍵穴の関係で喩えることがある。つまり、基質が鍵のように鍵穴をもつタンパク質の活性部位にぴったりと収まるというものである。これは、酵素中の基質が結合する部位が、空間的に基質に適合する必要性を示唆する。しかしこれだけでは不充分であり、必ずしも酵素分子がはじめからぴったりした鍵穴を用意しているとは限らない。すなわち、基質がいないときの酵素分子の立体構造が、基質との接近によって変化することで反応を触媒できるようになるという考え方であり、これを**誘導適合モデル**という。

　図6・2は、グルコースの代謝の第一段階である6位リン酸化反応を触媒する酵素である**ヘキソキナーゼ**が、基質と結合する前後でどのように構造変化するかを示したものである。ヘキソキナーゼは分子の真ん中近くにポケット状の構造をもち、この部位に基質であるグルコースが結合する（図左）。図右は糖が結合した際の構造を示しており、より折れ曲がっている構造に変化していることが見てとれる。このように基質と結合した状態の構造のことを**酵素−基質複合体**と呼ぶ。複合体の内部で、基質は化学反応に適した位置に誘導され、変換を施される。この際、基質分子は元の分子では不安定な形、すなわち高エネルギー状態にされることが普通である。これ

代謝回転数（ターンオーバー数）
turnover number

*1　ミカエリス−メンテン式は酵素の反応速度 v に関する式で、

$$v = \frac{d[P]}{dt} = \frac{V_{max}[S]}{K_m + [S]}$$

で表される。$[P]$ は生成物濃度、$[S]$ は基質濃度、V_{max} は基質濃度を無限大としたときの反応速度、K_m は $v = V_{max}/2$ となる基質濃度（ミカエリス−メンテン定数）である。

　ミカエリス−メンテン式の両辺の逆数をとり式を変形すると、

$$\frac{1}{v} = \frac{K_m}{V_{max}}\frac{1}{[S]} + \frac{1}{V_{max}}$$

となり、実験的に $[S]$ と v の値を複数求め、横軸に $1/[S]$、縦軸に $1/v$ をとるグラフにプロットしたものをラインウィーバー−バークプロットと呼ぶ。得られたプロットから回帰直線を引くと、グラフの y 切片が V_{max} の逆数、x 切片が $-K_m$ の逆数を与えることから、酵素反応速度論のパラメーターを実験的に求める手法として用いられてきた。

カタラーゼ catalase

誘導適合モデル
induced-fit model

ヘキソキナーゼ hexokinase

酵素−基質複合体
enzyme-substrate complex

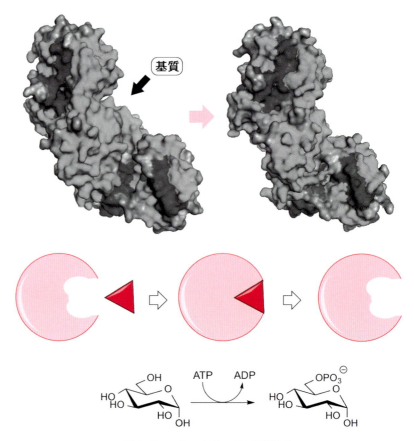

図6・2　ヘキソキナーゼの誘導適合

遷移状態 transition state

は、基質から生成物への変換のための活性化エネルギーを低下させるために、これから起こそうとしている反応の**遷移状態**に対応する形にされた結果引き起こされる。たとえば、グルコースは図6・2の反応式で示したように、いす形配座をしている状態が最もエネルギー的に有利であるが、ヘキソキナーゼとの複合体の中では異なる配座をとらされている。6位に補助因子であるATPからリン酸基が移されると、活性部位からグルコース6-リン酸が放出され、ヘキソキナーゼ分子は元の立体構造に戻ることになる。

　優れた触媒として働く酵素であるが、その実体はアミノ酸からなる分子であるため、様々な外的影響を受けてしまう。一般的な化学反応の速度は温度の上昇によって大きくなるが、酵素反応には通常最適な温度がある。ヒトも含めた生物がつくりだしている酵素分子は、その生物が主に生活している温度近辺、すなわち30〜40℃近辺で最も反応速度を大きくするものが多い。このように、酵素による反応速度が最大になる温度を**至適温度**

至適温度
optimum temperature

と呼ぶ。一方で、海底の熱水噴出孔を好んで生育している好熱菌などは、70℃近辺に至適温度をもつ酵素を産生している。この中で代表的な好熱

菌 *Thermus aquaticus* がつくる DNA ポリメラーゼは Taq ポリメラーゼと呼ばれ、**ポリメラーゼ連鎖反応（PCR）**[*2]（章末コラム参照）による DNA の増幅実験に欠かすことができない存在である。

　前章で説明した通り、タンパク質分子は種々の非共有結合性の因子によってその構造を保っている。そのため、一次構造が影響を受けていなくてもある温度以上になると、フォールディング（5・3・4項参照）がほどけてしまい、酵素としての役割を果たすための構造が保てなくなる。この現象を**変性**という。タンパク質の変性で最もよく目にするものは、鶏卵をゆでたり、焼いたりしたときに、白身が透明から白くなる現象であろう。このとき、卵白に含まれるアルブミンが変性している。この過程は不可逆であり、硬くなった白身が再度透明に戻ることはないということはよく知られている。しかし、一度変性したタンパク質が再生することもある。また、フォールディングが正しく行われないことをミスフォールディングと呼ぶが、このようなタンパク質を細胞内で再度フォールディングをやり直すシステムや、分解されてアミノ酸として再利用されるシステムなど、様々な仕組みがある[*3]。

　このように、変性によってタンパク質である酵素の化学的・物理的性質は大きく変わることが分かる。その他の変性の原因となり得るものとして、pH、アルコールのような有機化合物、過剰の無機塩、界面活性剤、物理的外的刺激などが挙げられる。病原菌などを殺菌する手法として、アルコールや界面活性剤で洗浄したり、加熱や加圧などの操作をすることがあるが、これらはどれも、微生物のタンパク質を変性させることでその生活機能を奪うことを意図している。

　酵素が変性すればその機能を失う、すなわち**失活**する。その逆に、酵素が触媒として最も効率よく働くことができる、すなわち反応速度を大きくする外的要因がいくつかある。

　酵素を構成するアミノ酸残基は、pH の影響で電離状態が変化する。その結果、周辺の pH によって酵素の立体構造そのものが変化してしまうことがある。通常は、酵素の触媒としての機能を発揮するために要求される pH 領域は限定的であり、最も反応速度を大きくする pH を**至適 pH** と呼ぶ。たとえば、ヒトがタンパク質を摂取して消化する際に用いている酵素の中で、弱塩基性である小腸で働く**キモトリプシン**と、強酸性である胃で働く**ペプシン**の場合、両者とも機能としてはタンパク質の加水分解を触媒する酵素でありながら、その至適 pH は大きく異なり、キモトリプシンは pH ＝ 8 付近、ペプシンは pH ＝ 2 付近に至適 pH をもっている。

ポリメラーゼ連鎖反応（PCR）
polymerase chain reaction

[*2]　二本鎖の DNA を高温にすると一本鎖 DNA に分かれるが（この過程を DNA の変性と呼ぶ）、冷却すると相補的な DNA は再び二本鎖になる（この過程をアニーリングと呼ぶ）。

　増幅したい DNA（テンプレート）と、DNA ポリメラーゼ、大量のオリゴヌクレオチド（プライマー）を混合し、加熱・冷却の過程を繰り返すことで、変性–アニーリングが繰り返され、プライマーを起点として一本鎖 DNA が伸長されていく。この操作を PCR と呼ぶ。

（タンパク質の）変性
denaturation

[*3]　タンパク質を分解する仕組みとして、ユビキチン–プロテアソーム系とオートファジーが知られている。オートファジーの仕組みの解明に対する功績により、大隅良典は 2016 年ノーベル生理学・医学賞を受賞した。

失活 deactivation

至適 pH optimum pH

キモトリプシン
chymotrypsin
ペプシン pepsin

66 第6章 酵素と反応

EC 番号
Enzyme Commission number

6・2 酵素の反応による分類

　酵素の分類方法はいくつかあるが、その中で、触媒反応の形式に着目すると、主に六つに系統的に分類することができる（**表6・1**）。この系統的分類を表す記号として **EC 番号**を振る。EC 番号は "EC X.X.X.X" のように表し、ここで X には数字が入り、数字の左から右に行くに従って分類が細かくなっている。それぞれの分類によって基準はあいまいであるが、主に反応特異性と基質特異性の違いによって細分化していく。しかし、酵素が分類以外の反応を触媒する活性をもっていることがよくあるので、注意が必要である。以下に、EC 番号の分類に従って、それぞれの酵素反応についてみることにしよう。

表6・1　酵素の系統的分類

酵素	触媒する反応	例
酸化還元酵素 （EC 1.X.X.X）	酸化還元反応	アルコールデヒドロゲナーゼ L-アミノ酸オキシダーゼ ジヒドロ葉酸レダクターゼ カタラーゼ リポキシゲナーゼ
転移酵素 （EC 2.X.X.X）	原子団の転移反応	メチルトランスフェラーゼ アシルトランスフェラーゼ トランスアミナーゼ ホスホトランスフェラーゼ
加水分解酵素 （EC 3.X.X.X）	加水分解反応	カルボキシエステラーゼ アセチル CoA ヒドラーゼ アルカリホスファターゼ プレニルジホスファターゼ エキソデオキシリボヌクレアーゼ I α-アミラーゼ
リアーゼ （EC 4.X.X.X）	付加または脱離反応	ピルビン酸デカルボキシラーゼ フルクトース 1,6-ビスリン酸アルドラーゼ イソクエン酸リアーゼ ホスホピルビン酸ヒドラターゼ アスパラギン酸アンモニアリアーゼ アデニル酸シクラーゼ
異性化酵素 （EC 5.X.X.X）	異性化反応	アラニンラセマーゼ マレイン酸イソメラーゼ トリオースリン酸イソメラーゼ ent-コパリルニリン酸シンターゼ
リガーゼ （EC 6.X.X.X）	ATP を要求する C-C, C-O, C-N 結合など の生成反応	チロシン tRNA リガーゼ アセチル CoA シンテターゼ アスパラギンシンテターゼ ピルビン酸カルボキシラーゼ DNA リガーゼ

6・2・1 酸化還元酵素（EC 1.X.X.X）

酸化還元酵素の一群は、その名の通り様々な化合物の酸化還元を触媒する。有機化合物の化学変換の中でも、酸化還元反応は最も基本的な反応であり、また生体内でも、化合物の酸化還元の調節は最も重要な反応の一つである。

アルコールデヒドロゲナーゼは、アルコールを酸化してアルデヒドもしくはケトンへと変換する。最も基本的な反応は、

$$CH_3CH_2OH + NAD^+ \longrightarrow CH_3CHO + NADH + H^+$$

であり、ヒトの肝臓に多く存在する酵素が酒類中のエタノールを分解する反応でもある。

それとは逆に、酒を造るときには、酵母が糖の代謝（解糖：9・4節参照）によって生成したアセトアルデヒドを、アルコールデヒドロゲナーゼの作用でエタノールに変換している[*4]。この旺盛な酵母の還元能を有機化学に用いる例が数多く知られている。すなわち、酵母はアセトアルデヒドの還元にとどまらず、ケトンを含む様々な基質の還元を行うことができる。アルデヒドの還元では第一級アルコールが生じるが、ケトンの還元では第二級アルコールが生じる。このとき、非対称なケトンを還元して生成するアルコールは不斉炭素原子をもつことになる。

図6・3 ケトンの還元反応（Sは小さい置換基、Lは大きい置換基を表す）

図6・3は、酵母などの微生物がもつアルコールデヒドロゲナーゼによる還元の一般的な反応を示している。生成するアルコールの立体化学はケトンの両側の置換基の嵩高さ（大きさ）に依存しており、たとえばパン酵母では図6・3に示した立体化学のようになる。このような生成物をプレローグ則[*5]に従った生成物と呼ぶことにする（いわゆる有機化学における、α-ケトエステルに対する有機金属の付加におけるプレローグ則とは異なるので注意）。しかし、必ずしも100％の選択性で単一の鏡像異性体が生成する訳ではないことに注意が必要である。置換基が変わるとその選択性が変化するため、様々な置換基をもつ基質の還元反応が系統的に調べられている。微生物によって得手不得手があり、ほぼ100％に近い選択性を与えるものもある。

4・1・3項で言及した通り、チロシンはフェニルアラニンからも生合成される（図6・4）。この反応を触媒する**フェニルアラニンヒドロキシラーゼ**は、テトラヒドロビオプテリンと酸素を補因子として用いている。

酸化還元酵素 oxidoreductase

アルコールデヒドロゲナーゼ
alcohol dehydrogenase

*4 この一連の過程をアルコール発酵と呼ぶ。

*5 カルボニル化合物を微生物で還元して得られた生成物の立体化学に基づき提唱された経験則。図6・3のように立体的に小さい置換基を左側、大きい置換基を右側に配置したとき、紙面上側からヒドリドが付加する反応形式をプレローグ（Prelog）則という。

フェニルアラニンヒドロキシラーゼ
phenylalanine hydroxylase

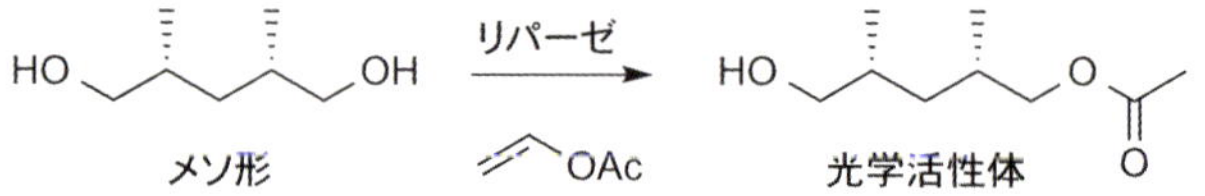

70 ‖ 第6章 酵素と反応

図6・8 リパーゼによる光学活性体の合成

不斉アシル化反応
asymmetric acylation

対しリパーゼを触媒とする**不斉アシル化反応**により、高い鏡像体純度の光学活性化合物を得ることができる。生成物は、片側が遊離のヒドロキシ基、もう片側がエステルとなっていることから、まったく異なる反応性を示し、生物活性天然有機化合物など、複雑な化合物の合成原料として価値が高い。

6・2・4 リアーゼ (EC 4.X.X.X)

リアーゼ lyase
脱離反応 elimination reaction

　リアーゼは、置換反応に属する加水分解および酸化以外の手段により、様々な化学結合の切断（**脱離反応**）を触媒し、しばしば新しい二重結合または新しい環構造を形成する酵素群である。その他の酵素群と異なり、複数の分子の組合せによる化学反応を触媒するわけではなく、基質として一つの分子のみで反応が完結することが特徴である。一般に反応は可逆的であるので、逆反応の場合は複数の分子が基質となる。

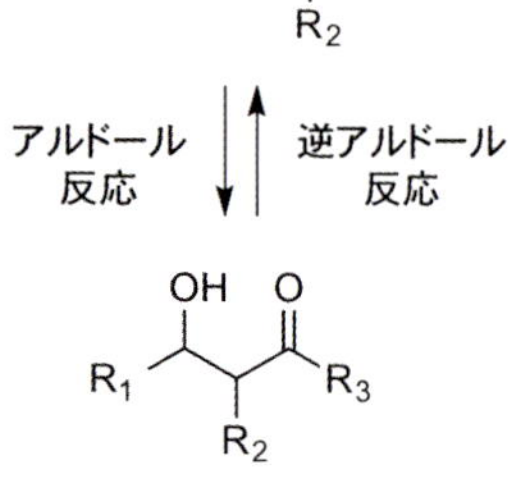

　酵母によるアルコール発酵では、炭素数6のグルコースから出発して最終的には2炭素のエタノールまで変換されることから、いくつかの過程で炭素－炭素結合の開裂が行われる。そのうち、**フルクトース 1,6-ビスリン酸**がアルドラーゼの作用によって**グリセルアルデヒド 3-リン酸**と**1,3-ジヒドロキシアセトンリン酸**へ分解される過程は、最も劇的な反応であるといえよう（**図6・9**）。この反応は逆アルドール反応[*8]となっている。また、最終段階においてピルビン酸から脱炭酸してアセトアルデヒドを与える過程もリアーゼによるものである。この他にも、グルコースの解糖系ではいくつかのリアーゼが働いている。

　二次代謝産物の生合成にもリアーゼが用いられている。特にテルペノイ

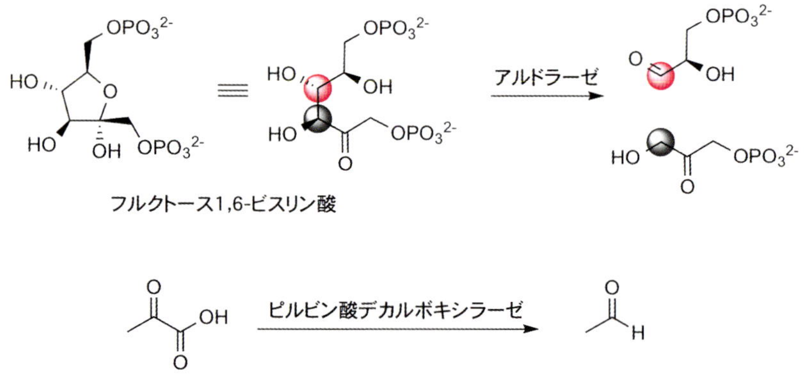

フルクトース 1,6-ビスリン酸
fructose 1,6-bisphosphate
アルドラーゼ aldolase
グリセルアルデヒド 3-リン酸
glyceraldehyde 3-phosphate
1,3-ジヒドロキシアセトンリン酸
1,3-dihydroxyacetone phosphate

[*8] 二つのカルボニル化合物から炭素－炭素結合形成を伴いヒドロキシケトンなどができる反応をアルドール反応、その逆の反応を逆アルドール反応と呼ぶ。両反応は可逆的である。

図6・9 グルコースの解糖系の一部

ドの生合成過程は、ポリプレニル二リン酸（ジテルペンの場合はゲラニル
ゲラニル二リン酸）の環化反応によって多様な骨格を有する化合物が合成
されている（11・3節参照）。たとえば、イネのファイトアレキシン（13・2・
1項参照）の一つである**ファイトカサン**類の生合成（**図6・10**）では、ゲ
ラニルゲラニル二リン酸の閉環（6・2・5項参照）によって合成された *ent*-コ
パリル二リン酸が、続くリアーゼによる閉環反応によって三環性化合物へ
と誘導される。この際、メチル基の移動、すなわち骨格転位反応が環形成
とともに起こっている。このように、テルペノイドの生合成の過程ではし
ばしば炭素骨格の再形成が行われており、二次代謝産物の多様性には目を
見張るものがある。

ファイトカサン phytocassane

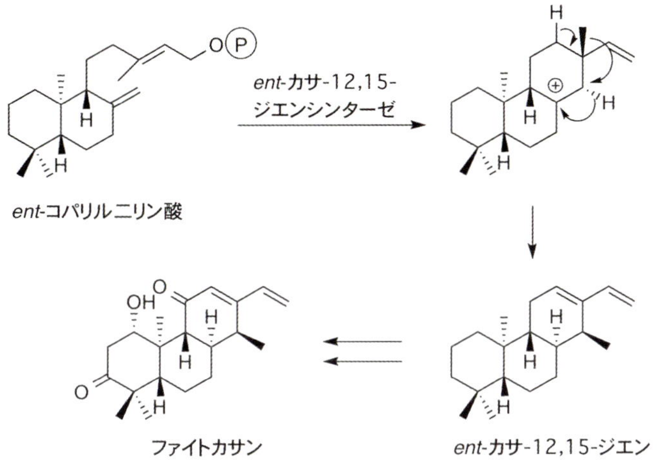

図6・10　イネファイトアレキシンの生合成[9]

*9　本書の反応式では、反応物（原料）から多段階の工程を経て生成物が得られる場合に、二重の矢印を用いている。

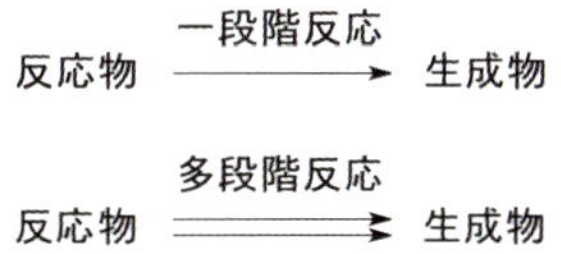

反応物 —一段階反応→ 生成物

反応物 ⇒多段階反応⇒ 生成物

6・2・5　異性化酵素 （EC 5.X.X.X）

異性化酵素は、その名の通り基質を分子内で変換し構造を変化させる一
連の酵素群である。その反応は有機化学的観点からはほとんど共通性を
もっておらず、反応の種類は多様である。

異性化酵素 isomerase

　最も単純な異性化は鏡像異性体への変換であろう。ある種の微生物は細
胞壁成分として D-アラニンを必要とするが、**アラニンラセマーゼ**により
L-アラニンから合成している（**図6・11**；8・1・2項の図8・6参照）。原核
生物には広くこの酵素が存在しているが、高等な真核生物には存在しない
ため、この酵素は抗菌剤の標的となりうる。その他にも、二重結合の幾何
異性体の変換などがある。

アラニンラセマーゼ
alanine racemase

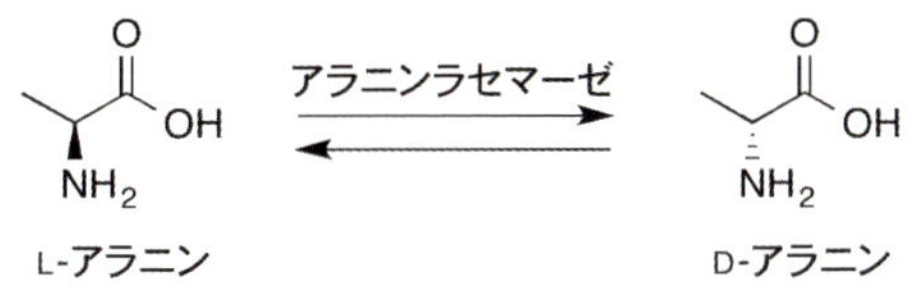

図6・11　異性化反応　L-アラニン　　　　　　　　D-アラニン

72 　第6章　酵素と反応

　　前項で示したジテルペン類の生合成過程における中間体として *ent*-コパリル二リン酸を挙げたが、その生合成はゲラニルゲラニル二リン酸の閉環反応によるものである（**図6・12**）。酵素内で折りたたまれたゲラニルゲラニル二リン酸が、連続的に二つの環を形成している。この基質と生成物を見比べてみると、分子式は変わらないことが分かるであろう。単純に炭素－炭素結合が形成されているだけでなく、炭素－水素結合が切断されているところと形成されているところがあることが分かるはずである。

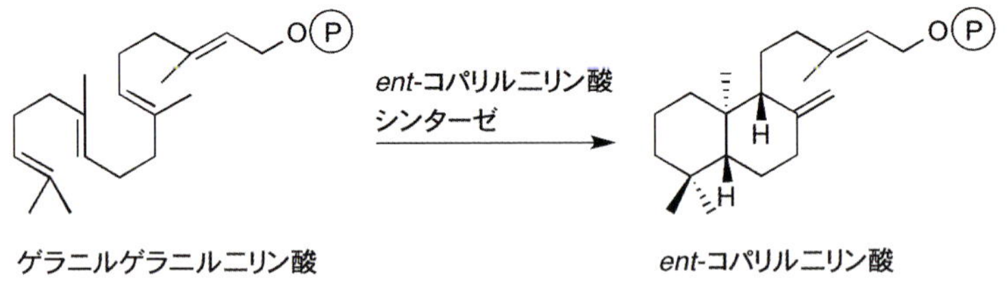

ゲラニルゲラニル二リン酸　　→　*ent*-コパリル二リン酸シンターゼ　　→　*ent*-コパリル二リン酸

図6・12　ジテルペン環化酵素の働き

6・2・6　リガーゼ（EC 6.X.X.X）

リガーゼ ligase

シンテターゼ synthetase

シンターゼ synthase

　　リガーゼは、ATP（7・1節参照）などに存在する高エネルギーのリン酸結合の切断から得られるエネルギーを必要とする、新しい化学結合の形成により二つの化合物の連結を触媒する酵素である。酵素名に**シンテターゼ**と付けられているものが多く、合成酵素と呼ばれることもある。しかし、EC 4群のリアーゼにも**シンターゼ**と付けられた酵素群があり、それらも合成酵素と呼ばれるものであるので注意が必要である。両者の違いは、酵素

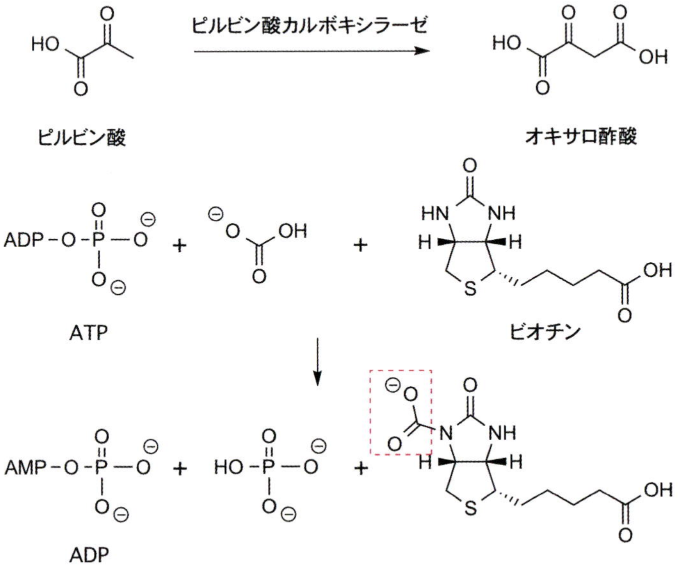

ピルビン酸　　→　ピルビン酸カルボキシラーゼ　　→　オキサロ酢酸

ATP　＋　（炭酸）　＋　ビオチン

↓

ADP　＋　（リン酸）　＋

図6・13　オキサロ酢酸の生成

反応に高エネルギー化合物の共役が必要か否かである。リガーゼはペプチド（タンパク質）、脂肪酸の合成、または DNA の複製といった、一次代謝において非常に重要な役割を果たす酵素が多い。

好気的代謝中の **TCA 回路（クエン酸回路**；9・6節参照）に必要なオキサロ酢酸を供給する最も重要な炭酸固定の過程は、**ピルビン酸カルボキシラーゼ**に触媒される。この反応では**ビオチン**が補酵素として用いられ、ATP の加水分解を伴って、図中点線で囲った炭酸部位とピルビン酸のアルドール型反応により**ピルビン酸**を**オキサロ酢酸**に変換する（**図6・13**）。

TCA 回路
tricarboxylic acid cycle

クエン酸回路 citric acid cycle

ピルビン酸カルボキシラーゼ
pyruvate carboxylase

ビオチン biotin
ピルビン酸 pyruvic acid
オキサロ酢酸 oxaloacetic acid

演 習 問 題

6・1 3 %の過酸化水素水溶液 100 mL に含まれる過酸化水素を、1 mg のカタラーゼによってすべて分解するのにかかる時間はおよそいくらか。ただし、カタラーゼの分子量は 25 万とする。

6・2 3-オキソブタン酸エチルを酵母を用いて還元したところ、プレローグ則に従った生成物が得られた。生成物の構造を描け。

6・3 非対称な第二級アルコールである 2-ブタノールのラセミ体に対し、リパーゼを用いた不斉アシル化反応を試みたところ、ちょうど半分の原料が消費されたところで反応が進まなくなった。この現象の理由を考察せよ。

6・4 図6・12の反応において、炭素−水素結合が切断されている箇所と、形成されている箇所を図示せよ。

6・5 アルドール型反応によってオキサロ酢酸が生成する反応の機構を描け。

COLUMN　　PCR 法 の 登 場

1993 年、PCR 法の開発に対する功績により、マリス（Mullis, K.）はノーベル化学賞を受賞した。このノーベル賞にたどり着くまでの経緯が興味深いので紹介しよう。

米国シータス社のマリスは、夜道を車でガールフレンドとドライブしている際、画期的なアイディアを思いついた。それは、当時すでに知られていた、ヌクレオチド（7・1節参照）と、DNA ポリメラーゼを用いて DNA 合成反応を繰り返すことにより、核酸の一定領域を増幅することができるのではないかというものである。マリスは "polymerase-catalyzed chain reaction"（ポリメラーゼ触媒連鎖反応）と名付けたこの手法について論文にまとめあげ、『ネイチャー』、『サイエンス』などの著名な科学雑誌に論文として投稿した。しかし、当初はあまりに荒唐無稽と考えられてしまったのか、残念ながら掲載されることはなかった。1987 年になってようやく、『Methods in Enzymology』に論文が掲載された。

時を同じくして、この PCR 法（現在では polymerase chain reaction）そのものは、シータス社の同僚により、鎌状赤血球症（5・3・1項参照）という遺伝性疾患の診断に応用された。この研究成果をまとめた論文は、皮肉なことに『サイエンス』に掲載され、世界中の科学者の注目を集めた。後発ではあるが手法の有用性を示したこの論文が注目されることで、マリスのオリジナル論文が改めて評価を受け、ノーベル化学賞へつながることになったのである。

このエピソードは、論文誌によって研究の注目度が大きく異なるということを示しているとともに、『ネイチャー』や『サイエンス』といった著名な科学雑誌であっても、必ずしも重要な発見に対して正しい評価をしているわけではないということを示している。

第7章 核　酸

すべての地球上の生物に共通したメカニズムは、遺伝情報の伝達である。この情報、すなわち生物の設計図は、核酸として知られる分子が鍵を握っている。前章までに多様な働きをする生体内分子を学んできたが、それらをどのようにしてつくりだしていくのかという情報は、主にデオキシリボ核酸（DNA）由来の化合物に記録されている。特に生体内のほとんどの反応を触媒する酵素、すなわちタンパク質を構成するアミノ酸の順序（一次配列）に関する情報こそが、その生物の種を決定づける最も重要なものである。この章では、DNAと、もう一つの核酸であるリボ核酸（RNA）について学ぶ。

7・1　核酸の基礎―核酸の種類と構造

核酸 nucleic acid
塩基 base
ポリヌクレオチド polynucleotide
DNA（デオキシリボ核酸） deoxyribonucleic acid
RNA（リボ核酸） ribonucleic acid

前章までに学んできたタンパク質と同様に、**核酸**も生体内高分子化合物である。タンパク質はアミノ酸が連結したポリペプチドであるのに対し、核酸は五炭糖に含窒素複素環類（**塩基**）とリン酸が結合した**ヌクレオチド**のポリマー、すなわち**ポリヌクレオチド**である。核酸は**DNA**と**RNA**に大別され、特にRNAにはいくつかの種類がある。DNAが主に遺伝情報の記録と伝達を行うのに対し、RNAはDNAに記録された情報を利用してタンパク質の合成を行ったり、特異的なRNAの情報を変換するのを手伝ったりする。DNAとRNAの構造的特徴と機能の違いについて充分に理解することが重要である。

DNAとRNAの構造の違いの一つは糖部分にある。RNAを構成するのは五炭糖の**D-リボース**であるのに対し、DNAを構成するのはリボースの2位ヒドロキシ基が欠損した**2-デオキシリボース**である（図7・1）。

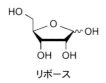

図7・1　核酸の糖部分の構造

ピリミジン pyrimidine
プリン purine

糖部分の次に核酸の構造的特徴を形成するのは塩基部分である。窒素を含む複素環で構成されており、その名の通り塩基性をもつ部位である。DNAとRNAには5種の塩基があり、その母核は単環性の**ピリミジン**と、二環性の**プリン**からなる（図7・2）。塩基が5種あることから、核酸は10種あってもよさそうなものだが、組合せが決まっており、主としてチミンはDNAのみ、ウラシルはRNAのみに見出される塩基である。すなわち、DNAを構成する塩基は4種、RNAを構成する塩基も4種となる。糖部位との結合部位は、ピリミジンの1位、プリンの9位にあたる箇所になる。これら塩基の構造が核酸間の相互作用に重要な役割を果たすことを後に学ぶ。

β グリコシド結合 β-glycosidic bond

核酸の糖部位と塩基部位は**β グリコシド結合**で連結している。糖鎖における糖同士の結合は *O,O*-アセタール構造であるが、核酸の場合は *N,O*-アセタールである[*1]。**ヌクレオシド**はリン酸エステル結合がなく、ヌクレオ

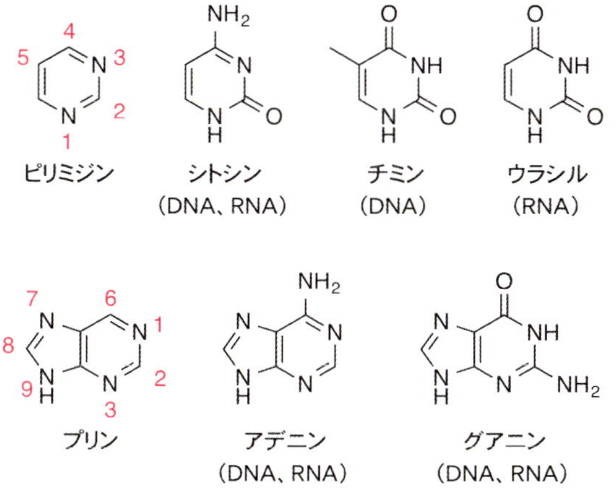

7・1 核酸の基礎－核酸の種類と構造 75

NH₂

ピリミジン シトシン チミン ウラシル
（DNA、RNA） （DNA） （RNA）

プリン アデニン グアニン
（DNA、RNA） （DNA、RNA）

図7・2 核酸の塩基部分の構造

*1 アセタールはカルボニル基と二つのアルコールから構成されるのに対し、一つのアルコール、一つのアミンから生成するアセタールを *N,O*-アセタールと呼ぶ。

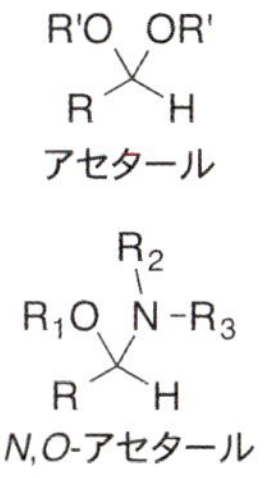

R'O OR'

アセタール

N,O-アセタール

リン酸エステル結合
organophosphate bond

シトシン cytosine
チミン thymine
ウラシル uracil
アデニン adenine
グアニン guanine

チドはリン酸エステル結合をもつ場合の総称である。このヌクレオチドが核酸の基本骨格となっている（**図7・3**）。すなわち**リボヌクレオチド**がRNA の、**デオキシリボヌクレオチド**が DNA の最小単位であり、それぞれの糖部分の 5′ 位と 3′ 位がリン酸ジエステル結合で結ばれたポリエステルである。

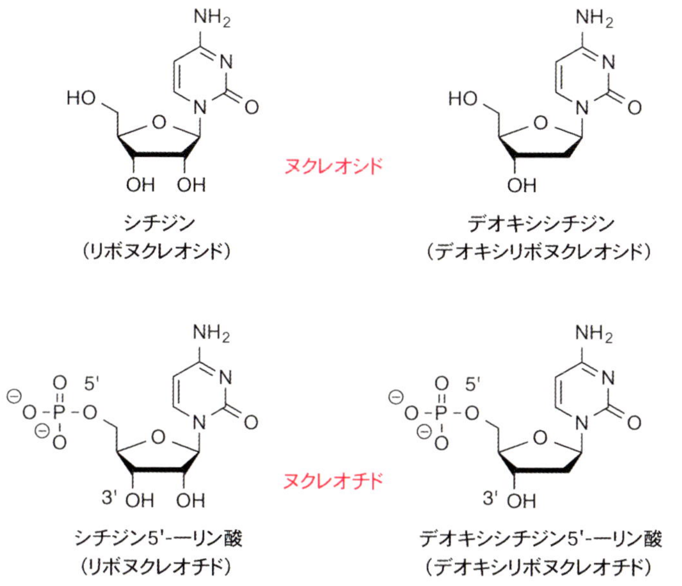

ヌクレオシド

シチジン デオキシシチジン
（リボヌクレオシド） （デオキシリボヌクレオシド）

ヌクレオチド

シチジン5′一リン酸 デオキシシチジン5′一リン酸
（リボヌクレオチド） （デオキシリボヌクレオチド）

図7・3 ヌクレオシドとヌクレオチド

ヌクレオチドにはリン酸エステル結合があることから、さらにリン酸が縮合した二リン酸、三リン酸にもなりうる。その中で、**アデノシン三リン酸（ATP）**は生物の基本的なエネルギー通貨として広く用いられる高エネ

アデノシン三リン酸（ATP）
adenosine triphosphate

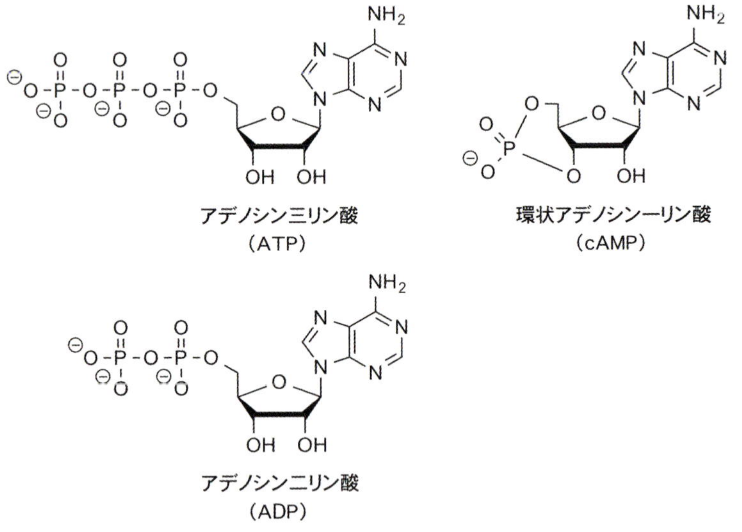

76　　第 7 章　核　　酸

アデノシン三リン酸
（ATP）

環状アデノシン一リン酸
（cAMP）

アデノシン二リン酸
（ADP）

図 7・4　ATP と cAMP, ADP の構造

cAMP　cyclic AMP

ルギー化合物として重要である（**図 7・4**）。

　cAMP は、細胞内シグナル伝達において、セカンドメッセンジャーとして働くヌクレオチドである。たとえば、アドレナリンのようなホルモンがその受容体に結合すると、いくつかの過程を経て、細胞内に多量に存在する ATP からアデニル酸シクラーゼの作用によって cAMP が合成される[*2]。

*2　アデニル酸シクラーゼはリアーゼの一種で、哺乳類では 9 種が知られている。ATP をピロリン酸の放出を伴ってcAMP に変換する酵素である。

　主に生化学において、核酸は略号で示される。核酸はその単体としての振る舞いよりも、DNA や RNA のようにヌクレオチドのポリマーとなって働いている。よってその膨大な数のヌクレオチドからなる分子は、その配列を**表 7・1** に示した略号の連続によって示す方が便利である。

表 7・1　DNA, RNA 中のヌクレオシド、ヌクレオチドの名称

	塩基	ヌクレオシド	ヌクレオチド
DNA	アデニン（A）	デオキシアデノシン	デオキシアデノシン 5′-一リン酸（dAMP）
	グアニン（G）	デオキシグアノシン	デオキシグアノシン 5′-一リン酸（dGMP）
	シトシン（C）	デオキシシチジン	デオキシシチジン 5′-一リン酸（dCMP）
	チ ミ ン（T）	デオキシチミジン	デオキシチミジン 5′-一リン酸（dTMP）
RNA	アデニン（A）	アデノシン	アデノシン 5′-一リン酸（AMP）
	グアニン（G）	グアノシン	グアノシン 5′-一リン酸（GMP）
	シトシン（C）	シチジン	シチジン 5′-一リン酸（CMP）
	ウラシル（U）	ウリジン	ウリジン 5′-一リン酸（UMP）

*3　DNA はヌクレオチドが多数連結しているが、両末端のヌクレオチドの構造をみると、一方は 5′ 位がリン酸エステルとなっており、もう一方は 3′ 位が遊離のヒドロキシ基となっている。それぞれの残基を 5′ 末端、3′ 末端と呼ぶ。

　DNA や RNA の塩基配列を表す際は、5′ 末端から 3′ 末端に向かって記述する[*3]。たとえば、**図 7・5** のような配列をもつ場合は TCA と表記し、ACT ではない。遺伝子を基にしてつくられる生体内分子、すなわち遺伝

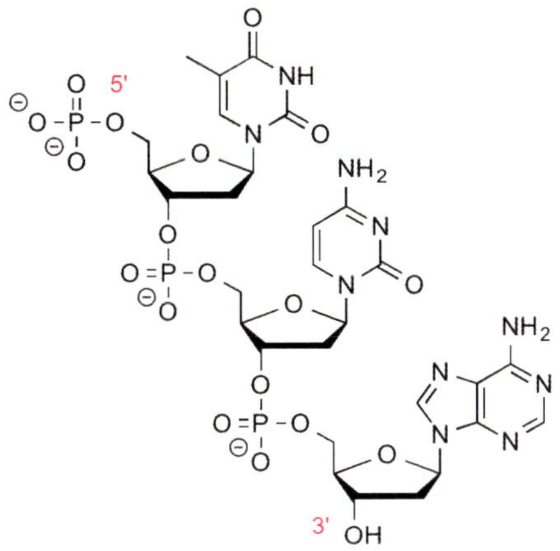

図7・5　DNAの構造の例

子産物を生成する際は、この塩基の順序が非常に重要な意味をもつ。TCA と ACT ではまったく異なるものを表すということに注意が必要である。

7・2　DNAの塩基対

遺伝子の正体がなんであるのかが分からなかった時代、タンパク質はその候補ではあったが、それでも遺伝子にはある種の塩基が含まれていることは分かっていた。分析の結果、アデニンとチミン、そしてシトシンとグアニンの量が等しいことが明らかとなり、さらには生物種によってそのA/T と G/C の比は異なることも分かった。この現象は発見者にちなんで**シャルガフの法則**と呼ばれるが、この法則により何が分かるであろうか。一つの考えとして浮上したのが、それら A と T、G と C は対となって存在しているのではないかという考え方である。この塩基が対になるということと、遺伝子が遺伝情報の伝達と保存を司るという事実から、ワトソンとクリックによって、最終的には遺伝子の正体と認められることになる DNA が**二重らせん構造**をしているという合理的な考えが提案された（**図7・6**；章末コラム参照）。

遺伝子　gene

シャルガフ　Chargaff, E.
シャルガフの法則
Chargaff's rule

ワトソン　Watson, J.
クリック　Crick, F.
二重らせん構造
double helix structure

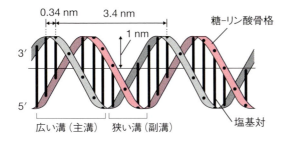

図7・6　DNAの二重らせん
田村隆明『コア講義 分子遺伝学』（裳華房, 2014）より転載。

78　第7章　核　酸

　このワトソン-クリックモデルに従えば、DNA分子はねじのようにポリヌクレオチド鎖が互いに巻き付いており、外側に糖およびリン酸エステルの主鎖を配し、内側に塩基が配置することによって二本の鎖が相互作用することができる。

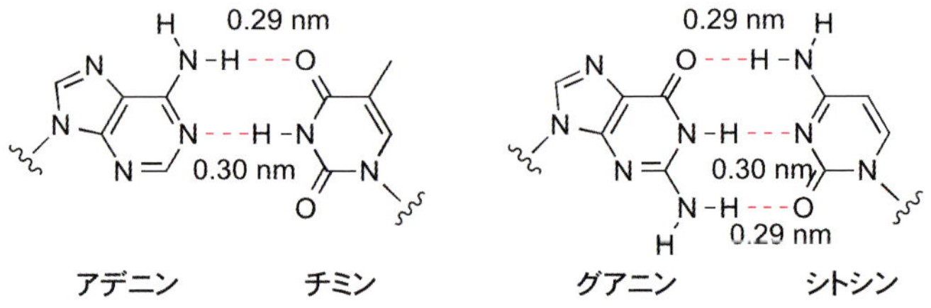

図7・7　DNA の塩基対

　この相互作用は塩基間の水素結合によるものであり、A-T、G-C間でそれぞれ複数の水素結合をすることが可能な構造をしている（**図7・7**）[*4]。また、それぞれの水素結合の距離はほぼ等しく、DNAの二重らせんを形成するために都合がよくできている。これら二本の鎖は互いに逆方向を向いていることになり、相補的であると表現される。相補的に塩基が組み合わさることにより、DNAは一方の鎖がもう一方の設計図になっているとみなすことが可能で、この事実がDNAの塩基配列が遺伝情報と呼ばれる所以である。

*4　図7・7で明らかなように、A-T間の水素結合が2箇所なのに対して、G-C間の水素結合は3箇所ある。このため、G-Cの結合の方が強くなり、その結果G-C塩基対の多いDNAほど熱の影響を受けにくい、すなわち二重らせんが解けにくくなっている。

7・3　RNA の構造と機能

　DNAがその構造的特徴から遺伝情報の記憶装置として機能するのに対し、RNAは様々な機能をもっている。ヌクレオチドのモノマーの構造だけみれば、たった一つのヒドロキシ基の有無の差しかないが（一部塩基も異なる）、ポリマーになった際、マクロな構造には大きな差が見られる。すなわち、DNAでは基本的に二重らせんを基礎とした構造であるのに対し、RNAは一本鎖で働くものが多い。さらにRNAは複雑な折りたたみにより三次元的な構造を形成し、それぞれが独特の機能を果たす。またDNAと比較して、多くのRNAの分子量は小さく、加水分解を受けやすいという特徴がある。

7・3・1　mRNA

　DNAが遺伝情報を記録しているのであるが、その遺伝情報とは主にタンパク質の設計図である。このタンパク質を合成するためには、DNAの情報をなんらかの形で読み取らなければならない。その役割を果たすのが

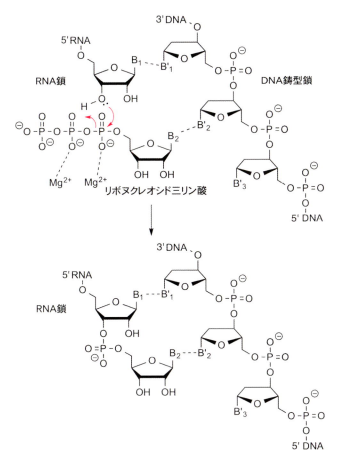

図7・8 RNAポリメラーゼによるmRNA鎖伸長の機構

伝令RNA（メッセンジャーRNA，**mRNA**）である。この、DNAの塩基配列から情報を読み取る過程を**転写**と呼ぶ[*5]。DNAは二本鎖であるが、そのうち転写される方の鎖を**鋳型鎖**、もう一方を**情報鎖**と呼ぶ。

転写の過程では、**RNAポリメラーゼ**によって次々にヌクレオチドが連結されていく。まずDNAの鋳型鎖における塩基（B'_2，図7・8）に対応するリボヌクレオシド三リン酸が、RNA鎖の3′末端にあたるヌクレオチド近傍に配置される。RNAポリメラーゼとリボヌクレオシド三リン酸は、マグネシウムイオンを介して反応に適切な位置に保たれる。その後、3位のヒドロキシ基が三リン酸部位と反応して**リン酸ジエステル結合**が形成される。

この連続するRNA鎖の伸長により、DNA鎖の情報がmRNA鎖に読み込まれたことになる。mRNAに転写された情報は、対応する三つの塩基対からなる**コドン**と呼ばれる単位で認識され、特定のアミノ酸が指定されることになる。この過程を**翻訳**と呼ぶ。この過程はDNA中の開始コドンから終止コドンまでで行われるように設計されており、DNAの情報がすべ

転写 transcription
[*5] DNAの鋳型鎖と情報鎖における塩基の対応はG–C，C–G，T–AおよびA–Tの組合せであるが、転写におけるDNAとRNAの塩基の対応は、G–C，C–G，T–AおよびA–Uである。

鋳型鎖 template strand
情報鎖 information strand
RNAポリメラーゼ
RNA polymerase
リン酸ジエステル結合
phosphodiester bond

コドン codon
翻訳 translation

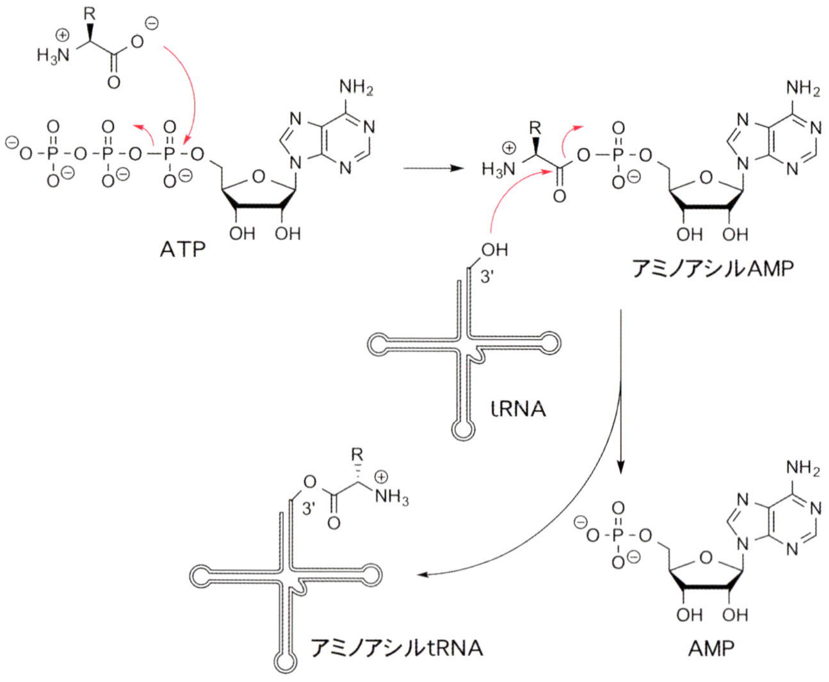

図7・10　アミノアシル tRNA の生成機構

が、正しい配列のペプチド鎖を合成していくためには非常に重要である。

アミノアシル tRNA が運んでくるアミノ酸は、リボソームによって次々に連結されペプチド鎖の伸長に使われる（**図7・11**）。この際、リボソーム内では先に運ばれてきていたアミノアシル tRNA が保持されている。そこに次のアミノアシル tRNA が運ばれてくると、リボソームを形成しているペプチジル転移酵素活性[*7]をもった部位の作用により、tRNA と（伸長中の）ペプチド鎖からなるエステル結合から、アミノ酸とアミノ酸からなる

*7　リボソーム内にはペプチジル転移酵素活性中心（peptidyl transferase center）と呼ばれる部位があり、アミノアシル tRNA として tRNA に結合しているアミノ酸を、伸長中のペプチド鎖に転移させる活性をもっている。

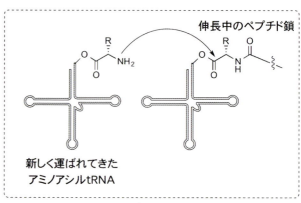

図7・11　リボソーム内におけるペプチド鎖の伸長反応の模式図

演習問題 ‖ 83

アミド結合に入れ換わる。これは、5・1・2項で述べたフラスコ内でのペプチド合成法とほぼ同様の反応が、リボソームという巨大なタンパク質の複合体によって触媒的に行われていることを意味している。

演習問題

7・1 UMP の構造を描け。

7・2 5′ A–T–G–T–T–A–G–C–A–C–A–C–T–G–G 3′ 配列に相補的な DNA 鎖の塩基配列を書け（ただし相補鎖は 3′ から 5′ 方向へ進む）。

7・3 問題 7・2 の配列から転写される mRNA の配列を書け。

7・4 問題 7・3 の配列から翻訳されるアミノ酸配列を書け。

7・5 ある生物の DNA を分析したところ C が約 20 ％であったとすると、G, A および T の含量はそれぞれ何％と考えられるか。

COLUMN　ゲノム

　現代では、生命の設計図すべての情報であるゲノム（genome）を、数日から数週間もあれば読み取ることができるようになってきている。ゲノムという用語は、遺伝子（gene）と染色体（chromosome）からつくられた用語で、古くは染色体そのものを、DNA が発見されて以降は全染色体を構成する DNA の全配列のことを表している。また、それぞれのゲノム中には多くの遺伝子が含まれており、生命科学研究の多くが、この遺伝子を読み取ったり、改変したりすることに費やされている。

COLUMN　DNA の二重らせん

　DNA の二重らせんのモデルを眺めると、生命とはなんと巧妙な仕組みをつくるものかと感嘆するであろう。この構造を解き明かしたとされるのが、ワトソンとクリックであることは本文で述べた。この発見については、偉大な発見であるが故か、様々な批判や疑惑が渦巻く科学史上最もドラマティックな物語かもしれない。詳細は成書に譲るとして、簡単に経緯を紹介しよう。

　ワトソンは 15 歳でシカゴ大学に入学を許されるほどの秀才であったが、物理学者であるシュレーディンガー（Schrödinger, E.）著『What is Life ?』を読み、遺伝の本質を解明することが偉業であることを意識したとされる。22 歳で博士号を取得した後、遺伝情報の鍵は DNA であると予測し、その構造を解き明かすことに熱中することになる。そのころ、

物理学から生物学の世界へと足を踏み入れていたクリックも DNA に注目しており、二人は意気投合する。

　当時、英国における DNA 研究は、物理学者のウィルキンズ（Wilkins, C.）が第一人者であった。ウィルキンズの研究において、フランクリン（Franklin, R.）が主に手掛けていた X 線構造解析は、DNA の構造決定に非常に重要な役割を演じていた。しかし、フランクリンとウィルキンズの関係が悪化していたこともあり、またワトソンとフランクリンが衝突している様子を見ていたウィルキンズは、ワトソンにフランクリンの X 線写真の写し（盗撮したとされる）を見せてしまう。

　この写真は DNA がらせんを描いていることでしか説明できないものであり、ワトソンとクリックは、

84 | 第7章 核　酸

模型を用いてデータと合う、らせんの形をついに見出した。急いで論文としてまとめあげ、1953年『ネイチャー』にたった2ページの論文を発表した。そしてこのたった2ページの論文は、現在でも人類史において最も偉大な発見ともいわれるものとなり、9年後の1962年には彼ら（ウィルキンズも含む）に

ノーベル生理学・医学賞をもたらすことになる。ワトソン34歳、クリック46歳のときのことである。フランクリンは1958年に、37歳という若さで卵巣がんなどのためすでに亡くなっていた。実験中無防備な状態で、大量のX線を浴びたことががんの原因かもしれない。

COLUMN　　シグナル伝達

　ホルモンによる複雑なシグナル伝達の機構を概観してみよう。スタートはアドレナリンやインスリンで、ゴールはグリコーゲンホスホリラーゼである。

　まずホルモン分子を細胞膜上にある受容体が受け取ると、その立体構造が変化する。同じ膜上には、近くに三つのサブユニット α, β, γ からなる三量体型GTP結合タンパク質があり、受容体の立体構造の変化に伴い、α サブユニットに結合しているGDPが外れる（GTPとGDPの構造をATPとADPの構造（図7・4参照）と見比べてみよ）。その α サブユニットには代わりにGTPが結合することで、活性化される。

　活性化された α サブユニットは、β, γ サブユニットと分離して、アデニル酸シクラーゼと結合する。結合によって活性化されたアデニル酸シクラーゼは、細胞内に存在するATPをcAMP（図7・4）に変換する。次に、cAMPがプロテインキナーゼAに結合して、プロテインキナーゼA–cAMP複合体を形成する。この複合体は、不活性なホスホリラーゼキナーゼをリン酸化することで活性化する。これがグリコーゲンホスホリラーゼbをリン酸化して、活

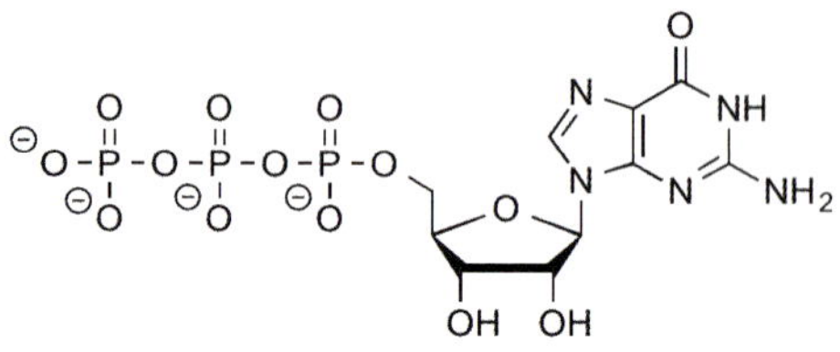

グアノシン三リン酸
（GTP）

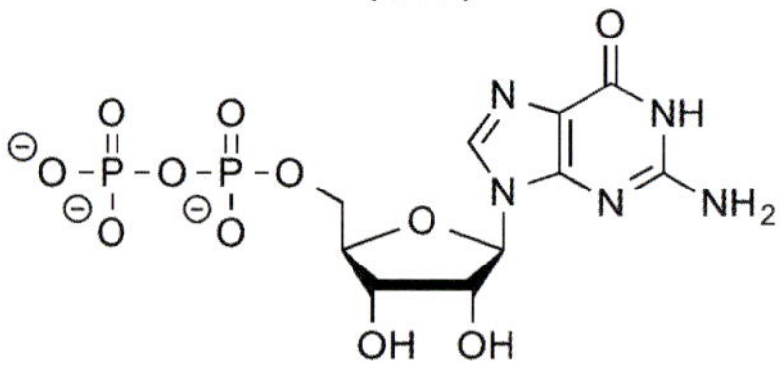

グアノシン二リン酸
（GDP）

性型のグリコーゲンホスホリラーゼaとする。最終的には、活性化したグリコーゲンホスホリラーゼaが、グリコーゲンに作用してグルコース1-リン酸を遊離させる。このように、多数の酵素が小さな分子を次々に受け渡して、その酵素の働きの活性化、不活化を調節している。

第8章 微量必須成分：ビタミン・ホルモン

　生命活動を維持するためのエネルギー源となる化合物や、骨格を維持するための化合物など、比較的大量に必要なものについて前章までに学んできた。しかし一方で、細かい機能の調節なしには高度な生命体を維持することがむずかしいであろうことは容易に想像できる。生体の恒常性が崩れたとき、私たちを含めて生物は何らかの機能不全を起こし、病状としてそれが表面化してくる。必ずしも大量には必要でないが、恒常性の維持に必要不可欠な化合物群について学ぶことは、生物の生命活動を理解するために重要である。本章では、その中からビタミンとホルモンについて学ぶ。

8・1　ビタミン

8・1・1　ビタミンの分類

　ビタミン (vitamin) の名の由来は「生命のアミン」(vital amine) であり、本来は vitamine と綴られていた。人類が最初に単離に成功したビタミンは、現在ではビタミン B_1 と呼ばれる化合物であり、確かにアミン類であった。しかしその後、現在ビタミン C と呼ばれる化合物が発見されると、この化合物はアミン類ではなかったため、語尾の e を除いて vitamin と総称するようになった。このことからも分かる通り、ビタミンと総称される化合物群の構造には、ほとんど共通性が見られない。したがって、分類も明確な根拠をもってされるものではないが、ビタミンは水溶性ビタミンと脂溶性ビタミンに大別される。

ビタミン vitamin

8・1・2　水溶性ビタミン

　水溶性ビタミンに属するのは**ビタミン B 群**と**ビタミン C** であり（**表8・1**）、水溶性を示す官能基であるヒドロキシ基やカルボキシ基などを有する。ビタミン B 群はその名の通り複数の化合物であるが、これは、発見当初水

水溶性ビタミン
water-soluble vitamin

表8・1　水溶性ビタミン

名称	慣用名
ビタミン B_1	チアミン
ビタミン B_2	リボフラビン
ビタミン B_3	ナイアシン
ビタミン B_5	パントテン酸
ビタミン B_6	ピリドキサール、ピリドキシン、ピリドキサミン
ビタミン B_7	ビオチン
ビタミン B_9	葉酸
ビタミン B_{12}	シアノコバラミン、ヒドロキソコバラミン
ビタミン C	アスコルビン酸

86 第8章 微量必須成分：ビタミン・ホルモン

溶性の単一の成分と考えられていたものが、後に混合物であることが明らかになったためである。また、その後次々にビタミンが発見されていった過程で、水溶性のビタミンがビタミンB群とみなされてしまったためという複雑な事情もある。さらに、現在でもビタミンB$_6$やB$_{12}$のように、複数の化合物が同種のビタミンとして扱われているものも存在する。また、ビタミンB群に振られた番号がとびとびであるのは、かつてビタミンとして報告された化合物が、後にビタミンの定義に当てはまらないなどとして除外された[*1]ことに起因する。

　水溶性ビタミンの機能はほとんどの場合、ある種の**補酵素**の一部を構成するというものである。よって、ビタミンそのものの構造も重要であるが、それらがどのような役割を果たすのかを理解しておくことが重要である。

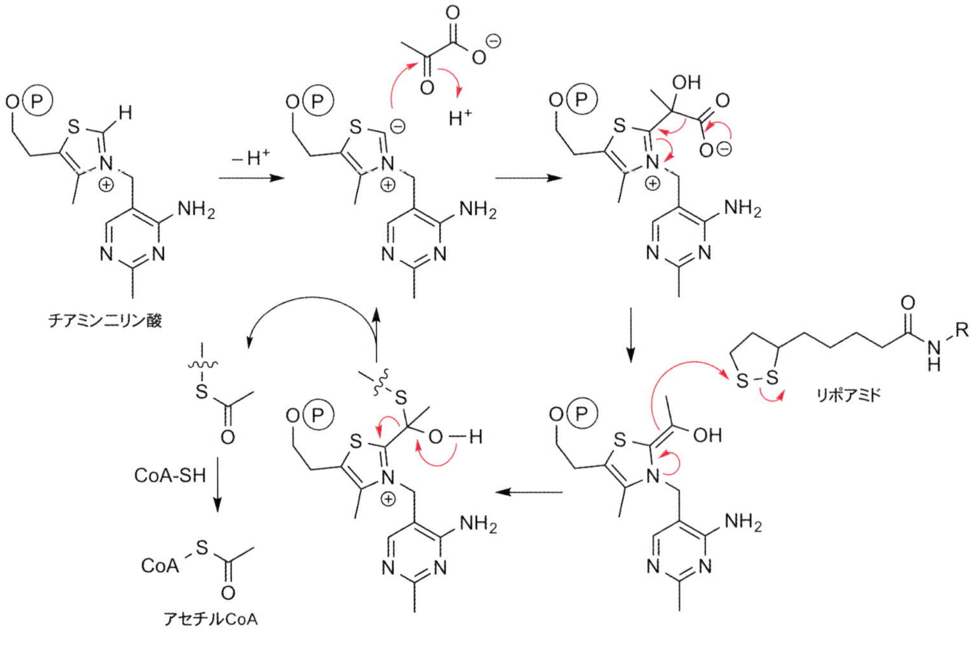

＊1　現在ビタミンB群から除かれているものとして、アルギニン、シスチン（B$_4$）、オロト酸（B$_{13}$）などがある。また、B$_7$やB$_{10}$のように結局純粋な物質として単離できなかったり、ビタミンB$_9$とB$_{12}$の混合物を誤認したなどの例がある。

図 8・1　ビタミンB$_1$の構造とピルビン酸デヒドロゲナーゼ複合体による反応機構

　ビタミンB$_1$（図8・1）は、1911年に鈴木梅太郎が米糠から単離して、後にオリザニンと命名していた化合物のことである（1・2節参照）。ヒトでは欠乏すると、脚気になったり神経系に異常をきたしたりするビタミンである。**チアミン**とも呼ばれ、チアミン二リン酸（チアミンピロリン酸、TPP）の形でピルビン酸デヒドロゲナーゼなどの**補因子**となる。**ピルビン酸デヒドロゲナーゼ**は複合体を形成し、ピルビン酸を脱炭酸してアセチルCoAを生じる反応を触媒することから、解糖系（9・4節参照）とTCA回路（9・6節参照）をつなぐ、非常に重要な役割を果たしている。

　ビタミンB$_2$は主に酸化還元酵素の補因子として**フラビンモノヌクレオチド（FMN）**、もしくは**フラビンアデニンジヌクレオチド（FAD）**の形で

チアミン thiamin

フラビンモノヌクレオチド（FMN）
flavin mononucleotide

フラビンアデニンジヌクレオチド（FAD）
flavin adenine dinucleotide

働いている（**図8・2**）。**リボフラビン**は、リボースと同様の立体化学を有する糖アルコールのリビトールが複素環に結合しているような構造をしている[*2]。実際、リボフラビンはグアノシン三リン酸（GTP：第7章コラム「シグナル伝達」参照）から生合成される。

リボフラビン riboflavin

[*2] リボフラビン、FMN、FAD の構造（図8・2）を比べて違いを確認せよ。

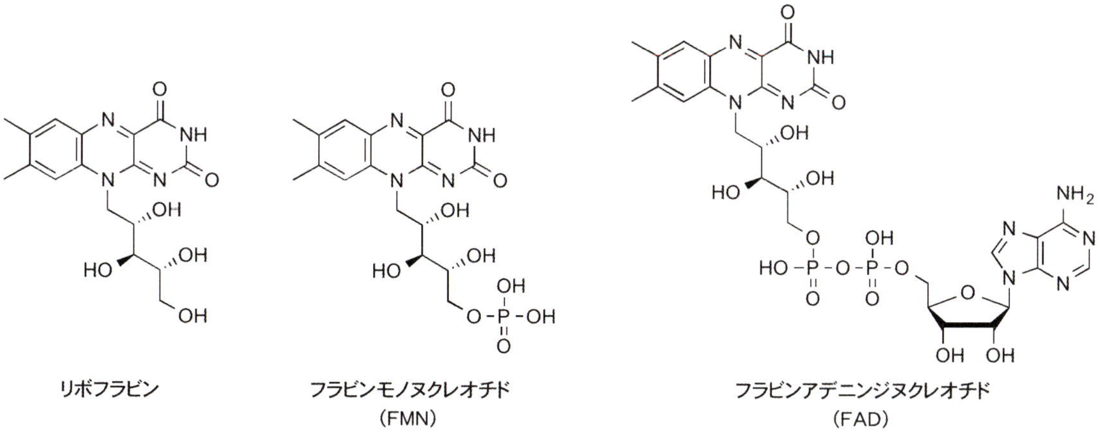

リボフラビン　　フラビンモノヌクレオチド　　フラビンアデニンジヌクレオチド
（FMN）　　　　　　　　（FAD）

図8・2　ビタミンB$_2$の構造

FMN や FAD は酸化還元を担うことになるので、自身が酸化還元を受けることになる。**図8・3**の左側が FMN, FAD の酸化還元に関与する部分構造で、右側が還元型の FMNH$_2$, FADH$_2$であり、この反応はラジカル中間体を経て行われる。

ナイアシン niacin

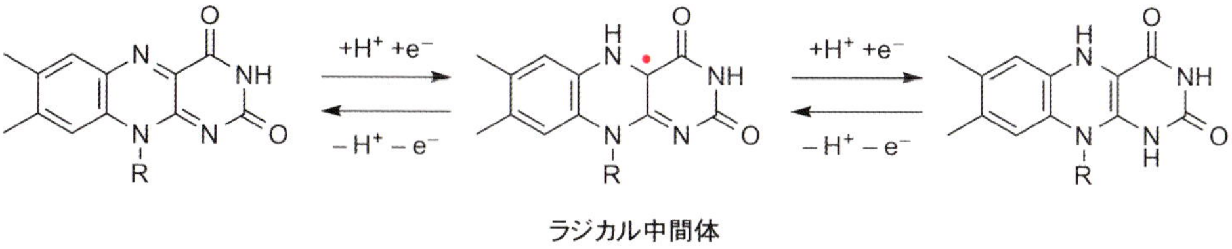

ラジカル中間体

図8・3　FMN もしくは FAD の酸化還元

ビタミン B$_3$（ナイアシン）は、比較的単純な構造をしており、多くの酸化還元酵素の補酵素である、**ニコチンアミドアデニンジヌクレオチド**（**NAD$^+$, NADH**）を構成する（**図8・4**）。また、アデニンの 2′ 位ヒドロキシ基がリン酸化された**ニコチンアミドアデニンジヌクレオチドリン酸**（**NADP$^+$, NADPH**）も、同様に生体内の酸化還元反応に寄与している。特に、NADH（もしくは NADPH）の C−H 結合している水素原子（図8・4赤枠）が、あたかもヒドリドのように振る舞うことは興味深い[*3]。

ビタミン B$_5$（**図8・5**）は食品中に広く含まれている。別名を**パントテン酸**と呼び、ギリシャ語の"どこにでもある"という意の *pantothen* が由来となっている。逆になぜ広く存在するのかといえば、あらゆる生物がこの

ニコチンアミドアデニンジヌクレオチド
nicotinamide adenine dinucleotide

ニコチンアミドアデニンジヌクレオチドリン酸
nicotinamide adenine dinucleotide phosphate

[*3] 水素の陽イオン（H$^+$）を水素イオン（proton）と呼ぶのに対し、陰イオン（H$^-$）はヒドリドイオン（hydride）と呼ばれる。ヒドリドイオンは還元剤として振る舞う。

パントテン酸
pantothenic acid

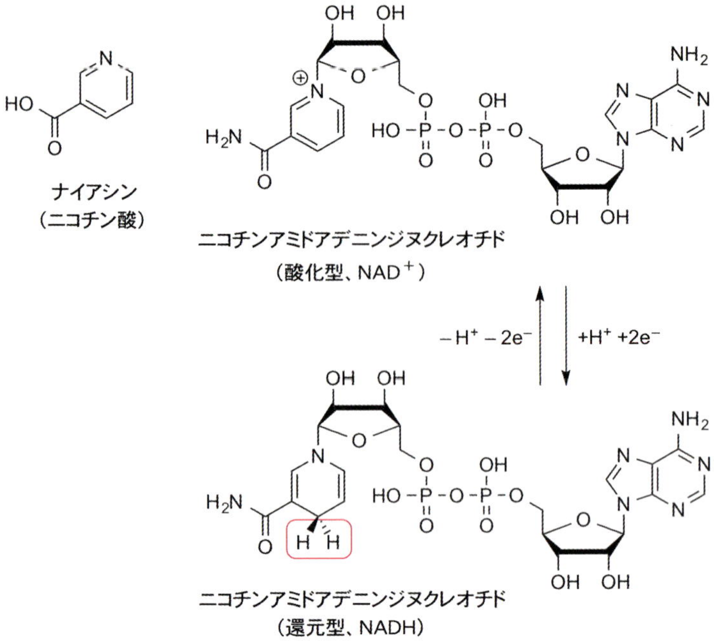

88　第 8 章　微量必須成分：ビタミン・ホルモン

ナイアシン
（ニコチン酸）

ニコチンアミドアデニンジヌクレオチド
（酸化型、NAD$^+$）

$-H^+ - 2e^-$　　$+H^+ +2e^-$

ニコチンアミドアデニンジヌクレオチド
（還元型、NADH）

図 8・4　ビタミン B$_3$，NAD$^+$，NADH の構造

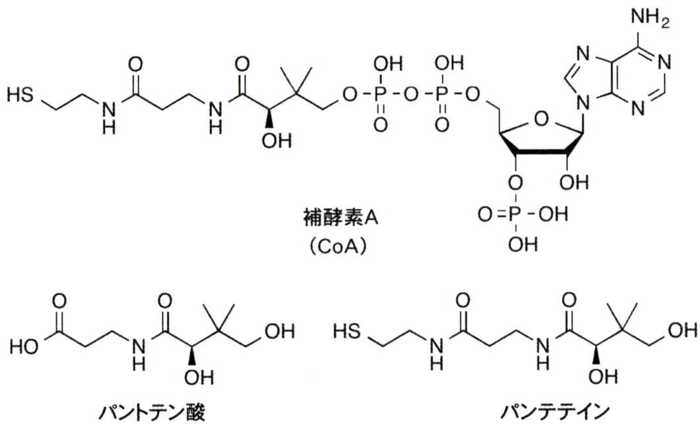

補酵素 A
（CoA）

パントテン酸　　　　　　　　　　　パンテテイン

図 8・5　ビタミン B$_5$ 関連物質の構造

補酵素 A　coenzyme A（CoA）

＊4　チオエステルはエステル
の酸素原子が硫黄原子に置き換
わった構造をした化合物であ
る。

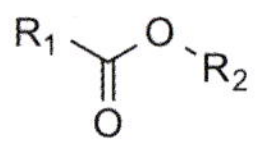

エステル

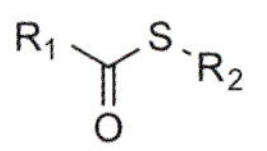

チオエステル

ピリドキサール　pyridoxal
ピリドキサールリン酸
pyridoxal phosphate

物質を必要とするからであり、パントテン酸から導かれる**補酵素 A**（CoA）
は、そのチオール基がアシル化された化合物へと誘導され、アシル基を転
移する反応（6・2・2 項参照）に欠かせない。たとえば、アセチル基が結合
したアセチル CoA は解糖系（9・4 節参照）で用いられるし、TCA 回路（9・
6 節参照）でもコハク酸とのチオエステル＊4 であるスクシニル CoA が中
間体として存在する。その他にも、二次代謝産物の生合成など様々な生体
内分子の合成に用いられている。

　ビタミン B$_6$ は三種の化合物からなり（**図 8・6**）、そのうち主に生体内で
重要なのは**ピリドキサール**である。**ピリドキサールリン酸**（**PLP**）は、ア

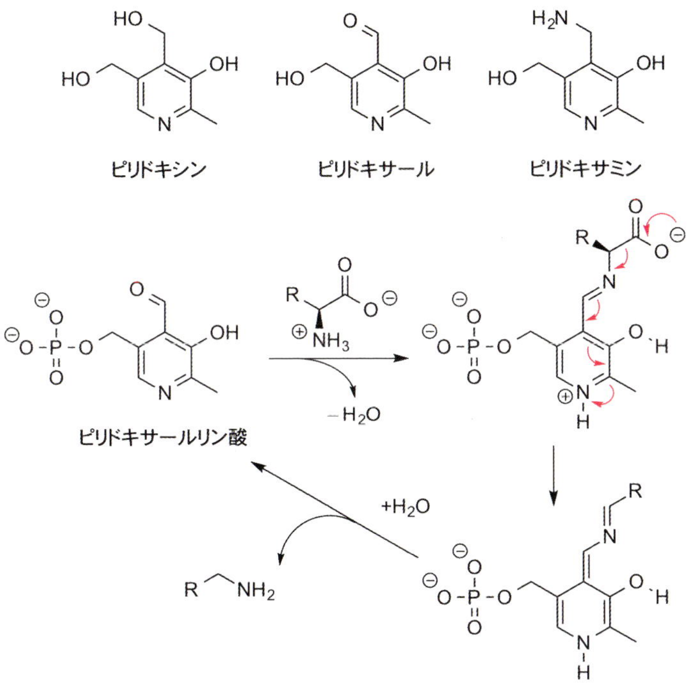

図 8・6　ビタミンB_6関連物質の構造とアミノ酸の脱炭酸反応

ミノ酸の合成と分解において重要なアミノ基転移酵素の補因子である。その他にも、アミノ酸の脱炭酸やラセミ化に関与する。これらの反応は、すべてアミノ酸のアミノ基と PLP のアルデヒド基との間でシッフ塩基（4・1・4項参照）が生じた後に起こる。また、グリコーゲンの分解においては、グリコーゲンホスホリラーゼとシッフ塩基を形成した後、PLP のリン酸エステル部分が役立てられる。

　ビタミンB_9 は**葉酸**とも呼ばれ（**図 8・7 上**）、その還元体であるテトラヒドロ葉酸、およびその誘導体がアミノ酸の代謝や DNA の合成の際の補酵素として働く。**ビタミンB_{12}（シアノコバラミン；図 8・7 左下**）は唯一重金属原子を有するビタミンであるが、そのコバルト原子上の置換基がヒドロキシ基、メチル基などに変換されると、その機能が変化する。たとえばメチルコバラミンは、メチオニン合成酵素である 5-メチルテトラヒドロ葉酸-ホモシステインメチルトランスフェラーゼに利用され、ホモシステインをメチオニンに変換するメチル基転移酵素である。**ビタミン C（アスコルビン酸**；**図 8・7 右下**）は、水溶性ビタミンの中で唯一窒素原子をもたない。酸と名がついているのにカルボキシ基などが存在しないが、5 員環に結合したヒドロキシ基の水素が酸性度に寄与し、そのpK_a は約 4.2 にもなる[*5]。

葉酸 folate

シアノコバラミン cyanocobalamin

アスコルビン酸 ascorbic acid

*5　酸の強さを表すpK_aについては 4・1・2 項を参照のこと。pK_a が小さいほど酸性度は高いことを表している。

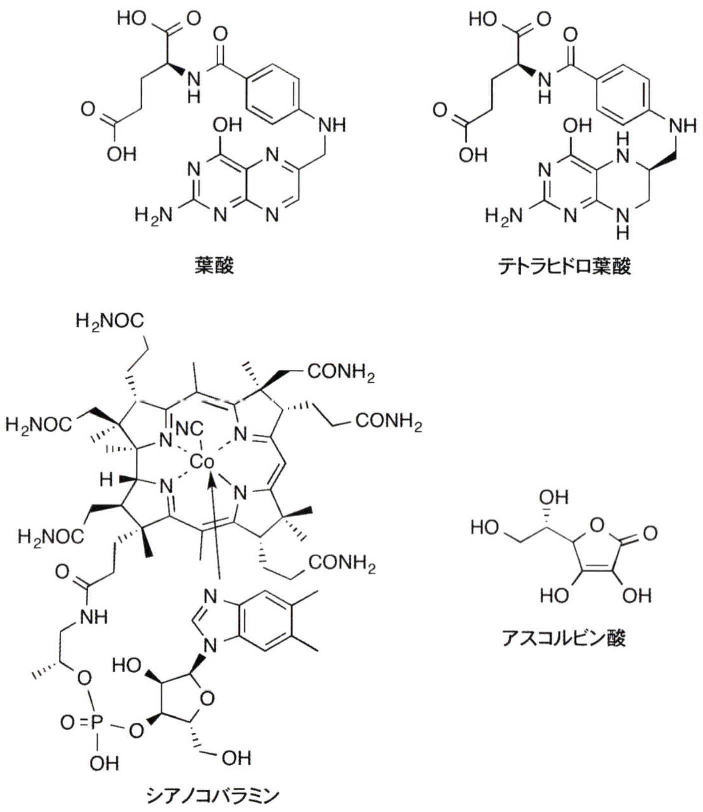

90 　第 8 章　微量必須成分：ビタミン・ホルモン

葉酸　　　　　　　　テトラヒドロ葉酸

シアノコバラミン　　　アスコルビン酸

図 8・7　その他の水溶性ビタミンの構造

8・1・3　脂溶性ビタミン

脂溶性ビタミン
fat-soluble vitamin

　表 8・2 に示す**脂溶性ビタミン**は、いずれも疎水性の炭素骨格と置換基を有している。

表 8・2　脂溶性ビタミン

名称	慣用名
ビタミン A	レチノール、レチナールなど
ビタミン D	エルゴカルシフェロール、コレカルシフェロール
ビタミン E	トコフェロール、トコトリエノール
ビタミン K	フィロキノン、メナキノンなど

レチノール retinol
レチナール retinal
レチノイン酸 retinoic acid
β-カロテン β-carotene

*6　そのものではビタミンとしての役割を果たさない、もしくは弱い作用しかもたないが、摂取した後に体内で変化してビタミンになる物質のことをプロビタミン（もしくはプレビタミン）と呼ぶ。

ロドプシン rhodopsin

エルゴカルシフェロール
ergocalciferol

　ビタミン A には、主に官能基の酸化段階が異なる**レチノール、レチナール、レチノイン酸**がある。また、それらの 3 位に二重結合があるものは**ビタミン A$_2$** と呼ばれる。これらは食品中の**β-カロテン**などのプロビタミン A からつくられる（**図 8・8**）*6。ビタミン A に限らず脂溶性ビタミンの役割の理解は進んでいないが、ビタミン A は網膜の視細胞において視神経に信号を伝える**ロドプシン**の発色団としての役割が重要である。

　ビタミン D には、主に植物で用いられるビタミン D$_2$（**エルゴカルシフェ**

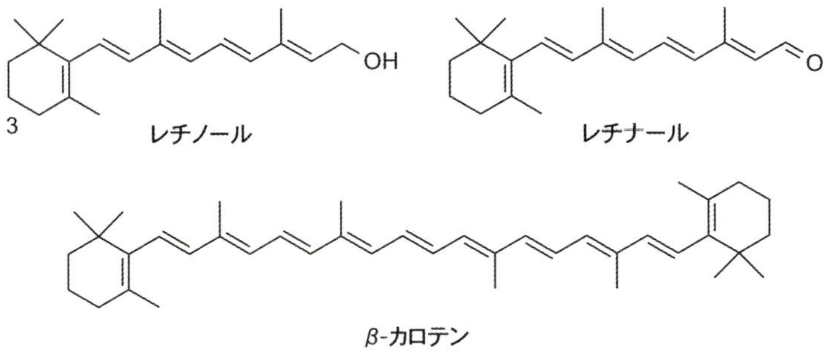

8・1 ビタミン 91

レチノール　　レチナール

β-カロテン

図8・8　ビタミンA関連化合物の構造

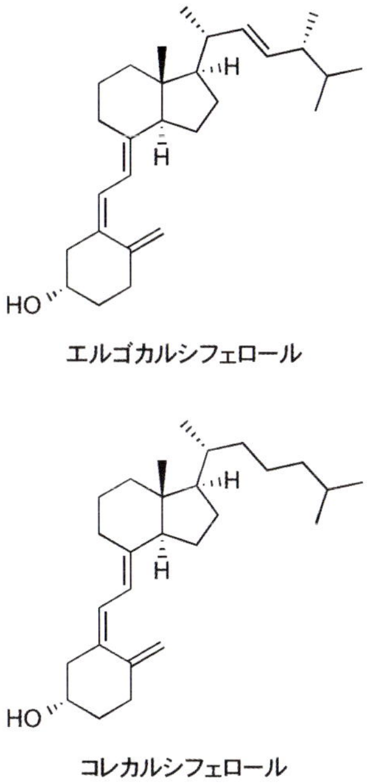

エルゴカルシフェロール

コレカルシフェロール

図8・9　ビタミンDの構造

コレカルシフェロール
cholecalciferol

ロール）と、主に動物が用いるビタミンD_3（**コレカルシフェロール**）がある（図8・9）。血中のカルシウムやリン酸の濃度調節や、免疫機能への関与が明らかとされており、様々な機能を果たすことから、ビタミンAとともにホルモンと認識せざるを得ない場合もある。

ヒトはビタミンD_3を**コレステロール**から生合成することができる。まずコレステロールをプロビタミンD_3（7-デヒドロコレステロール）へと代謝した後、皮膚などで紫外線（UV）を受けると電子環状反応[*7]によりステロイド骨格が開環し、プレビタミンD_3（(6Z)-タカルシオール）となる。プレビタミンD_3は、自発的に二重結合が異性化することで、ビタミンD_3（コレカルシフェロール）へと変換される（図8・10）。よってコレステロールの7位を脱水素した後は、非酵素的な反応でビタミンD_3が得られることになる。

ビタミンE（**α-トコフェロール**など）と**ビタミンK**（**メナキノン**など）

*7 共役するπ電子系が、反応中間体を経ることなく一段階で結合の切断もしくは形成を伴って開環または閉環する反応を電子環状反応と呼ぶ。

α-トコフェロール
α-tocopherol

メナキノン menaquinone

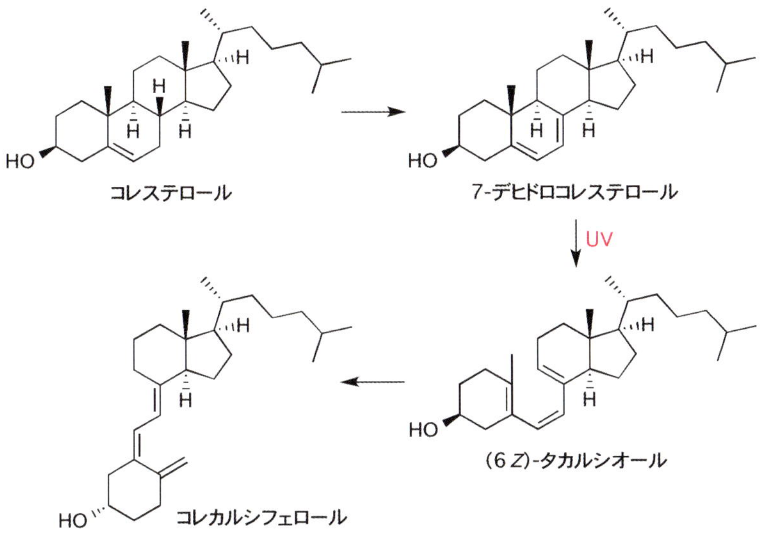

コレステロール　→　7-デヒドロコレステロール

↓UV

コレカルシフェロール　←　(6Z)-タカルシオール

図8・10　ビタミンD_3の生合成

92 　第8章　微量必須成分：ビタミン・ホルモン

は、その構造に関連性がある（**図8・11**）。両者はともにイソプレン単位の側鎖と、母核にキノンもしくはその誘導体の構造をもっている。機能としても、キノン–ヒドロキノン構造の酸化還元を伴う変換により、生体内分子の酸化還元や、電子伝達に用いられている[*8]。

*8 　キノン類は還元を受けるとヒドロキノンになり、ヒドロキノン類は酸化を受けるとキノンになることから、互いに酸化還元を伴う構造変換が可能である。

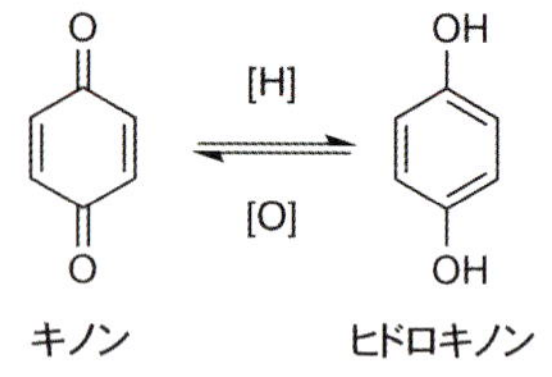

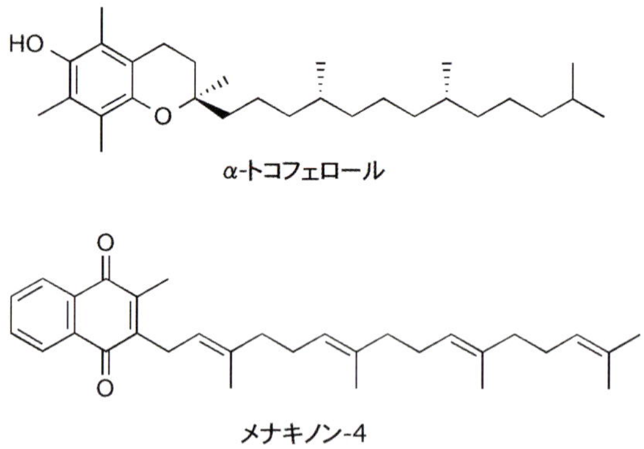

キノン　　　ヒドロキノン

図8・11　ビタミンEおよびビタミンKの構造

8・2　ホルモン

8・2・1　ホルモンの基礎

何十兆個という途方もない数の単位の細胞がまとまって存在する生命体は、その細胞がそれぞれある一定のバランスを取りながら存在している。よって、細胞間を結びつけるシステムが働いていることは容易に想像できるであろう。ある細胞から他の細胞へ何らかのメッセージを伝達する手法はいくつか考えられ、たとえば動物では、化学物質を基盤とする内分泌系と、電気信号による神経系が存在している。この信号を伝達する化学物質、いわばメッセンジャーは、ある細胞で産生され、内分泌系を用いて標的の細胞へ移動した後、受容体と結合することによりその機能を果たす。このような働きをする生体内分子を**ホルモン**と呼ぶ。よって、厳密な意味では内分泌系をもっている動物のみがホルモンを用いているということになるが、内分泌系をもたない植物でも同様のメッセージ物質が存在し、これらも一般にホルモンと呼ばれているため、本章では植物ホルモンについても学ぶことにする。

ホルモン　hormone

8・2・2　動物のホルモン

ビタミンとは異なり、ホルモンには物性による分類などが存在しない。よって、主に分泌される器官によって分類されたり、化学的には化合物の構造的特徴で分類されたりする。たとえば、化学的には大きく三種類に分けることが可能であり、それらはステロイド（3・4・1項参照）、ポリペプ

チド、およびアミノ酸誘導体（5・2節参照）である。

　ステロイドホルモンは、性に関連する代表的な動物ホルモンである。性はヒトにとって非常に重要であり、男性と女性では明らかに機能が異なっていることから、それぞれ制御すべき生体内の機能も異なる。男性ホルモン（**アンドロゲン**）と呼ばれる**アンドロステロン**と**テストステロン**は、筋肉の成長などに関与する。一方、女性ホルモン（**エストロゲン**）と呼ばれる**エストロン**と**エストラジオール**や、**黄体ホルモン**として知られる**プロゲステロン**は、生理周期の調節などに用いられる（**図8・12**）。

アンドロゲン androgen
アンドロステロン androsterone
テストステロン testosterone
エストロゲン estrogen, oestrogen
エストロン estrone
エストラジオール estradiol
プロゲステロン progesterone

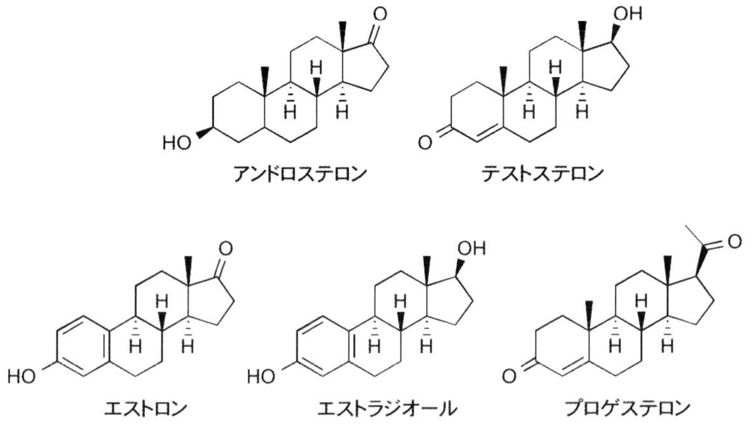

図8・12　ステロイドホルモン

　ポリペプチドからなるホルモンは、アミノ酸わずか3残基のものから数百のものまで、また環構造の有無など、複雑さは多岐にわたる。**オキシトシン**（図5・9；p.53）は、脳下垂体後葉から分泌されるアミノ酸9残基からなるホルモンで、ストレスを緩和し、幸福感をもたらしたり、平滑筋を収縮させるなどして分娩時に子宮収縮を引き起こすなど、多様な機能を調節している。

オキシトシン oxytocin

　タンパク質は、生体内で常につくられたり分解されたりしている。タンパク質が分解された結果、ある種のペプチド断片が生成し、生体内で機能を果たすものがある。乳の中には**カゼイン**と呼ばれるタンパク質が大量に含まれているが、カゼインが分解された結果、Ile-Pro-Pro や Val-Pro-Pro といった特徴的なトリペプチドが生じる。このトリペプチドは血圧を正常に保つのに役立っているという研究もあるが、生体内における短いペプチド断片の機能はあまり明らかになっていない。一方、血圧の上昇作用を示すペプチドホルモンの**アンギオテンシン**は、6〜10アミノ酸残基からなり、肝臓などから分泌される453アミノ酸残基からなるアンギオテンシノーゲンの分解によってつくりだされる。

カゼイン casein

アンギオテンシン angiotensin

　動物の脳は高度に発達しており、最も重要な器官であるといえる。その

器官を保護するため、内分泌系で運ばれる化合物についても、血液脳関門などを用いて厳密に制限している。よって、脳内で生産され、働くホルモンが存在する。L-チロシンからは**アドレナリン**と**ノルアドレナリン**が生産され、それらは血管の拡張や瞳孔の拡大など興奮状態を引き起こす。**ドーパミン**は脳神経伝達物質であり、**チロキシン**は甲状腺で生産されるホルモンで、基礎代謝の上昇、タンパク質合成や骨代謝の制御に関係している（**図 8・13**）。

アドレナリン adrenaline
ノルアドレナリン noradrenaline
ドーパミン dopamine
チロキシン thyroxine

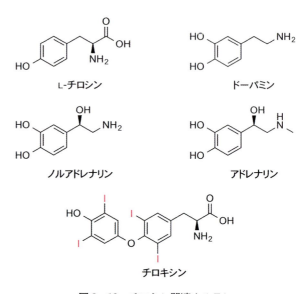

図 8・13　チロシン関連ホルモン

8・2・3　植物ホルモン

植物ホルモンは、植物体内で作用する際、同一の化合物でも場所によって機能が著しく異なるなど、名称はホルモンとされているものの、動物のホルモンとはかなり異なっている。

植物ホルモンには特に分類が存在しないが、**図 8・14** に示した植物ホルモンは主な機能として、植物の体や果実の成長の調節に関わっている。**エチレン**と**オーキシン**は、それぞれアミノ酸のメチオニン、トリプトファンから生合成され、**ジベレリン**、**アブシシン酸**、**ブラシノステロイド**、**ストリゴラクトン**は、テルペノイドの生合成によるという共通性がある（ただしストリゴラクトンはカロテノイドから）。ジベレリンはジテルペン[*9]、アブシジン酸はセスキテルペンであり、ブラシノステロイドはステロイドの骨格を有する。**サイトカイニン**の生合成は現在でも明確にされていない。

もう一つの植物ホルモンである**ジャスモン酸**は、植物の防御機構に重要な役割を果たす。その生合成は脂質に由来し、α-リノレン酸の過酸化から始まり、減炭（10・2 節参照）を受けて 7-*iso*-ジャスモン酸となった後、カ

エチレン ethylene
オーキシン auxin
ジベレリン gibberellin
アブシシン酸 abscisic acid
ブラシノステロイド brassinosteroid
ストリゴラクトン strigolactone

*9　テルペンについては 11・3・1 項を参照されたい。

サイトカイニン cytokinin
ジャスモン酸 jasmonic acid

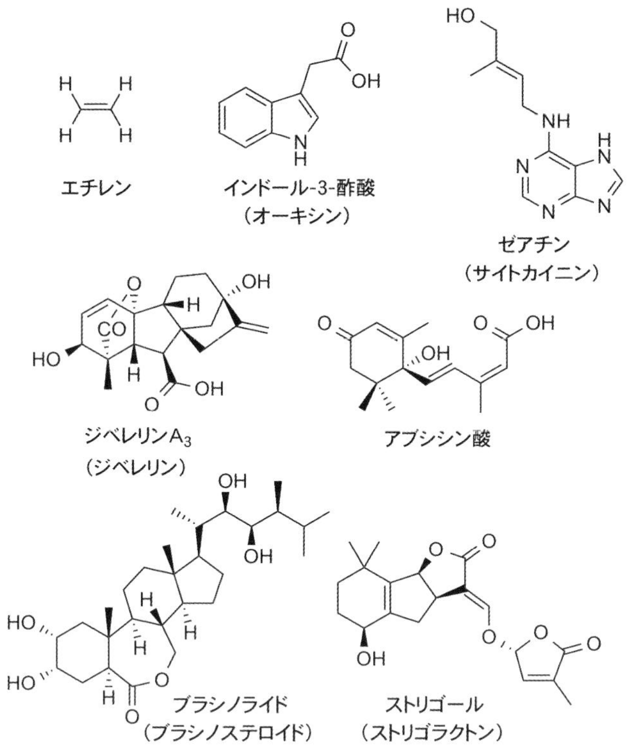

8・2 ホルモン | 95

エチレン

インドール-3-酢酸
（オーキシン）

ゼアチン
（サイトカイニン）

ジベレリンA₃
（ジベレリン）

アブシシン酸

ブラシノライド
（ブラシノステロイド）

ストリゴール
（ストリゴラクトン）

図 8・14　植物ホルモン

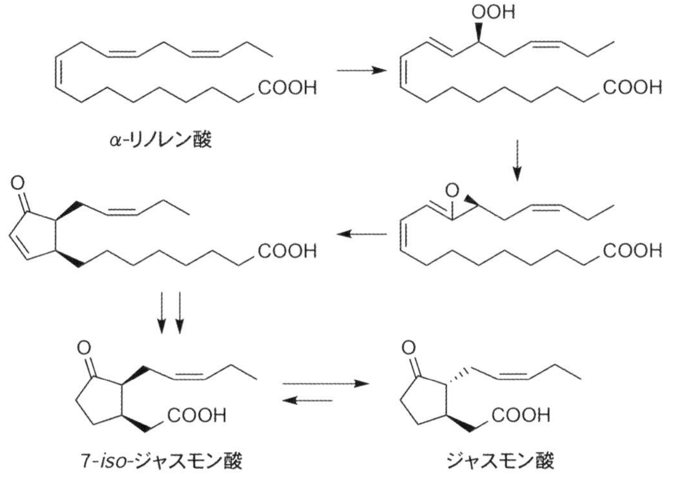

α-リノレン酸

7-iso-ジャスモン酸

ジャスモン酸

図 8・15　ジャスモン酸の生合成

ルボニル基の α 位が異性化してジャスモン酸となる（**図 8・15**）。

第8章　微量必須成分：ビタミン・ホルモン

演習問題

8・1 水溶性ビタミンと脂溶性ビタミンの構造的特徴の差異について述べよ。

8・2 ビタミン A_2 の構造を描け。

8・3 リボフラビンはグアノシン三リン酸から生合成される。グアノシン三リン酸の構造を描き、どの原子がリボフラビンに含まれるかを図示せよ。

8・4 アラニンラセマーゼのようなアミノ酸をラセミ化させる酵素は、ピリドキサールリン酸を補酵素として用いている。図8・6を参考にして、アラニンラセマーゼが L-アラニンを D-アラニンに変換する反応機構を考案せよ。

8・5 (6Z)-タカルシオールからコレカルシフェロールが生成する反応の機構を書け。

8・6 サイトカイニンの生合成は必ずしも明確になっていないが、可能性として考えられる生体内分子を推測せよ。

COLUMN　ビタミンの歴史

　科学的にその原因が明らかになる以前より、いくつかの病態が、ある食物を摂取すると劇的に改善することが経験的に知られていた。主に長い航海などの間に発症する壊血病は、脱力や出血性の症状が多発する疾病であったが、ライムのような柑橘類や、ザワークラウトに代表される漬け物を食事に取り入れることで発症を抑えることができる。これは、つきつめれば、それらの食品に含まれているある成分（現在ではビタミンCとして知られる物質）が、コラーゲンに必要なヒドロキシプロリンを合成する、プロコラーゲン-プロリンジオキシゲナーゼの補因子であることに起因している。

　また、1910年に鈴木梅太郎は、ニワトリとハトを白米で飼育すると脚気様の症状が出るのに対し、糠や玄米は脚気を予防し、さらに治療にも有効であるということを明らかにした。1911年には、糠に含まれる脚気に対する有効成分が、ヒトをはじめとする動物の生存に不可欠な未知の栄養素であることを示している。これは、その後ビタミンという概念として定着することになるものを明確に示していた。

　これらの有効成分は、食品中に微量にしか含まれていないこと、他の不純物との分離が比較的むずかしいことも相まって、なかなか研究が進まなかったが、物質の正体が明らかになる前にすでに粗精製の製剤が市販されていた。現代でも、バランスの取れた食事が健康の維持には欠かせないといわれているが、それは生物有機化学的観点からも正しいのである。

第9章 光合成と糖代謝

　代謝とは、生物が生命維持のために、外界から取り入れた化合物を原料とした化学反応の総称である。代謝は大きく異化と同化に分類される。異化は化合物の分解によってエネルギーを獲得する過程で、細胞呼吸などがこれに当たり、解糖系やクエン酸回路が含まれる。同化はエネルギーを利用して化合物を合成する過程であり、糖質・脂質・タンパク質・核酸の合成過程などがこれに当たり、植物による光合成も含まれる。本章では糖質の代謝とこれによるエネルギー生産について学ぶ。

9・1　ATP（アデノシン三リン酸）

　生物が生命を維持したり必要な化合物をつくり出したりするにはエネルギーが必要である。エネルギー源として最も重要なのは糖質（第2章）であり、糖質が酸化的に代謝される際に生じるエネルギーを**ATP**（**アデノシン三リン酸**、7・1節参照）として蓄えている。ATP は生体内に広く分布する**ヌクレオチド**[*1]で、**ヌクレオシド**[*2]であるアデノシンに対して3分子のリン酸が結合した構造をもつ（**図9・1**）。リン酸同士の結合は**高エネルギーリン酸結合**と呼ばれる。ATP は反応性の高い分子で、他の分子にリン酸基を渡して活性化し、新たな結合形成反応を促進する。この役割は生体内の化学反応における推進力と見えるため、ATP は生体反応のエネルギー通貨として捉えられている。ATP は一般に、ATP 合成酵素によって **ADP**（**アデノシン二リン酸**）がリン酸化されることにより生成する。リン酸1分子の結合（ATP の生成）や切断（ADP の生成）は、エネルギーの貯蔵や放出を司り、様々な代謝経路において重要な役割を果たす。

代謝 metabolism
異化 catabolism
同化 anabolism

ヌクレオチド nucleotide
[*1]　ヌクレオシドにリン酸基が結合した化合物（図7・3（p.75）参照）。

ヌクレオシド nucleoside
[*2]　塩基と糖が結合した化合物（図7・3（p.75）参照）。

高エネルギーリン酸結合
high-energy phosphate bond

ADP（アデノシン二リン酸）
adenosine diphosphate

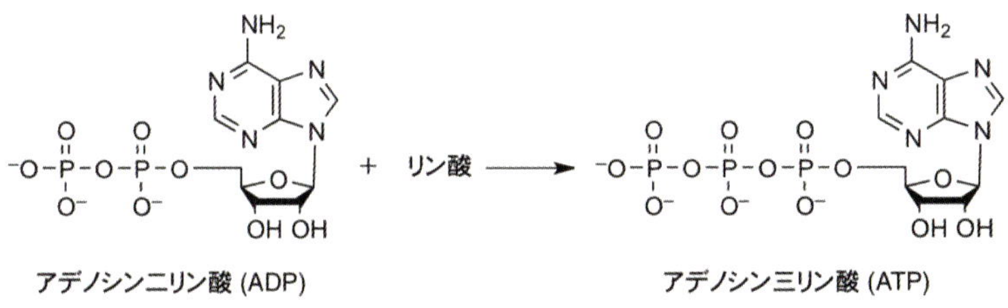

図9・1　ATP（アデノシン三リン酸）と ADP（アデノシン二リン酸）

9・2　光合成と糖類の生成

　地球上の生物が利用するエネルギーは、日光エネルギーに由来する。**光合成**は、植物や藻類、光合成細菌など、光合成色素をもつ生物が光エネルギーを化学エネルギーに変換する反応である。

光合成 photosynthesis

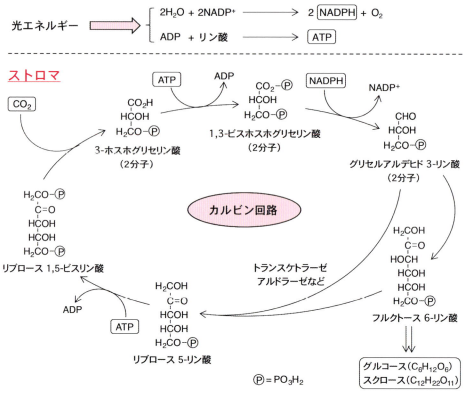

図9・2 葉緑体内で行われる光合成の概略

葉緑体 chloroplast

緑色植物の光合成は細胞内の**葉緑体**で行われ、水と二酸化炭素から糖類を合成すると同時に酸素を生成する。光合成の過程は、光エネルギーを化学エネルギーに変換する反応（かつては明反応と呼ばれた）と、カルビン回路と呼ばれる炭酸固定反応（かつては暗反応と呼ばれた）から構成される（**図9・2**）。

チラコイド thylakoid
クロロフィル chlorophyll

前者は葉緑体内の**チラコイド**という膜組織で行われ、**クロロフィル**と呼ばれる光受容分子が光を吸収することから始まる。クロロフィルは共役二重結合系を有するので、効率的な光受容体となり得る。吸収された光エネルギーを利用した酸化還元反応と電子伝達反応により、化学エネルギー分子 ATP と **NADPH**（8・1・2項参照）を生産するとともに酸素を発生させる。

ストロマ stroma
リブロース1,5-ビスリン酸 ribulose 1,5-bisphosphate
3-ホスホグリセリン酸 glycerate 3-phosphate

こうして生産された ATP と NADPH は、葉緑体の内液部分である**ストロマ**に移動後、次のカルビン回路で利用され、二酸化炭素から種々の糖類が合成される。最も重要な炭酸固定の段階は、**リブロース1,5-ビスリン酸**が二酸化炭素によりカルボキシル化され、2分子の**3-ホスホグリセリン酸**

を生じる反応によって進行する。3-ホスホグリセリン酸は、ATPによるリン酸化とNADPHによる還元反応を経てグリセルアルデヒド3-リン酸へと変換される。この三炭糖から五炭糖であるリブロース5-リン酸への変換は複雑で、トランスケトラーゼやアルドラーゼといった多段階の酵素反応[*3]によって炭素鎖の組換えが起こるが、最後にATPによるリン酸化を経て二酸化炭素を受容するリブロース1,5-ビスリン酸が再生し、回路が繰り返し回ることになる。この過程で生成するフルクトース6-リン酸からグルコースやスクロースが合成される。光合成により二酸化炭素からグルコースが合成される結果は全体として以下のような反応式で示される。

$$6CO_2 + 6H_2O + 光エネルギー \longrightarrow C_6H_{12}O_6 + 6O_2$$

*3 トランスケトラーゼはケトースからアルドースに2炭素を転移させる酵素であり、アルドラーゼはアルドール反応を触媒する酵素である。アルドール反応による炭素−炭素結合の形成や2炭素の転移による多段階反応を経て、三炭糖から五炭糖へと変換される。

9・3 糖質の代謝とエネルギー生産

糖質は主に**グリコーゲン**として肝臓や筋肉に貯蔵され、血糖値が一定に保たれるようコントロールされている。糖質の代謝によるエネルギー生産は、グリコーゲンの分解で生じるグルコースが二酸化炭素へと酸化される際のATP生産によるものなので、ここではグルコースの代謝について述べる。グルコースからエネルギーが生産される過程は主に四つの段階(解糖系、ピルビン酸からアセチルCoAの生成、TCA回路、呼吸鎖)に分けられ、全体の概略は図9・3のようになっている。

グリコーゲン glycogen

図9・3 糖質の代謝とエネルギー生産の概略

9・4 解糖系

解糖系はグルコースを分解して**ピルビン酸**に変換する過程で、細胞質で行われる(図9・4)。発見者に因みエムデン-マイヤーホフ経路と呼ぶこともある。グルコースを原料として、光合成のカルビン回路とほぼ逆向きの反応が起こることにより、三炭糖のグリセルアルデヒド3-リン酸を経由して、2分子の3-ホスホグリセリン酸が生成する。

この過程では、二度のリン酸化とアルドースからケトースへの異性化(図2・11参照;p.16)により生じるフルクトース1,6-ビスリン酸が、アル

解糖系 glycolysis
ピルビン酸 pyruvic acid

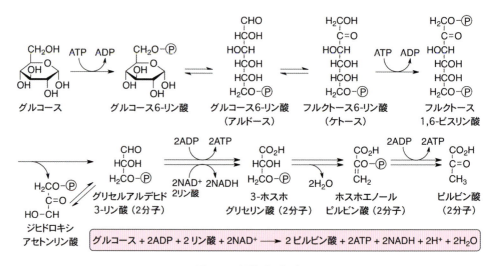

図9・4 解糖系の概略

ドラーゼの作用により逆アルドール反応を起こし[*4]、ジヒドロキシアセトンリン酸とグリセルアルデヒド3-リン酸に開裂している。両者はアルドースとケトースの関係にあるが、グリセルアルデヒド3-リン酸の消費に伴い異性化が進行するので[*5]、結果として2分子のグリセルアルデヒド3-リン酸が生成したことになる。その後、NAD^+による酸化とリン酸化を受けた後、リン酸基がADPへ転移してATPが生産される。この際に生成する3-ホスホグリセリン酸は、リン酸基の転移と脱水反応を受けてホスホエノールピルビン酸へ変換され、最後にATPの生産を伴うリン酸結合の切断によりピルビン酸が生成する。解糖系の全反応をまとめると、グルコース1分子からピルビン酸が2分子生成するとともに、2分子のATPと2分子のNADHが生産されることになる。

一方、飢餓状態に陥った場合には、解糖系とは逆向きにピルビン酸からグルコースを生産する経路も存在し、これは**糖新生**と呼ばれる。

9・5 ピルビン酸からアセチルCoAの生成

補酵素A(CoA)はアシル基の運搬に関わる補酵素である。解糖系で生じたピルビン酸は**ミトコンドリア**[*6]マトリックスに移動し、ピルビン酸デヒドロゲナーゼ複合体の触媒作用により、脱炭酸とともにNAD^+による酸化を引き起こす。その結果、アセチル基が補酵素Aのチオール基に転移した**アセチルCoA**が形成される(**図9・5**)。この酸化的脱炭酸の過程には、ビタミンB_1に由来するチアミン二リン酸が補酵素として関わっている(8・1・2項参照)。生成したアセチルCoAは次のTCA回路へと取り込まれる。

---

*4 アルドラーゼが触媒するアルドール反応は一般に可逆であり、逆反応を"逆"アルドール反応と呼ぶ。ここでは六炭糖から2分子の三炭糖が生成する(p.70側注8も参照せよ)。

*5 アルドースとケトースは平衡状態にあり互いに異性体の関係にあるが、アルドースであるグリセルアルデヒド3-リン酸が消費されれば、平衡に偏りが生じ、ケトースであるジヒドロキシアセトンリン酸への異性化が進行する。

糖新生 gluconeogenesis

補酵素 coenzyme
ミトコンドリア mitochondria

*6 真核生物に存在する細胞小器官で、外膜と内膜の2枚の脂質膜からなり、内膜には呼吸鎖複合体などが存在する。内膜に囲まれた内側をマトリックスと呼び、代謝機能に関わる多くの酵素が存在する。

アセチルCoA acetyl-CoA

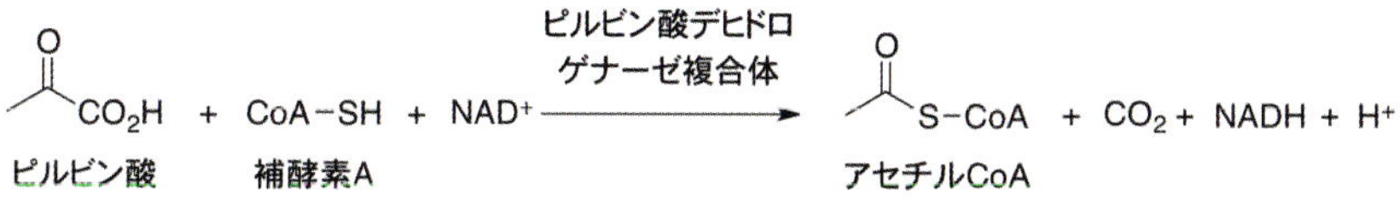

9・6 TCA 回路　101

ピルビン酸 + CoA-SH + NAD⁺ →[ピルビン酸デヒドロゲナーゼ複合体] アセチルCoA + CO_2 + NADH + H⁺

図 9・5　ピルビン酸からアセチル CoA の生成

9・6　TCA 回 路

　アセチル CoA は糖質の代謝で生産される他、後で述べるようにアミノ酸や脂肪酸の代謝によっても生産されるが、これが二酸化炭素と水に酸化分解される経路が **TCA 回路**[*7]（トリカルボン酸回路、クレブス回路とも呼ばれる）であり、主にミトコンドリアマトリックスで行われる、生物に普遍的な代謝経路である（**図 9・6**）。一見、複雑な酵素反応の連続に見えるが、脱水反応・水和反応・ケト酸の脱炭酸反応など、単純な有機化学反応の連続である。

　アセチル CoA が TCA 回路に取り込まれると、まず C4 化合物のオキサ

TCA 回路
tricarboxylic acid cycle

*7　高校の教科書ではクエン酸回路と呼ばれることが多いが、生化学の分野では TCA 回路という呼称が一般的である。ドイツの生化学者クレブス（Krebs, H.）により発見された。

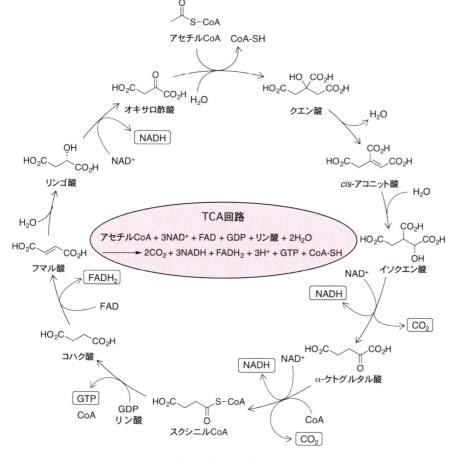

図 9・6　TCA 回路

クエン酸 citric acid

＊8 クエン酸が脱水反応を起こし二重結合を有する *cis*-アコニット酸に変換され、さらに二重結合に対する水の付加反応によりイソクエン酸が生成する。この脱水と水和は同一の酵素により触媒されるが、第三級アルコールから第二級アルコールへと変換されることにより次の酸化反応が起こるようになり、回路が回る。

***α*-ケトクルタル酸**
α-ketoglutaric acid

＊9 FAD や FMN は生体内の酸化還元に関わる補因子であり、いずれもビタミン B_2 を基本構造としている。酸化型では FAD, FMN として、還元型では 水 素 化 さ れ た $FADH_2$, $FMNH_2$ として存在する（8・1・2 項参照）。

＊10 GTP（グアノシン三リン酸）は生物体内に存在するヌクレオチドで、GDP（グアノシン二リン酸）のリン酸化により合成される。ATP 同様に高エネルギーリン酸結合を有する（第 7 章コラム「シグナル伝達」参照）。

呼吸鎖 respiratory chain

電子伝達系
electron transport chain

＊11 電子伝達系は電子供与体と電子受容体からなり、電子供与体から電気陰性度がより低い電子受容体へと電子を次々に受け渡していく。最終的にこの系内で電気陰性度が最も低い酸素に電子が渡される。

ユビキノン ubiquinone
シトクロム cytochrome

口酢酸とアルドール型の反応を起こし、C6 化合物の**クエン酸**が生成する。脱水と水和によりイソクエン酸へと異性化した後[＊8]、*β*-ケト酸へと酸化され脱炭酸を起こす。生じた***α*-ケトグルタル酸**は酸化的脱炭酸により C4 化合物のスクシニル CoA へと変換されるが、ピルビン酸からアセチル CoA が生成する段階と同様にチアミン二リン酸が関与している。この後、FAD[＊9] や NAD^+ による酸化反応を経てオキサロ酢酸が再生し、回路が繰り返し回ることになる。

TCA 回路が一度回る間に 2 炭素が脱炭酸により切断されるが、構造式をよく見ると、この 2 炭素は取り込まれたアセチル CoA に由来するのではなく、オキサロ酢酸に由来していることが分かる。つまり、取り込まれたアセチル CoA に由来する炭素が脱炭酸するのは、少なくとも TCA 回路を一度回った後である。結果的に、アセチル CoA 1 分子が 2 分子の二酸化炭素へと酸化されることになるが、これに伴って 3 分子の NADH と $FADH_2$、GTP が生産される[＊10]。1 分子のグルコースから 2 分子のアセチル CoA が生成されることを考えると、グルコース 1 分子が完全に代謝されるためには、TCA 回路が二度回る必要があることが分かる。GTP は細胞内で ADP にリン酸を渡して ATP を生じるので、TCA 回路での GTP の生成は、実質的には 1 分子の ATP の生成と等しい。NADH と $FADH_2$ は次の呼吸鎖に移り酸化されることになる。

9・7　呼　吸　鎖

呼吸鎖では、TCA 回路で生産された NADH や $FADH_2$ が酸化され、ATP が合成される（**図 9・7**）。単純に考えれば、酸化により得られるエネルギーを用いて ATP を合成する経路であるが、実際には複雑な過程を経て反応が進行する。呼吸鎖はミトコンドリア内膜のタンパク質複合体や補酵素間での電子のやり取りが起こる過程で、ミトコンドリアの**電子伝達系**[＊11] を用いて行われる。NADH や $FADH_2$ は、呼吸鎖複合体 I および II で酸化され、生じた電子は FMN などのフラビン類や**ユビキノン**などのキノン類、**シトクロム**に含まれるヘム鉄などを電子伝達体として移動し、最終的に複合体 IV で酸素に渡され水が生成する。この際、各複合体での電子移動とともに、マトリックスから内膜外側へプロトンが汲み出される（プロトンポンプという）。その結果、マトリックスと外側との間にプロトンの濃度差が生じるが、この濃度勾配は、ATP 合成酵素が ADP をリン酸化して ATP を生産することにより解消される。つまり呼吸鎖では、NADH や $FADH_2$ の酸化と電子伝達により生じた濃度勾配のエネルギーを、ATP の化学エネルギーへと変換している。

この ATP の合成は、電子伝達系での酸化反応に共役して起こる一連の

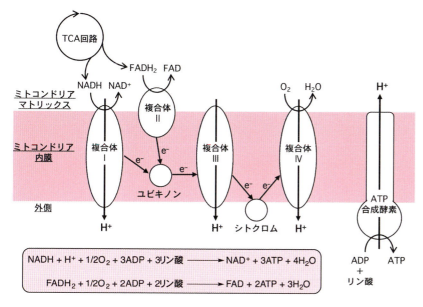

図 9・7　呼吸鎖における電子伝達と ATP の生産

リン酸化反応なので、**酸化的リン酸化**と呼ばれる。酸化的リン酸化の結果、1 分子の NADH から 3 分子の ATP が生産され、1 分子の FADH$_2$ からは 2 分子の ATP が生産される。

酸化的リン酸化
oxidative phosphorylation

9・8　グルコースの代謝による ATP の総生産量

　グルコースは、解糖系・ピルビン酸からアセチル CoA の生成・TCA 回路・呼吸鎖の四段階を経て代謝され、ATP の生産という形でエネルギーを獲得することについて上述した。これらの過程をすべて総合して考える、つまり図 9・4 から図 9・7 に示した式を足し合わせて考えると、六炭糖であるグルコースが 6 分子の二酸化炭素へと完全に酸化されているのが分かる。この酸化のエネルギーが ATP の生産に利用され、1 分子のグルコースから合計 38 個の ATP (このうち 2 個は TCA 回路での GTP の生産による) が生体反応のエネルギー源として生産されていることになる。ADP とリン酸から ATP が生成する反応により蓄積されるエネルギーは、標準状態で 30.5 kJ/mol である。一方、グルコースを完全燃焼した場合に発生するエネルギーは 2800 kJ/mol であるので、グルコース 1 分子から 38 個の ATP が生産されることを考えると、蓄積のエネルギー効率がいかに高いかが分かる (残りは熱エネルギーとして体内に放出される)。

9・9 ペントースリン酸経路

ペントースリン酸経路
pentose phosphate pathway

グルコースの代謝経路としては、上述の ATP 獲得を目的としたものとは別に、**ペントースリン酸経路**も知られる。グルコースは解糖系の最初の段階でリン酸化されグルコース 6-リン酸へと変換されるが、これから核酸の合成に必要なリボース 5-リン酸を合成する経路であり、脂質の合成に必要な NADPH の生産も目的の一つとしている（図 9・8）。

まず、グルコース 6-リン酸が酸化され 6-ホスホグルコノラクトンに変換される際に NADPH が 1 分子生成する。これが加水分解後、酸化と脱炭酸を起こしてリブロース 5-リン酸に変換される際に、もう 1 分子の NADPH が生成する。最後に異性化酵素によりリボース 5-リン酸が合成され、核酸合成などに利用される（第 7 章参照）。核酸合成が必要ない場合には、多段階の糖変換を経てグリセルアルデヒド 3-リン酸へと変換され、解糖系に取り込まれる。生産された 2 分子の NADPH は脂質合成などで補酵素として利用される。

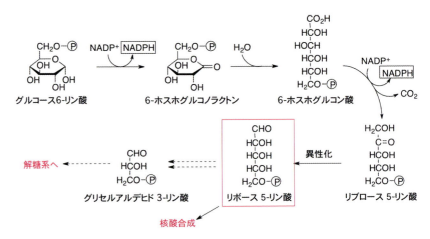

図 9・8　ペントースリン酸経路によるリボース 5-リン酸の生成

演習問題

9・1 解糖系におけるフルクトース 1,6-ビスリン酸から 2 分子のグリセルアルデヒド 3-リン酸ができる過程を有機化学的に考え、電子の動きを矢印で示して反応機構を説明せよ。

9・2 TCA 回路において α-ケトグルタル酸がスクシニル CoA へと変換される機構を、ピルビン酸からアセチル CoA が生成する機構を参考に考えよ。

9・3 グルコース 1 分子からの ATP の生産量が 38 個であることを確認せよ。

9・4 グルコースの完全燃焼における燃焼熱に対して、ATP 合成におけるエネルギー効率は何パーセントか。グルコースの燃焼熱を 2870 kJ/mol、ATP が ADP に加水分解される際に放出されるエネルギーを 30.5 kJ/mol として計算せよ。

COLUMN　光合成の発見

　1771年、プリーストリー（Priestley, J.：イギリス人）は、密閉したガラス容器内で蝋燭を燃やし「よごれた空気」をつくり、その中にネズミだけを入れると死んでしまうのに対し、一緒に植物（ハッカ）を入れておくとネズミは生き続けられることを見出した。そしてこのことから、植物には「よごれた空気を浄化する作用」があると考えた。その後、インヘンフース（Ingenhousz, J.：オランダ人）は、この「空気の浄化」は比較的短時間で起こり、植物に日光が当たることが必要であることを見出した。さらに、セネビエやソシュール（Sénebier, J., Saussure, N-T.：ともにスイス人）により、植物の成長には二酸化炭素と水が必要であること、マイヤー（Mayer, J.：ドイツ人）により、光合成は光エネルギーの化学エネルギーへの変換であることなどが発見され、光合成の全貌が徐々に明らかとなっていった。

COLUMN　光合成における二酸化炭素の固定

　カルビン回路における炭酸固定反応を有機化学的に考えてみる。この段階はリブロース1,5-ビスリン酸カルボキシラーゼ（一般にRubisCOと略記される）により制御されている。まずリブロース1,5-ビスリン酸がケト-エノール平衡によりエンジオール型（二重結合の両端にヒドロキシ基が結合した形）の中間体になり、2位の炭素が二酸化炭素に対して求核攻撃する。最後に加水分解により2分子の3-ホスホグリセリン酸となるが、2分子のうち1分子だけが二酸化炭素由来のカルボキシ基を有することになる。

リブロース1,5-ビスリン酸　　　　　　　　　　　　　　　　　　　　　　　3-ホスホグリセリン酸（2分子）

第10章　一次代謝と生合成

　前章で学んだ糖に加え、脂肪酸・アミノ酸など基本的な化合物に関わる代謝を一次代謝という。脂肪酸は糖脂質やリン脂質の構成成分として重要であるが、エネルギー源としても利用される。脂肪酸は通常トリアシルグリセロールとして蓄えられるが、必要に応じて加水分解され、β酸化を経てアセチルCoAへと分解される際にATPを生産する。脂肪酸の合成は、アセチルCoAからβ酸化と逆の過程を経て行われる。一方、アミノ酸は通常貯蔵されず、タンパク質合成などで余ったものは脱アミノ化反応を経て分解される。本章では、脂肪酸やアミノ酸の合成と代謝について学ぶ。

10・1　一次代謝と二次代謝

生合成 biosynthesis

一次代謝 primary metabolism

二次代謝 secondary metabolism

　一般に生体がその構成成分である生体分子を合成することを**生合成**というが、生命や種族の維持に関わり多くの生物に共通する基本的な化合物（一次代謝産物）を生成する過程を**一次代謝**、一次代謝による生成物を利用して、種に特有の化合物をはじめ様々な副生産物（二次代謝産物）を与える過程を**二次代謝**という。たとえば、糖・アミノ酸・脂肪酸・核酸などは一次代謝産物であり、ホルモンや抗生物質などは二次代謝産物に分類される。

10・2　脂質の代謝

ジヒドロキシアセトンリン酸
dihydroxyacetone phosphate

β酸化　β oxidation

　小腸で吸収された脂肪（以下、第3章参照）は、リパーゼにより**脂肪酸**と**グリセロール**に加水分解され、糖脂質やリン脂質などの合成に使われる他、エネルギー源として用いられる。脂肪の加水分解で生成したグリセロールは、リン酸化の後に酸化され**ジヒドロキシアセトンリン酸**に変換される（図10・1）。ジヒドロキシアセトンリン酸は解糖系の中間体（グリセルアルデヒド3-リン酸の異性体）であるので、ピルビン酸を経由して酸化的に代謝されるか、糖新生に利用される。

　一方脂肪酸は、**β酸化**と呼ばれる過程を経てアセチルCoAへと代謝される（図10・2）。脂肪酸はまず細胞質で、ATPのαリン酸と結合してアシ

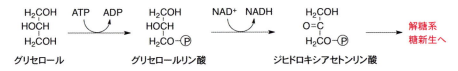

図10・1　グリセロールの代謝の概略

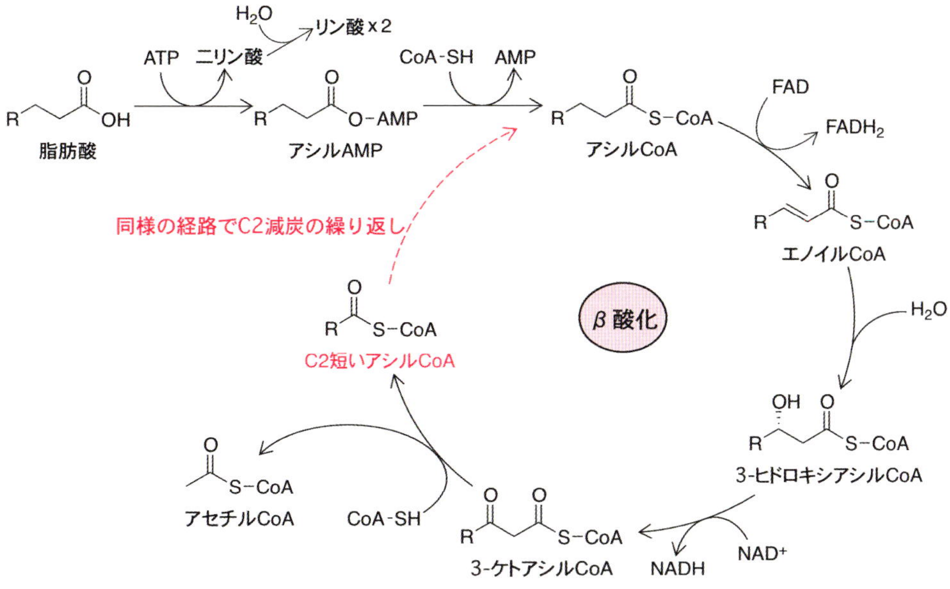

10・2 脂質の代謝 107

図中：

H₂O → リン酸 × 2
ATP 二リン酸 / CoA-SH AMP / FAD FADH₂

脂肪酸 → アシルAMP → アシルCoA → エノイルCoA

同様の経路でC2減炭の繰り返し

β酸化

C2短いアシルCoA

アセチルCoA ← CoA-SH ← 3-ケトアシルCoA ← NADH NAD⁺ ← 3-ヒドロキシアシルCoA

H₂O

図 10・2　脂肪酸の β 酸化

ル AMP を形成し、遊離した二リン酸はリン酸 2 分子に加水分解される。アシル AMP は混合酸無水物に相当し反応性が高いので[*1]、補酵素 A のチオール基の求核攻撃を受け、AMP の脱離を伴ってアシル CoA へと変換される。このアシル CoA は特別な輸送機構によりミトコンドリアマトリックスに運搬され、FAD による脱水素反応、二重結合への水和反応、NAD⁺ による酸化反応を経て 3-ケトアシル CoA へと変換される。次に、補酵素 A と反応することにより炭素−炭素結合が切断され、アセチル CoA が生成するとともに 2 炭素減炭したアシル CoA が生成する。

　この経路ではもともとの脂肪酸の β 位[*2]の炭素が酸化され切断されるので、β 酸化と呼ばれる。一度の β 酸化で 2 炭素短くなったアシル CoA が生成するが、再び β 酸化の過程を経て 2 炭素ずつ切断され、すべてがアセチル CoA に変換されるまで酸化が繰り返される。不飽和脂肪酸の場合には、異性化酵素による二重結合の移動などが必要となるが、飽和脂肪酸とほぼ同様の過程を経て β 酸化が進行する。生成したアセチル CoA は TCA 回路や呼吸鎖で酸化され、1 分子当たり 12 分子の ATP を生産する。また、β 酸化の過程で生じた FADH₂ と NADH も呼吸鎖で酸化され、それぞれ 1 分子当たり 2 分子、3 分子の ATP を生産する。糖質の代謝同様、脂質の代謝によっても多くの ATP がエネルギー源として生産されていることが分かる。

　脂肪酸の炭素数は偶数個である場合がほとんどなので、上記の過程を経てすべての炭素が炭素 2 個のアセチル CoA へと変換される。一方、炭素数

*1　2 種類のオキソ酸が脱水縮合した分子を混合酸無水物と呼ぶが（7・3・2 項参照）、アシル AMP は脂肪酸とリン酸基からなる混合酸無水物といえる。一般に脂肪酸無水物ではカルボン酸部位が活性化された状態にあり、化学的にも反応性が高い。

*2　脂肪酸の構造の中で、カルボキシ基の隣の位置を α 位、その隣の位置を β 位（以降順に、γ 位、δ 位…と続く）と呼ぶ。

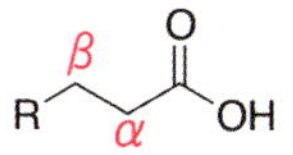

脂肪酸

108　第 10 章　一次代謝と生合成

*3　炭素数が奇数個の脂肪酸が代謝されて生成したプロピオニル CoA は、これ以上 β 酸化されず、スクシニル CoA に変換された後に TCA 回路に組み込まれる。

が奇数個の脂肪酸も希に存在するが、これらは β 酸化を繰り返し 2 炭素ずつ減炭した後、最終段階でアセチル CoA とプロピオニル CoA（炭素 3 個）を与える*3。

10・3　脂質の生成

　脂肪酸は主に肝細胞の細胞質でアセチル CoA を原料に合成される。脂質の代謝だけでなく糖質などの代謝もアセチル CoA を経由する。過剰な栄養素を摂取した場合、脂肪が蓄積してしまうのはこのためである。糖質の代謝経路ではピルビン酸からアセチル CoA が生成するが、この過程は不可逆な反応である。このため、グルコースから脂肪酸を合成することはできるが、脂肪酸からグルコースを合成することはできない。

　脂肪酸の合成は、簡単にいえば β 酸化とは逆に、アセチル CoA が順次結合し 2 炭素ずつ増炭することにより進行する。しかし、β 酸化は主にミトコンドリアで行われるのに対し、脂肪酸の合成は細胞質で行われ、β 酸化とはまったく別の複雑な過程である（図 10・3）。

　まず、アセチル CoA が ATP のエネルギーを利用した酵素反応によってカルボキシル化され、マロニル CoA が生成する。このマロニル CoA ともう 1 分子のアセチル CoA が、それぞれアシル基運搬タンパク質（ACP）と反応してマロニル ACP とアセチル ACP となった後に、両者のクライゼン型の縮合反応*4 と脱炭酸によりアセトアセチル ACP が生成する。この

*4　2 分子のエステルが塩基存在下で縮合し β-ケトエステルを生成する反応は、クライゼン（Claisen）縮合と呼ばれる重要な有機化学反応である。マロニル ACP やアセチル ACP はチオエステルに相当する分子なので、同様の縮合反応を起こして β-ケトチオエステルを与える。

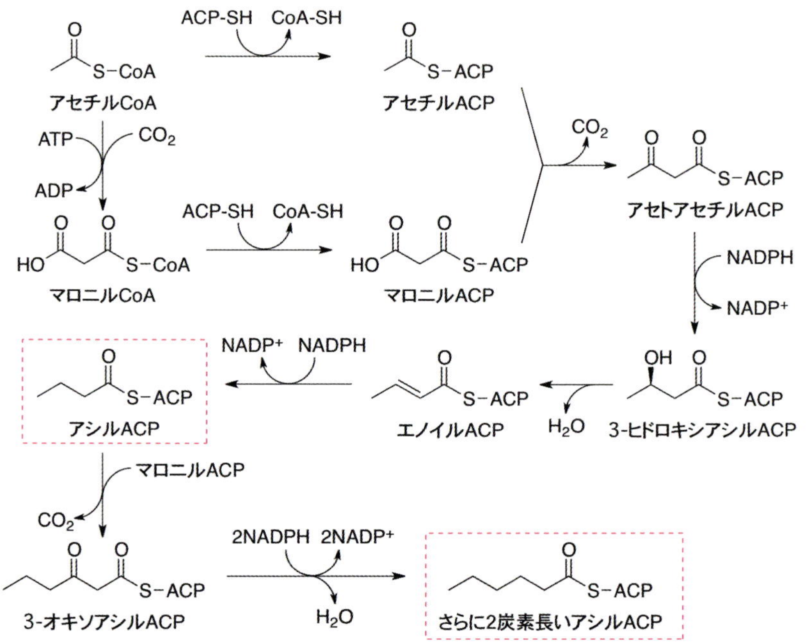

図 10・3　アセチル CoA からの脂肪酸の合成

反応により、2炭素だったアセチル CoA から4炭素のアセトアセチル
ACP へと2炭素が増炭されたことになる。

　次に、NADPH によるケトンの還元、脱水による二重結合の形成、
NADPH による二重結合の還元を経て、アシル ACP が合成される。この
アシル ACP が加水分解されれば4炭素の脂肪酸になるが、さらにマロニ
ル ACP との縮合と脱炭酸、NADPH による二度の還元と脱水という過程
を繰り返せば、さらに2炭素伸長した脂肪酸が合成される。

　この過程の繰り返しにより、様々な炭素長の脂肪酸が合成可能となるが、
天然に炭素数が偶数個の脂肪酸が多いのは、この2炭素ずつの伸長過程に
起因している。脂肪酸合成の過程で使われる2分子の NADPH は、9・9節
で述べたペントースリン酸経路で得られたものである。また、不飽和脂肪
酸は、飽和脂肪酸が合成された後に、酸化酵素による二重結合の導入によ
り合成される。こうして合成された様々な脂肪酸は、グリセロールと縮合
した脂肪として貯蔵される他、リン脂質や糖脂質などの構成成分として利
用される。

10・4　アミノ酸の生成

　アミノ酸（以下、第4, 5章参照）のうち**必須アミノ酸**は体内では合成が
できないため外部から摂取する必要があるが、**非必須アミノ酸**は体内で生
合成されている。ここでいう「非必須アミノ酸」とは、体内で合成できる栄
養学的非必須性を表すもので、生物学的には必須なアミノ酸で、生きるた
めには不可欠である。植物などは長い生合成経路を用いて各種アミノ酸を
合成しているが、高等動物では一部の必須アミノ酸を食物から摂取してい
る。ここでは非必須アミノ酸の合成について述べるが、これらは糖代謝に
おける中間体を原料としている（**図10・4**）。

　まず、TCA 回路の中間体である α-ケトグルタル酸は、アミノ基転移酵
素の作用により、他のアミノ酸とアミノ基の交換反応を行いグルタミン酸
へと変換される。α-ケトグルタル酸からグルタミン酸への変換および共役
して起こるアミノ酸から**α-ケト酸**[5]への変換（つまりアミノ基の交換反
応）はともに可逆反応であり、アミノ酸の合成や代謝において鍵となる重
要な反応である。グルタミン酸は、ATP の存在下アミドを形成してグルタ
ミンへと変換される他、ATP の存在下 NADPH により還元されグルタミ
ン酸セミアルデヒドにも変換される。グルタミン酸セミアルデヒドは、非
酵素的な5員環の形成を経て還元されプロリンを生成する他、グルタミン
からのアミノ基転移反応を経てオルニチンを生成する。これは後に述べる
尿素回路に取り込まれ、アルギニンの合成にもつながる。

　一方、ピルビン酸やオキサロ酢酸（TCA 回路の中間体）は、アミノ基転

α-ケト酸　α-keto acid
*5　α-ケトグルタル酸も α-
ケト酸の一種である。α-ケトグ
ルタル酸からグルタミン酸が合
成されれば、その過程で別のア
ミノ酸が脱アミノ化されて α-
ケト酸へと代謝される。逆にグ
ルタミン酸から α-ケトグルタ
ル酸へと変換される過程では、
別の α-ケト酸へとアミノ基が
転移し、様々なアミノ酸が合成
されることになる。これらの過
程はアミノ基転移酵素により触
媒される。

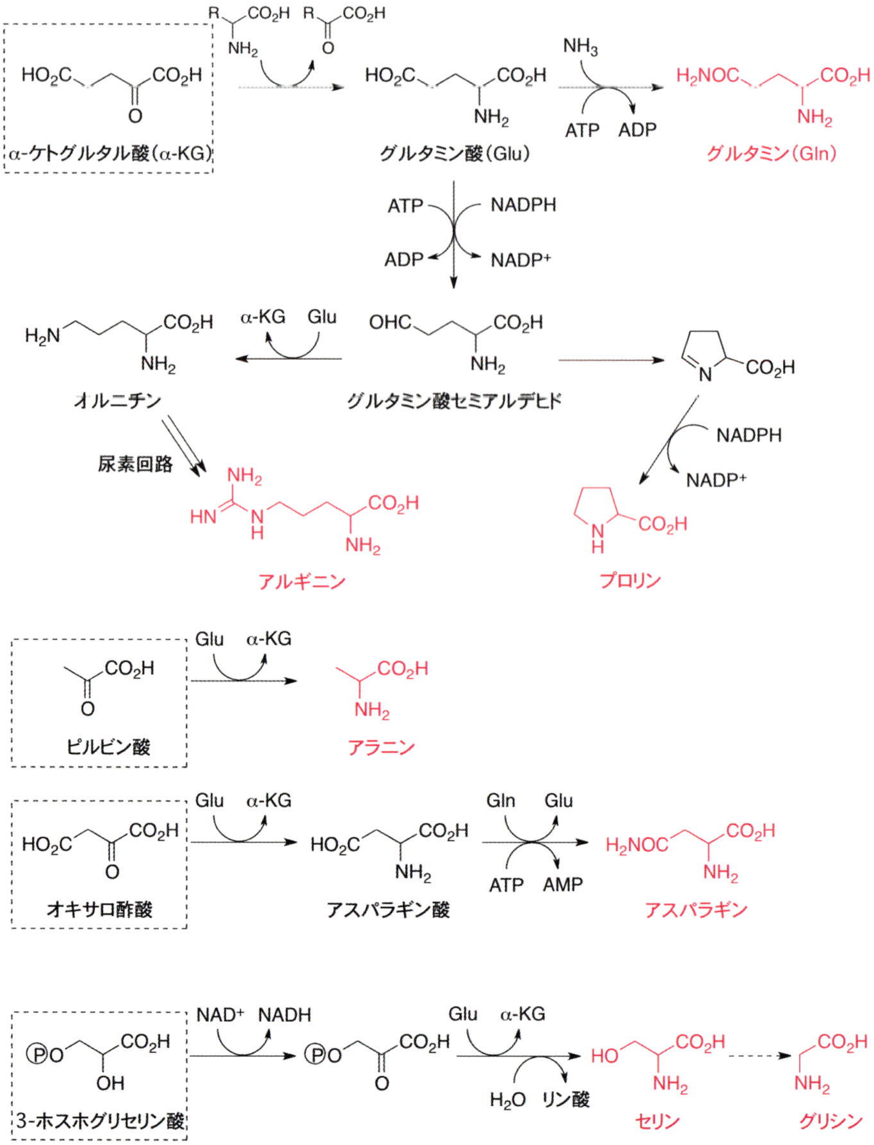

110 第10章 一次代謝と生合成

図 10・4 非必須アミノ酸の合成経路

移酵素の作用によるグルタミン酸からのアミノ基転移反応により、アラニンやアスパラギン酸へと変換される。さらにアスパラギン酸からはアスパラギンが合成される。

また、解糖系の中間体である3-ホスホグリセリン酸は、NAD^+によりα-ケト酸に酸化された後、同様のアミノ基転移反応を経て、セリンを与える。さらにセリンからはグリシンが合成されるが、この一炭素基の切断反応には、ビタミンの一種である葉酸に由来するテトラヒドロ葉酸が一炭素基を転移する補酵素として関わっている。

システインやチロシンも非必須アミノ酸に分類されるが、これらはそれ

COLUMN　必須アミノ酸

　ヒトには9種類の必須アミノ酸が存在するが (4・1・3項参照)、これらはヒトの体内では合成できないか、合成されても不充分なため、食物から摂取する必要があるものである。一方、菌類や植物などでは、必要なすべてのアミノ酸の合成経路を自身でもっているため、必須アミノ酸という概念はない。

　アミノ酸はタンパク質の構成成分、ヌクレオチドの原料などにも利用される重要な分子であるにもかかわらず、ヒトはなぜこれらの必須アミノ酸を自身で合成しないのだろうか。アミノ酸が代謝される経

路はアミノ酸合成とは逆向きの可逆な反応であるので、理論上は必須アミノ酸も体内で合成してもおかしくはない。しかし、これらのアミノ酸はいずれも生合成過程が長いものばかりである。ヒトをはじめとする高等動物は、アミノ酸を食物から摂取することが可能な環境下にあるので、苦労して必須アミノ酸を合成することをやめ、他から摂取するという効率化を図った、つまり進化の過程でこれらの合成経路を失ったと考えることができる。

ぞれ、必須アミノ酸であるセリンとメチオニン、フェニルアラニンより合成されている。

10・5　アミノ酸の代謝

　合成されたアミノ酸や外部より摂取されたアミノ酸は、生体に必要な組織タンパク質、酵素、ホルモンなどの合成に用いられるが、通常貯蔵されることはなく、余剰のアミノ酸は代謝され分解される。古くなった組織タンパク質も、加水分解によりアミノ酸へと戻り代謝される。前述のアミノ酸合成では、α-ケト酸がアミノ基転移酵素によってアミノ酸へと変換されていたが、アミノ酸の代謝経路ではこれとは逆に、脱アミノ化反応によってα-ケト酸へと変換される (**図10・5**)。

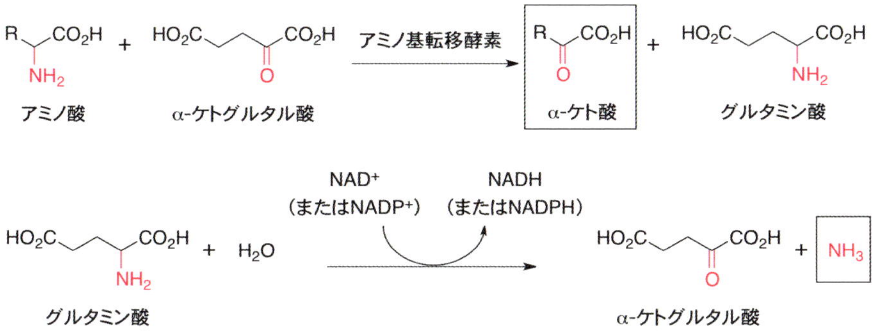

図10・5　アミノ酸の脱アミノ化経路

　一般のアミノ酸は、アミノ基転移酵素の作用によりα-ケトグルタル酸へとアミノ基を転移させ、自身はα-ケト酸へと変換されるとともにグル

タミン酸を生成する。この過程は前述のグルタミン酸の合成経路と同じである。続いて、生じたグルタミン酸は NAD^+ や $NADP^+$ により酸化され α-ケトグルタル酸へと戻るとともに、アミノ基はアンモニアとして除去される。これを**酸化的脱アミノ化反応**という。つまり、一般のアミノ酸はグルタミン酸が媒介する二段階の反応を経て脱アミノ化されるが、この過程はアミノ酸合成とは逆向きの可逆な反応であり、体内のアミノ酸濃度によって合成するか分解するかが制御されているのである。

酸化的脱アミノ化反応
oxidative deamination

脱アミノ化で生じた α-ケト酸とアンモニアは、それぞれ次のように代謝される。まず α-ケト酸は、TCA回路の中間体やピルビン酸、もしくはアセチルCoAに変換され、糖代謝の経路に組み込まれる。たとえば、アラニンやアスパラギン酸がそれぞれの脱アミノ化反応によりピルビン酸やオキサロ酢酸に変換されるのは、図10・4に示した合成経路の逆反応になるので分かりやすいだろう。やや複雑な経路を経て炭素骨格が分解されるアミノ酸も存在するが、すべてのアミノ酸は最終的に6種類の代謝中間体[*6]のいずれかに分解される（**図10・6**）。糖代謝の経路に組み込まれた後は、二酸化炭素と水に代謝されるか糖新生に用いられる。

*6 図10・6に示したように、ピルビン酸、アセチルCoA、α-ケトグルタル酸、スクシニルCoA、フマル酸、オキサロ酢酸の6種類である。

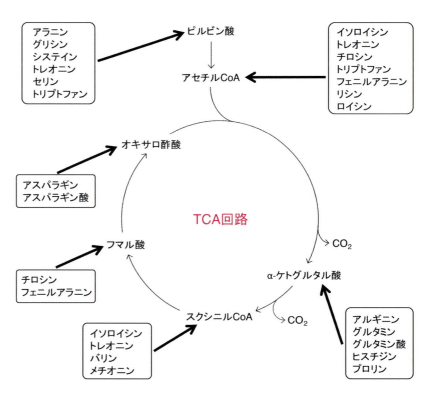

図10・6 アミノ酸の炭素骨格分解経路の概略

一方、脱アミノ化で生じたアンモニアは、生体にとって毒性を示す化合物である。そのままアンモニアとして排泄する魚類なども存在するが、多

くの陸棲動物では、低毒性の物質である尿素に変換した後に体外へ排泄する[*7]。アンモニアは肝臓で**尿素回路**と呼ばれる回路で尿素に変換され、腎臓に運搬されてから尿として排泄される。

　脱アミノ化で生じたアンモニアは、カルバモイルリン酸に変換されてから尿素回路に組み込まれる（**図 10・7**）。尿素回路での最初の段階では、カルバモイルリン酸のカルバモイル基がオルニチンと結合し、シトルリンを与える。次にシトルリンとアスパラギン酸が縮合しアルギニノコハク酸を生成するが、この反応と共役して ATP が AMP と二リン酸に分解され、さらに二リン酸はリン酸へと加水分解される。生成したアルギニノコハク酸はアルギニンとフマル酸に分解され、結果的にアスパラギン酸のアミノ基がシトルリンに与えられ、アルギニンへと変換されたことになる（先に示したアルギニンの合成経路に相当する）。またここで生じたフマル酸は TCA 回路に組み込まれる。最後にアルギニンが加水分解されて尿素を生成するとともにオルニチンが再生し、回路が繰り返し回ることになる。アンモニアから尿素へ至る過程では 4 個の高エネルギーリン酸結合が使われており、多くのエネルギーを使ってアンモニアを無毒化していることが分かる。

[*7]　鳥類や爬虫類のように、尿酸として排出する動物も存在する。陸棲の動物は水の利用が限られているため、尿素や尿酸へと無毒化する手段を獲得したと考えられる。尿酸は核酸の分解によって生じる化合物であるが、ヒトは尿酸を水溶化する酵素をもたないため、蓄積すると関節付近の組織で結晶化し、痛風を引き起こす。

尿素回路 urea cycle

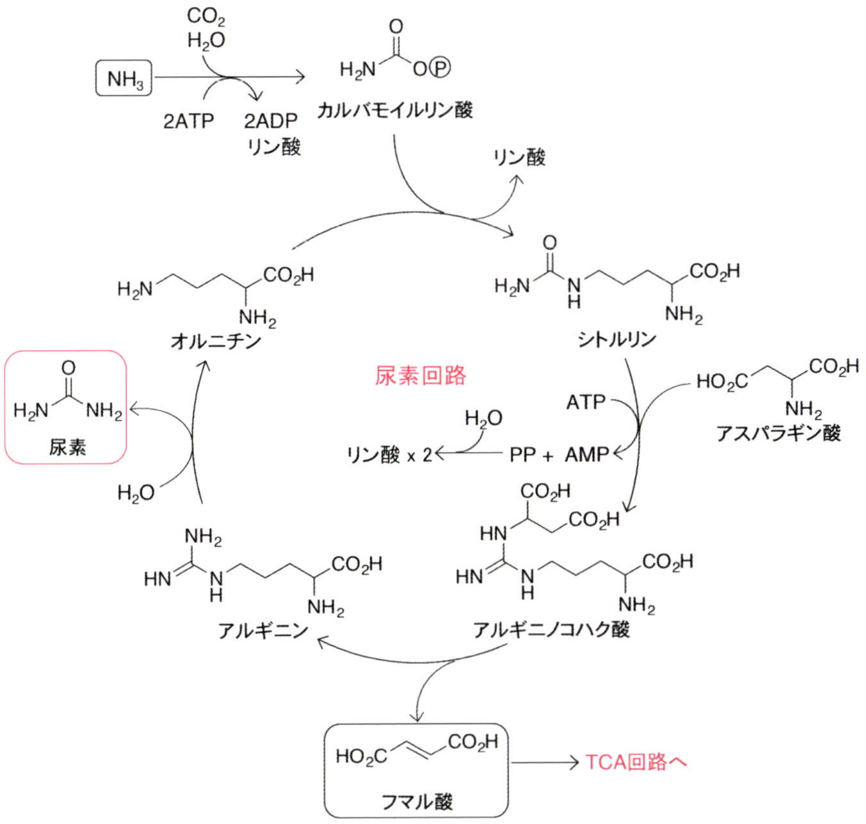

図 10・7　尿素回路によるアンモニアから尿素への無毒化

図 10・8 にアミノ酸の代謝についてまとめた。各種アミノ酸のアミノ基は、α-ケトグルタル酸に供与され α-ケト酸となり、これはピルビン酸をはじめとする糖代謝の中間体へと変換される。一方、アミノ基の転移で生じたグルタミン酸は、酸化的脱アミノ化反応によりアンモニアと α-ケトグルタル酸を生成する。アンモニアは尿素回路で尿素へと変換されたのち排泄される。

図 10・8　アミノ酸代謝のまとめ

=== 演 習 問 題 ===

10・1 パルミチン酸が完全に β 酸化した場合、何分子の ATP が生産されるか？

10・2 アセチル CoA からパルミチン酸が合成される場合、何分子のアセチル CoA、NADPH、ATP が必要か、反応の収支を考えよ。

10・3 脂肪酸の代謝過程で生じるアシル AMP の構造式を書き、これが活性化された分子であることを確認せよ。

10・4 アミノ酸の代謝におけるアミノ基転移反応には、ビタミン B_6 が補因子として関わっている。アミノ酸と α-ケトグルタル酸より α-ケト酸とグルタミン酸が生じるメカニズムを化学的に考えよ。

第11章 二次代謝と生合成 (1)
―生合成経路による分類：イソプレノイドの生合成―

生物は、一次代謝により生産された化合物を原料として、二次代謝産物と呼ばれる多種多様な化合物を生産している。これらの中には特徴的な生物活性を示す物質も多く、人類は様々な目的のために利用してきた。二次代謝産物はその生合成経路によって分類可能であり、代表的な化合物と生合成について二章にわたって学ぶ。本章では、主な生合成経路の紹介に続き、イソプレノイドと呼ばれる化合物群の生合成について概説する。

11・1 二次代謝産物（二次成分）

前章までに、生体にとっての基本成分である一次代謝産物の代謝について学んだ。これに対して**二次代謝産物**とは、ホルモン・フェロモン・抗生物質など種に特有な化合物をはじめとする様々な有機化合物の総称であり、一次代謝によって生成した化合物を原料とした二次代謝によって合成される。一般に二次代謝産物は、生命や種の維持に直接的には関与していない化合物群であるが、様々な**生物活性**[*1]をもつものが多い一方、顕著な生物活性をもたなかったり、活性が不明であったりするものも存在する。

一次代謝では、緑色植物などが日光エネルギーを利用して二酸化炭素と水から光合成したグルコースを原料とした代謝経路により、様々な一次代謝産物が合成されていた。二次代謝産物は一次代謝により生成した化合物を原料として合成されるので、すべての有機化合物の源はグルコースであるといえる。

生物活性 bioactivity
[*1] 生物活性と生理活性という用語は、どちらも英語では bioactivity と表記され、区別なく用いられることも多い。しかし厳密には、生物活性物質は生体に何らかの作用を示す物質の総称であり、生理活性物質はもともと生体内に存在し、その生体にとって役立っている物質を指す。

11・2 二次代謝産物の生合成経路による分類

二次代謝産物の分類方法には、生物活性に基づく分類や構造に基づく分類などが考えられる。活性に基づく分類は第13章で概説するが、本章と次章では、化合物の構造がどのような過程で生合成されているのかに基づいて考える。前節ですべての有機化合物の源はグルコースであると述べたが、グルコースを原料に二次代謝産物が生合成される経路には、主なものとして以下の四つが挙げられる（**図11・1**）。

① アセチル CoA 3 分子から生成したメバロン酸を中間体として合成されるイソペンテニル二リン酸を原料とし、5 炭素のイソプレンを一つの単位として生合成される一連の化合物群として、**テルペノイド**、**ステロイド**、**カロテノイド**などがある。これらは**イソプレノイド**と総称され、この経路は**メバロン酸経路**と呼ばれる。近年、原料となるイソペンテニル二リン酸がメバロン酸を経由せずに合成される経路も発見され、**非メバロン酸経路**

イソプレノイド isoprenoid
メバロン酸経路
mevalonate pathway
非メバロン酸経路
non-mevalonate pathway

116　第11章　二次代謝と生合成（1）−生合成経路による分類：イソプレノイドの生合成−

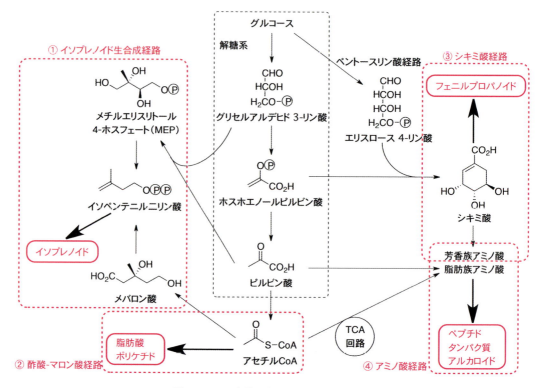

図 11・1　二次代謝産物生合成経路の概略

ポリケチド　polyketide

酢酸-マロン酸経路
acetate-malonate pathway

フェニルプロパノイド
phenylpropanoid

シキミ酸経路
shikimic acid pathway

アミノ酸経路
amino acid pathway

イソプレン　isoprene

＊2　イソプレンは炭素5個からなるジエン化合物である。生合成経路を説明する際には、イソプレンの1位をhead、4位をtailと呼ぶ。しかし実際の生合成ではイソプレンそのものではなく、後述するようにIPPとDMAPPがイソプレン単位として働いている。

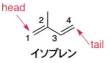

（**MEP経路**）と呼ばれる。

② 解糖系で生じたピルビン酸はアセチルCoAに変換される。このアセチルCoAを原料とし、2炭素の酢酸を一つの単位として生合成される一連の化合物群として、**脂肪酸**や**ポリケチド**がある。この経路は**酢酸-マロン酸経路**と呼ばれる。

③ 解糖系におけるピルビン酸の前駆体であるホスホエノールピルビン酸と、ペントースリン酸経路の中間体であるエリスロース4-リン酸から合成されるシキミ酸を原料として、**フェニルプロパノイド**と総称される化合物群が生合成される。この経路は**シキミ酸経路**と呼ばれる。

④ アミノ酸を原料として**アルカロイド**が生合成される経路は、**アミノ酸経路**と呼ばれる。

これら以外の経路や、複数の経路が複合して生合成される化合物も存在する。

11・3　イソプレノイドの生合成

11・3・1　イソプレノイド

イソプレノイドとは、炭素5個からなる**イソプレン**＊2を基本単位として

11・3 イソプレノイドの生合成　117

生合成される化合物群の総称である。生体内でのイソプレン単位は、イソペンテニル二リン酸（IPP）と、その異性体であるジメチルアリル二リン酸（DMAPP）であり、これらが順次縮合し様々な化合物が合成されるので、本生合成経路により合成される化合物群は、原則として5の倍数の炭素数を有する。炭素数が10の化合物をモノテルペン、15の化合物をセスキテルペン、20の化合物をジテルペン、25の化合物をセスタテルペン、30の化合物をトリテルペン、40の化合物をカロテノイド（テトラテルペン）と呼び、**テルペノイド（テルペン）**と総称される。これ以外に、トリテルペンから減成[*3]したステロイド（分解による減炭で炭素数は30ではない）もイソプレノイドに含める。またイソプレンが多数重合したものが**天然ゴム**である。イソプレノイドの炭素骨格は複数のイソプレン単位が head 側と tail 側（1位と4位）で結合した形であること（**イソプレン則**）は、経験則として古くから知られていた。

*3　化合物が順次低分子量の物質に分解していく過程を減成という。炭素数30のトリテルペンの側鎖が切断され炭素数が減ったステロイド類が生成する過程や、カロテノイドが中央で切断されビタミン A_1 などが生成する過程は、代表的な減成である。

天然ゴム natural rubber

イソプレン則 isoprene rule

11・3・2　メバロン酸経路と非メバロン酸経路（MEP 経路）

イソプレノイドを形づくる生体内でのイソプレン単位は、すべての生物において、イソペンテニル二リン酸（IPP）と、ジメチルアリル二リン酸（DMAPP）である。DMAPP は IPP の異性化により生成するが、IPP の合成経路として二種類の経路が知られている（**図 11・2**）。まず、**メバロン酸経路**であるが、1956 年に田村学造が火落酸（後にメバロン酸と同一であると判明）を、同時期に米国のフォルカーズがメバロン酸を発見したのを

フォルカーズ Folkers, K.

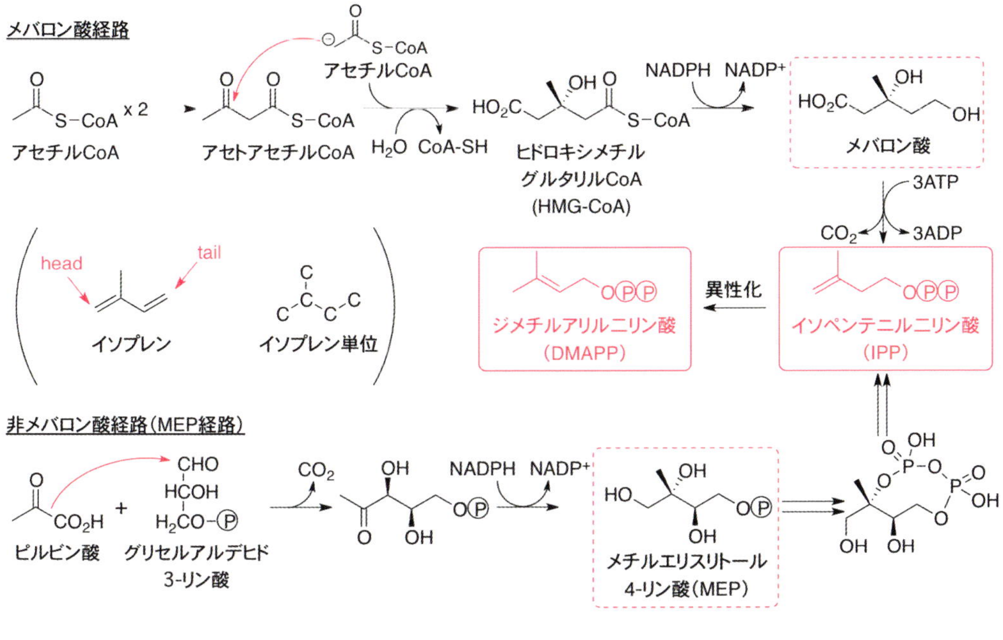

図11・2　メバロン酸経路と非メバロン酸経路（MEP 経路）

きっかけに、これがイソプレン単位の生合成前駆体であることが明らかとなった。メバロン酸は3分子のアセチルCoAから合成されるが、まず2分子のアセチルCoAが縮合反応を起こしアセトアセチルCoAとなり、さらにもう1分子のアセチルCoAがアルドール型の反応をすることにより、ヒドロキシメチルグルタリルCoA（HMG-CoA）へと変換される。これが還元酵素の存在下NADPHにより還元され、6炭素からなるメバロン酸を生成する。その後メバロン酸はリン酸化を経て脱炭酸反応を起こし、5炭素からなるIPPを与え、さらに異性化酵素によりDMAPPへも異性化される。

ロメール Rohmer, M.

メバロン酸経路はその発見以来、全生物に共通するイソプレン単位合成経路と考えられてきたが、1990年代半ばにフランスのロメールにより、メバロン酸を経由しない新たな経路として**非メバロン酸経路**（**MEP経路**）が発見された。非メバロン酸経路では、解糖系に由来するグリセルアルデヒド3-リン酸とピルビン酸を原料として、メチルエリスリトール4-リン酸（MEP）を中間体としてIPPを合成する。グリセルアルデヒド3-リン酸とピルビン酸は脱炭酸を伴いながら縮合し、ピナコール型の転位反応とNADPHによる還元を経て、MEPを与える。その後、環状のリン酸エステルを経由してIPPへと変換される。

現在では、哺乳類や植物の細胞質などではメバロン酸経路が利用され、真正細菌や植物の葉緑体などではMEP経路が利用されていることが分かってきた。生物により経路が異なることが判明したが、まだIPPとDMAPPが全生物共通のイソプレン単位である。

プレニル基転移酵素
prenyltransferase
*4　プレニル基とはイソプレン単位で構成される構造単位の総称で、プレニル二リン酸のプレニル基を基質に転移させる酵素の総称である。たとえば、DMAPP（炭素数5のプレニル二リン酸）から生じたジメチルアリル基（炭素数5のプレニル基）をIPPの先端に転移させればGPPが生成する。GPP（炭素数10のプレニル二リン酸）から生じたゲラニル基（炭素数10のプレニル基）をIPPに転移させればFPPが生成し、炭素鎖が伸長していく。

ゲラニル二リン酸（GPP）
geranyl diphosphate

ファルネシル二リン酸（FPP）
farnesyl diphosphate

ゲラニルゲラニル二リン酸（GGPP）
geranylgeranyl diphosphate

ゲラニルファルネシル二リン酸（GFPP）
geranylfarnesyl diphosphate

11・3・3　イソプレン単位の縮合による炭素鎖の伸長

生体内のイソプレン単位であるIPPとDMAPPが順次縮合することにより、様々な炭素数のイソプレノイドが生合成される（**図11・3**）。

まず、**プレニル基転移酵素**[*4]の働きでIPPとDMAPPが縮合反応を起こし、炭素10個からなる**ゲラニル二リン酸**（**GPP**）を生成する。この際、IPPのhead側とDMAPPのtail側で結合を形成する（head-to-tailという）。GPPに対してさらにもう1分子のIPPがhead-to-tailで同様に縮合を起こすと、炭素15個からなる**ファルネシル二リン酸**（**FPP**）が生成する。同様のIPPの縮合反応が繰り返され、炭素20個の**ゲラニルゲラニル二リン酸**（**GGPP**）や、炭素25個の**ゲラニルファルネシル二リン酸**（**GFPP**、図では省略してある）も合成される。

こうして合成されたGPP、FPP、GGPP、GFPPからそれぞれ、炭素10個のモノテルペン、炭素15個のセスキテルペン、炭素20個のジテルペン、炭素25個のセスタテルペン（例が少ないので本書では解説しない）が合成される。したがって、モノテルペンからセスタテルペンまでは、すべての

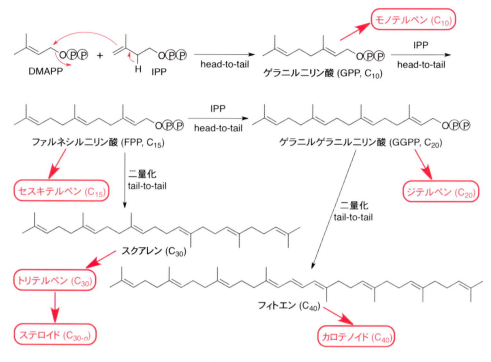

図11・3　イソプレン単位の縮合と炭素鎖の形成

イソプレン単位が head-to-tail で結合していることになる（イソプレン則）。

　これに対し、炭素30個のトリテルペンは、炭素15個の FPP が tail-to-tail で二量化したスクアレンを中間体として生合成され、トリテルペンが減成してステロイドを与える。また炭素40個のカロテノイドも同様に、炭素20個の GGPP が tail-to-tail で二量化したフィトエンを中間体として生合成される。したがって、トリテルペン、ステロイド、カロテノイドではイソプレン則に反して、一箇所だけ tail-to-tail の結合部分を有することになる。

11・3・4　モノテルペン

　炭素10個の GPP を原料として、多様な骨格を有する**モノテルペン**が生合成される（**図11・4**）。モノテルペンには植物由来の揮発性物質が多く知られ、古くから香料として用いられてきたものが多い。GPP がそのまま加水分解された**ゲラニオール**はバラの香気成分であり、それが酸化された**シトラール**はレモングラスの精油成分である。また、GPP はネリル二リン酸へ異性化した後、二リン酸部分の脱離を伴って環化したカチオン中間体を経由して、様々な環状化合物へも変換される。図中の a のように脱プロトンによる二重結合の形成が起これば、柑橘類に含まれる香気成分である**リ**

ゲラニオール　geraniol
シトラール　citral

リモネン　limonene

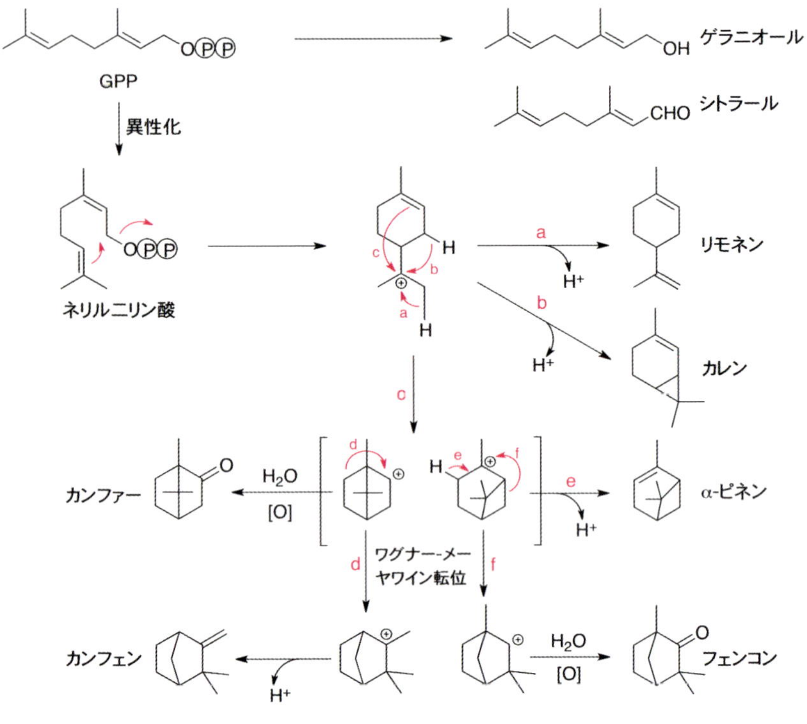

第11章　二次代謝と生合成 (1) －生合成経路による分類：イソプレノイドの生合成－

図 11・4　モノテルペンの生合成

カレン carene
カンファー camphor

ワグナー–メーヤワイン転位
Wagner-Meerwein
rearrangement

＊5　カルボカチオンの転位反応の一種。カチオン中心に対して、隣接する炭素原子上の水素や炭化水素基が 1,2 転位を起こし、隣接する炭素上にカチオン中心が移動する。一般にカルボカチオンが安定化する方向に反応は進む。

カンフェン camphene
フェンコン fenchone
菊酸 chrysanthemic acid
イプスジエノール ipsdienol
リネアチン lineatin

ネペタラクトン
nepetalactone

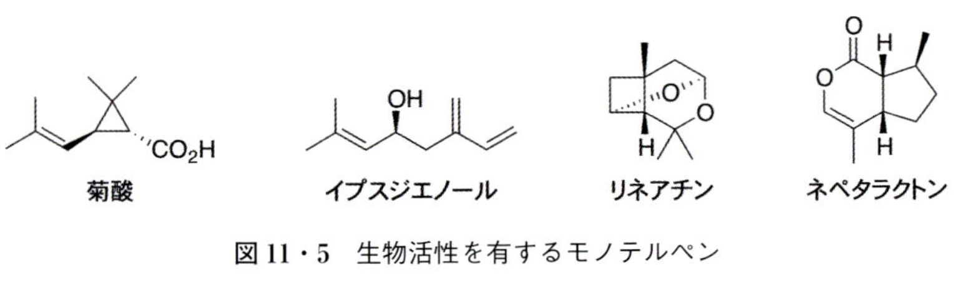

モネンが生成する。また図中 b のような 3 員環形成を起こせば、マツの精油成分であるカレンが生成する。一方、図中 c のようにカチオンが二重結合から電子を受け取ると、どちらの炭素と結合するかで二種類の骨格をもったカチオンが生成する。これらが水と反応した後に酸化されたり、脱プロトンにより二重結合を形成したりすれば（図中 e）、クスノキの精油成分であるカンファー（いわゆる樟脳）や、針葉樹の香気成分であるピネンへと変換される。また図中の d や f のように、ワグナー–メーヤワイン転位*5 と呼ばれるカルボカチオンの転位反応により、さらに別の炭素骨格へと変換され、カンフェンやフェンコンなどの精油成分も生成する。

　図 11・5 には、香料以外の生物活性を有するモノテルペンの一例を示した。菊酸は、除虫菊に含まれる殺虫成分（エステル）の酸部分である。またモノテルペンには、イプスジエノールやリネアチンなどの昆虫フェロモンも多く知られる。ネペタラクトンは西洋マタタビに含まれるネコの誘引物

図 11・5　生物活性を有するモノテルペン

11・3 イソプレノイドの生合成 121

質である。

　以上のように、モノテルペンの原料となる GPP からは、鎖状の化合物だけでなく、環化や転位反応による様々なカルボカチオン中間体を経て、単環性や二環性化合物が生合成されている。転位反応による炭素骨格の転位がモノテルペンの構造の多様性を生み出している。

11・3・5　セスキテルペン

　炭素 15 個の FPP を原料として**セスキテルペン**が生合成されるが、モノテルペンの場合より炭素鎖が伸びたため環化様式は多岐にわたり、炭素骨格のさらなる多様性を生み出す。その一例を**図 11・6** に示す。

　FPP がそのまま加水分解や酸化を受けると、スズラン様の香料である**ファルネソール**や、昆虫の幼若ホルモンである **JH Ⅲ** など鎖状の化合物へと変換される。一方、環状化合物への変換には様々な様式が知られるが、

ファルネソール farnesol
JH Ⅲ juvenile hormone Ⅲ

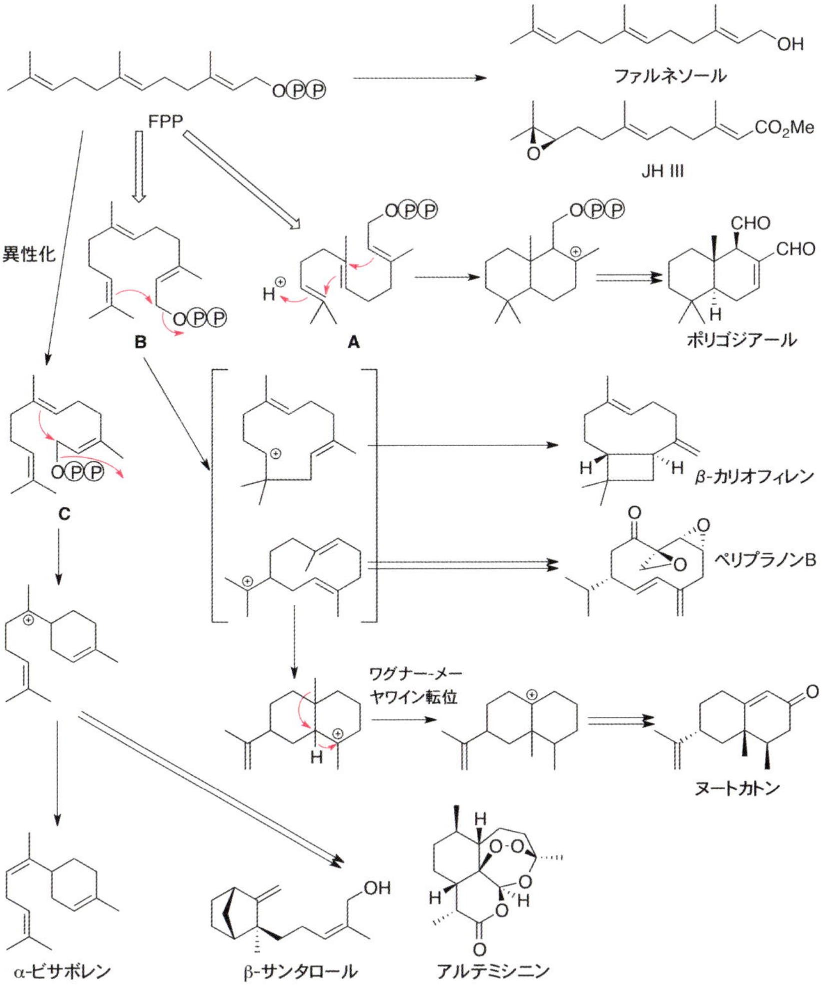

図 11・6　セスキテルペンの生合成

ポリゴジアール polygodial

*6 フトモモ科の植物である
チョウジノキの蕾を乾燥したも
のをチョウジ（丁子）といい、
古くから香料や生薬として用い
てきた。これを水蒸気蒸留して
得られる精油がチョウジ油であ
り、殺菌成分や香料成分を含む。

β-カリオフィレン
β-caryophyllene

ペリプラノン B
periplanone B

ヌートカトン nootkatone
α-ビサボレン α-bisabolenes
β-サンタロール β-santalol
アルテミシニン artemisinin

ホルボール phorbol

*7 トウダイグサ科ハズ属植
物の種子の油はクロトン油と呼
ばれ、様々なエステル類を含有
する。その中で、12-O-テトラ
デカノイルホルボール 13-アセ
タート（TPA：ホルボールの 12
位にミリスチン酸、13 位に酢酸
が縮合したジエステル）は、特
に強力な発がんプロモーター
として知られる。発がんプロモー
ターとは、潜在的な腫瘍細胞を
悪性化させる化合物の総称であ
る。

パクリタキセル paclitaxel

*8 化学反応には協奏的な反応
（concerted reaction）と段階的
反応（stepwise reaction）の 2
種類がある。協奏的反応では、
複数の結合の形成や切断が同時
に進行し、中間体は存在しない。
一方、段階的な反応では、複数の
結合の形成や切断が段階的に進
行し、中間体が存在する。

マルビン malvin
オリザレキシン oryzalexin
ジベレリン gibberellin

これは環化酵素の種類により制御されている。たとえば、FPP が A のよう
にジグザグに折りたたまれて環化を起こせば、二環性のカチオン中間体を
経て、タデの辛味成分である**ポリゴジアール**へと変換される。B に示すよ
うに二リン酸の脱離を伴って環化を起こせば、どちらの炭素と結合するか
で二種類の骨格をもったカチオンが生成する。これらはそれぞれ、チョウ
ジ油*6 の成分である**β-カリオフィレン**や、ワモンゴキブリの性フェロモ
ンの主成分である**ペリプラノン B** などへ変換される。さらにワグナー–
メーヤワイン転位などの骨格転位を経て、グレープフルーツの香気成分で
ある**ヌートカトン**も生成する。一方、FPP の二重結合の一つが異性化して
から環化を起こせば 6 員環を形成し、レモン油に含まれる**α-ビサボレン**
へと変換される他、さらなる骨格転位などを経て、ビャクダンの香気成分
である**β-サンタロール**や、ヨモギ科のクソニンジンに含まれる抗マラリ
ア薬**アルテミシニン**など、複雑な化合物へも変換される。

　以上のように、セスキテルペンは多様な環化反応を経由して生合成され
るので、膨大な種類の天然化合物が知られており、ここに示したのはほん
の一例に過ぎない。

11・3・6　ジテルペン

　炭素 20 個の GGPP を原料として**ジテルペン**が生合成されるが、これま
での例と同様に、鎖状の化合物の他、多くの環状化合物が知られている。
GGPP が加水分解されたゲラニルゲラニオールをフェロモンとして用いて
いる昆虫がいる。また、ビタミン E やビタミン K の鎖状部分はジテルペン
に由来している。

　環状ジテルペンは極めて多様であるが、主な環化様式として二通りを**図
11・7** に示す。一つ目の環化様式（A）は、二リン酸の脱離を伴った末端の
二重結合の反応である。これにより 14 員環のカチオンを与え、これがさら
に環化反応を繰り返すことにより多環式化合物を生成する。**ホルボール**の
エステルはトウダイグサ科の植物に含まれる有毒物質で、発がんプロモー
ターとしても知られる*7。**パクリタキセル**（商品名タキソール®）は、セイ
ヨウイチイの樹皮から発見され抗がん剤として用いられている。

　二つ目の環化様式（B）では、末端の二重結合へのプロトン付加と協奏的
な*8 環化反応が進行して二環性のカチオンを与える。さらに二リン酸の脱
離を伴った環化が進行し、三環性のカチオンも与える。二環性中間体から
は、咳止めに使われるニガハッカの苦味成分である**マルビン**などが生合成
され、三環性カチオンからは、イネのファイトアレキシン（13・2・1 項参
照）である**オリザレキシン**や、植物ホルモンの一種である**ジベレリン**など
が生合成される。

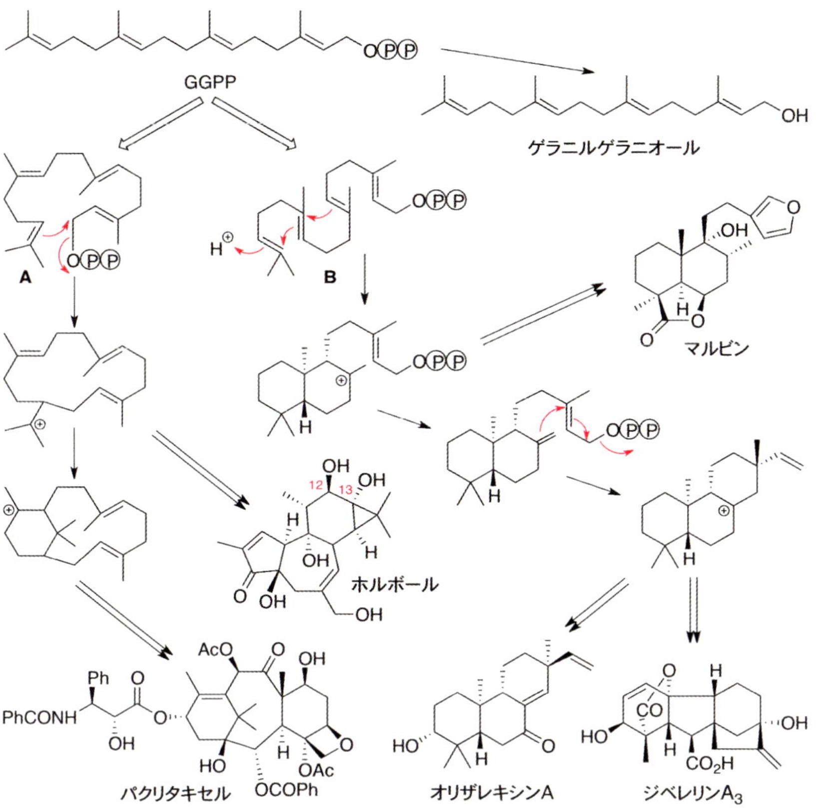

11・3　イソプレノイドの生合成　123

図 11・7　ジテルペンの生合成

11・3・7　トリテルペンとステロイド

　炭素 30 個の**トリテルペン**は、炭素 15 個の FPP が tail-to-tail で二量化したスクアレンを中間体として生合成される。FPP の二量化は、3 員環を有するプレスクアレン二リン酸を中間体として生合成される（**図 11・8**）。まず、二リン酸の脱離を伴って 2 分子の FPP が C−C 結合を形成しカチオンを生成後、脱プロトンによる 3 員環形成によりプレスクアレン二リン酸を与える。次に、二リン酸の脱離を伴う転位反応で第三級カチオンを生

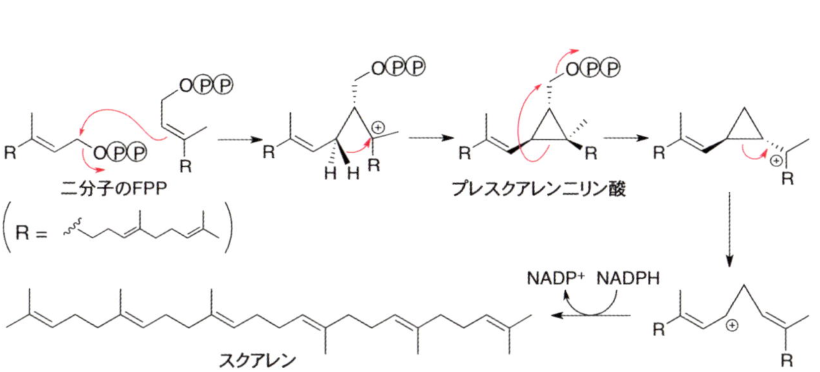

図 11・8　ファルネシル二リン酸の二量化とスクアレンの生成

124 第11章　二次代謝と生合成 (1) －生合成経路による分類：イソプレノイドの生合成－

成した後、3員環の開裂によりアリルカチオンとなる。最後に、NADPH により
アリルカチオンが還元され、炭素30個のスクアレンが生成する。

ラノステロール lanosterol

　スクアレンから様々な骨格のトリテルペンが生合成されるが、ここでは
代表的な**ラノステロール**の生合成経路を示す（**図11・9**）。まず炭素30個の
スクアレンがスクアレンエポキシダーゼの働きにより酸化され、スクアレ
ンオキシドが生成する。次に環化酵素の働きにより、エポキシドの開環と
連続的な電子移動が起こり、プロトステロール中間体と呼ばれる四環性の
カチオンを生成する。この際の炭素鎖の折りたたまれ方は酵素によって異
なるが、ラノステロール合成酵素の場合はいす形-舟形-いす形に折りたた
まれて環化が進行する。最後に、生成したカチオンを解消するように4回
のワグナー–メーヤワイン転位と脱プロトン化が進行してラノステロール
を与える。

チルカロール tirucallol

　トウダイグサ科の樹脂などに含まれる**チルカロール**は、ラノステロール
のジアステレオマーであるが、異なる環化酵素により折りたたまれ、同様
の環化反応により生合成される。また、まったく異なる環化様式で生合成

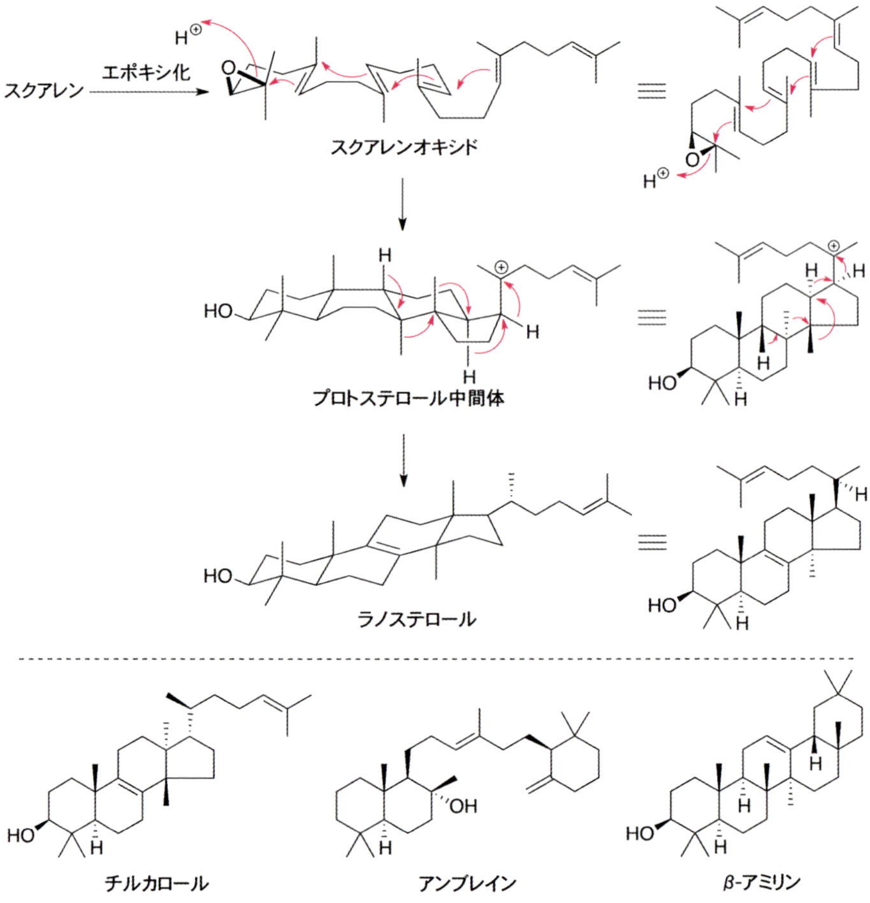

図11・9　スクアレンからトリテルペンの生合成

11・3 イソプレノイドの生合成 | 125

されるトリテルペンとして、竜涎香*9の主香気成分である**アンブレイン**や、エンドウなどの植物に含まれる五環性の**β-アミリン**なども知られる。

　一方、**ステロイド**と呼ばれる化合物群は、**図11・10**に示すような基本骨格を有しているが、さらに側鎖が切断された化合物も多い。これらはラノステロールのようなトリテルペンが減成して生じるが、動植物のホルモンをはじめ多くの化合物が知られている。ステロイド類はトリテルペンに由来するが、減成した一連の化合物群を形成しており、トリテルペンとは別に分類されることが多い。

　コレステロールは細胞膜の成分として重要であるが、様々なステロイドの原料ともなる化合物である。ラノステロールからコレステロールへの減成反応は多段階を経て進行するが、概略を図11・10に示した。ラノステロールの三つのメチル基が酸化反応を経て脱炭酸などにより順次除去される。次に8位の二重結合の移動と24位の二重結合の還元を経て、コレステロールが生成する。

　他のステロイド類も同様の減成過程を経て生合成される。**エストロン**や**テストステロン**は性ホルモン（8・2・2項参照）として、**コルチコステロン**は副腎皮質ホルモンとして知られる。ステロイド類は他の生物のホルモンとしても利用されており、**β-エクジソン**は昆虫や甲殻類の脱皮ホルモンであり、**ブラシノライド**は植物ホルモン（8・2・3項参照）の一種である。

*9　マッコウクジラの消化管内に蓄積した結石が排泄された塊は、芳香を有し竜涎香と呼ばれる。7世紀にアラビアで香料として利用されて以来、中国では「竜のよだれの香り」として重宝され、日本にも伝わった。現在では捕鯨禁止により入手困難となっている。

アンブレイン ambrein
β-アミリン β-amyrin

コルチコステロン
corticosterone

β-エクジソン β-ecdysone

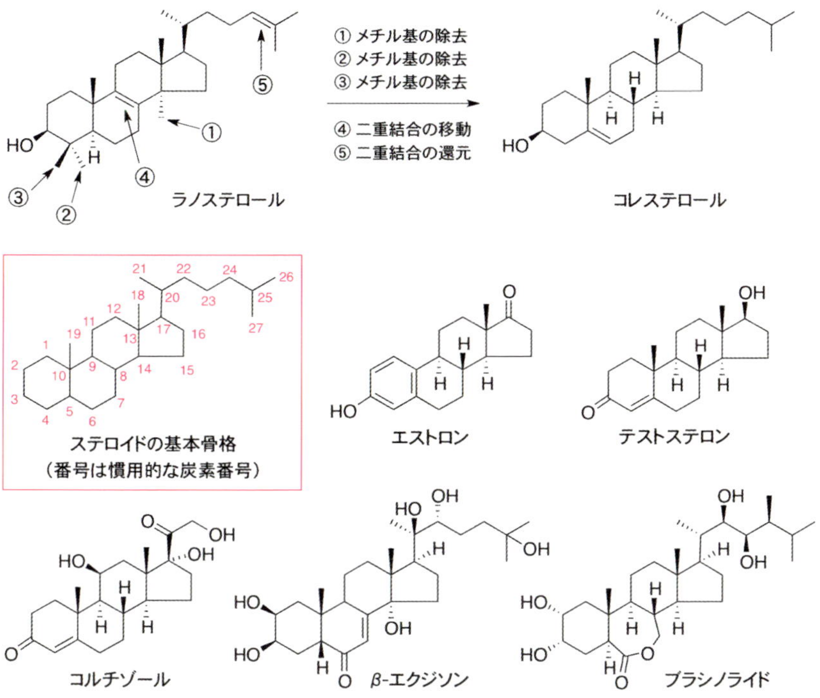

図11・10　コレステロールの生合成と代表的なステロイド類

126　第 11 章　二次代謝と生合成 (1) －生合成経路による分類：イソプレノイドの生合成－

11・3・8　カロテノイド

　炭素 40 個の**カロテノイド**は、炭素 20 個の GGPP が tail-to-tail で二量化した**フィトエン**を中間体として生合成される。GGPP の二量化はスクアレンの生成過程とほぼ同様であるが、最終段階でアリルカチオンが脱プロトン化を起こしているので、フィトエンの中心部分は二重結合になっている（**図 11・11**）。

　カロテノイド類は共役した二重結合を有しているので、動植物の色素として広く分布しており、抗酸化作用を有する。まずフィトエンの脱水素化により共役系を伸ばし、トマトの赤色色素である**リコペン**を生成する。この両端が環化し 6 員環を形成[*10]すると、ニンジンをはじめ野菜や果実の

フィトエン phytoene

リコペン lycopene

*10　フィトエンの末端が環化してできるシクロヘキセン環として、二重結合の位置が異なる二種類が生成し得るが、これはカチオン中間体においてどちら側が脱プロトン化するかによる。

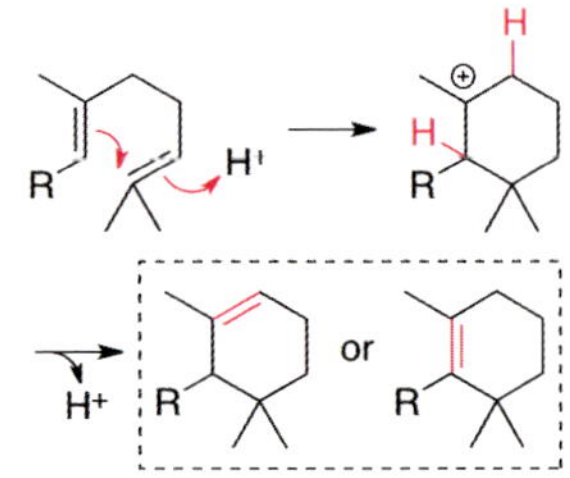

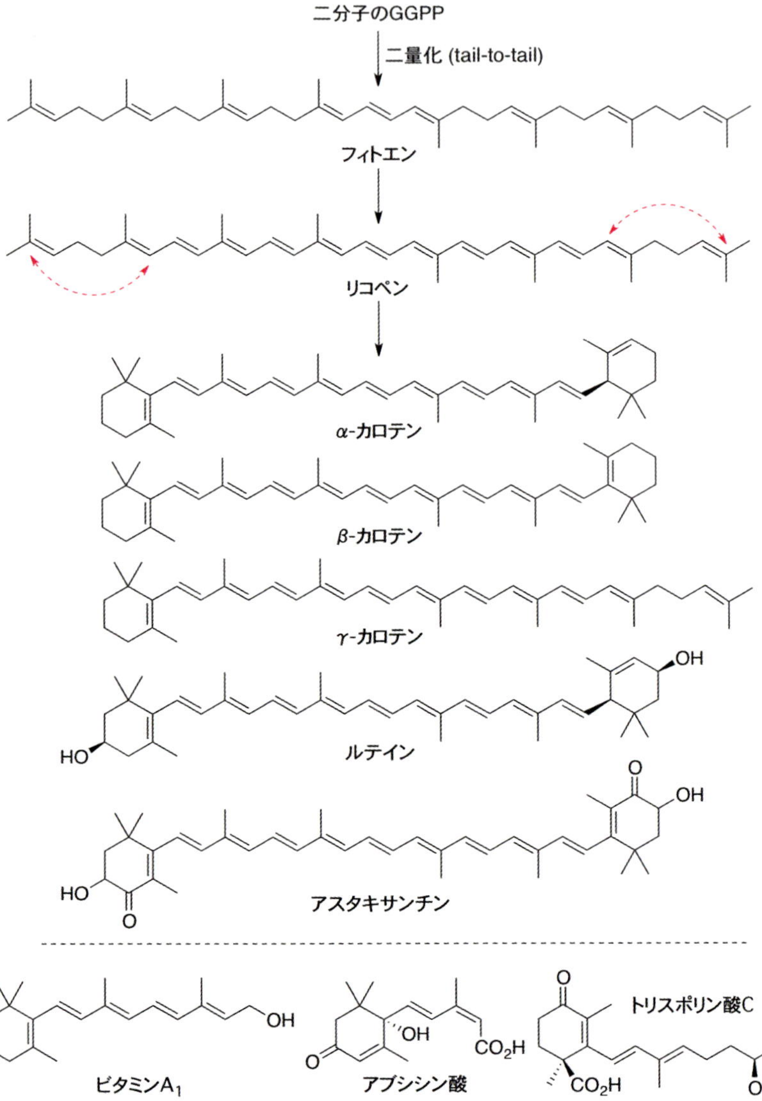

図 11・11　カロテノイド類の生合成と代表的な減成カロテノイド

色素である**カロテン**類を生成する。また、これらがさらに酸化されると**キサントフィル**と呼ばれる一連の化合物を与えるが、**ルテイン**は卵黄の色素であり、**アスタキサンチン**はカニやエビの色素である。

　カロテノイドが減成した化合物も知られており、**ビタミン A₁**（8・1・3項参照）は β-カロテンが酸化的に開裂して生成する。また、**アブシシン酸**は植物ホルモン（8・2・3項参照）の一種であり、**トリスポリン酸 C** はカビの一種の性フェロモン（13・1・3項参照）として知られている。

キサントフィル　xanthophyll

ルテイン　lutein

アスタキサンチン
astaxanthin

トリスポリン酸 C
trisporic acid C

演 習 問 題

11・1　図 11・5 に示したモノテルペンの構造を、それぞれイソプレン単位に切断せよ。

11・2　ポリゴジアールと β-カリオフィレン（図 11・6）、オリザレキシン A（図 11・7）の構造をそれぞれイソプレン単位に切断せよ。

11・3　ラノステロールの構造の中で、イソプレン単位が tail-to-tail で結合したことに由来する C−C 結合はどこであるか考えよ。

11・4　ラノステロールの例を参考に、スクアレンオキシドからチルカロールへの環化機構を推測せよ（いす形-いす形-いす形に折りたたまれて環化が進行する）。

11・5　ほとんどのステロイド類には 3 位に酸素官能基が存在することを確認し、その理由を考えよ。

11・6　図 11・8 に示したスクアレンの生成機構を参考にして、GGPP の二量化によるフィトエンの生成機構を考えよ。

COLUMN　色素としてのカロテノイド

　カロテノイド類は長く共役した二重結合（ポリエン）を有しているので、一般に黄色から赤色を呈し、自然界に色素として広く分布している。ニンジンをはじめとする野菜や果物に多く含まれることは有名だが、動物界にも広く分布している。

　アスタキサンチンはカニやエビなどの甲殻類に多く含まれる赤い色素であるが、生体内ではタンパク質に結合した複合体（カロテノプロテイン）として存在し、青みを帯びた色調をしている。カニやエビを加熱すると生の状態より赤くなるが、加熱によるタンパク質の変性とともにアスタキサンチンが切り出されて遊離し、本来の赤色を呈するためである。サケのサーモンピンクもアスタキサンチンによる。ギンザケやクルマエビの養殖においては、出荷時期に合わせてカロテノイドを多く含む藻類やアスタキサンチン自体を飼料として与え、おいしそうな色調に改善して商品価値を高める「色揚げ」が行われることもある。

　ルテインは鶏卵に多く含まれる黄色い色素である。卵黄色の濃淡はキサントフィルの含有量によるが、一般に色の濃い卵黄が嗜好される傾向にある。そこで、採卵鶏に与える飼料にカプサンチン（キサントフィルの一種）を多く含むパプリカや唐辛子を添加し、卵黄色を濃くすることにより商品価値を高める工夫などがなされている。

　黄橙色から赤色を呈するイクラなどの魚卵やウニの生殖巣、また紅色を呈するフラミンゴの体もカロテノイドによるものである。

第12章 二次代謝と生合成 (2)
―生合成経路による分類：ポリケチド・フェニルプロパノイド・アルカロイドの生合成―

前章に続き主な二次代謝産物の生合成経路について学ぶ。酢酸-マロン酸経路によるポリケチド類の生合成、シキミ酸経路によるフェニルプロパノイド類の生合成、アミノ酸経路によるアルカロイド類の生合成について概説する。また、複数の経路が複合した経路で合成される化合物群についてもあわせて紹介する。

12・1 酢酸-マロン酸経路

12・1・1 脂肪酸とポリケチド

酢酸-マロン酸経路
acetate-malonate pathway

酢酸-マロン酸経路では、アセチル CoA を原料として、2 炭素の酢酸を一単位とした生合成が進行し、脂肪酸やポリケチドと呼ばれる化合物群が合成される。第 10 章で脂肪酸の生合成について概説したが、アセチル CoA に対して、アセチル CoA から合成されたマロニル CoA が順次脱炭酸を伴いながら 2 炭素ずつ増炭され、様々な炭素数の脂肪酸が合成されていた（図 10・3 参照；p.108）。

脂肪酸とポリケチドの生合成の違いは、前者はカルボニル基の還元を受けながら炭素鎖伸長したのに対し、後者は還元を受けずに **β-ケトメチレン鎖**（連続したケトン）を形成する。**ポリケチド**とは、β-ケトメチレン鎖から導かれる化合物の総称である。**図 12・1** に β-ケトメチレン鎖の生成過程を示す。

β-ケトメチレン鎖
β-ketomethylene chain

まず脂肪酸の生合成と同様に、アセチル ACP とマロニル ACP の脱炭酸を伴う縮合を経てアセトアセチル ACP が合成される。これにもう 1 分子のマロニル ACP が同様の縮合と脱炭酸を起こせば、さらに 2 炭素伸長したトリケチド中間体となる。このようなマロニル ACP との縮合を繰り返すことにより、炭素鎖はどんどん伸長し、様々な炭素数の β-ケトメチレン鎖が合成される。繰り返しの回数は、後に述べるように鎖長決定因子などにより制御され、様々な炭素数のポリケチド合成原料として使われる。

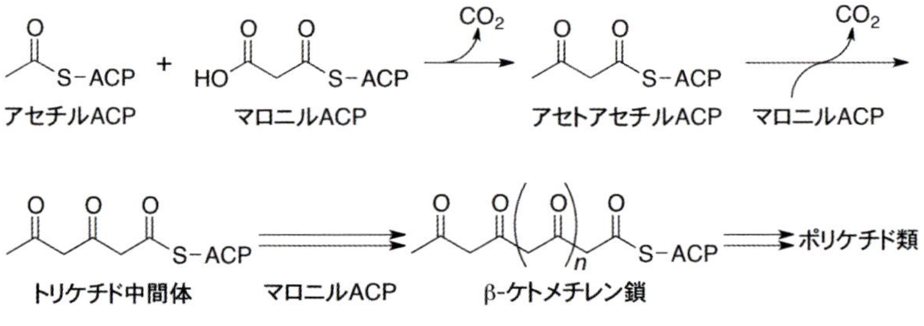

図 12・1 ポリケチド合成における β-ケトメチレン鎖の生成

12・1　酢酸-マロン酸経路　129

また、図12・1では、出発物質としてアセチルACP、伸長単位としてマロニルACPを用いた場合を例として示したが、プロピオニルACPやメチルマロニルACPなど、異なる出発物質や伸長単位が用いられる場合もあり（後述のエリスロマイシンの例、図12・2を参照）、ポリケチドの多様性を生み出している。

12・1・2　β-ケトメチレン鎖からの変換

ポリケチドとして知られる化合物を**図12・2**に例示したが、それぞれの炭素数に応じた鎖長のβ-ケトメチレン鎖から、様々な様式の環化反応やカルボニル基の還元反応などの修飾反応により導かれている。比較的単純なポリケチドである**メレイン**は、ペンタケチドが環化した二環性の化合物であり、カビの代謝産物として知られる。**ナナオマイシンA**はオクタケチドが環化した三環性の化合物であり、抗真菌性の抗生物質である。**テトラサイクリン**はノナケチドに由来する四環性の特徴的な構造を有し、抗菌性の抗生物質である。**アドリアマイシン**はデカケチドが環化したアントラサイクリン系抗生物質に分類され、抗がん剤として用いられる（13・4・3項

メレイン　mellein
ナナオマイシンA
nanaomycin A
テトラサイクリン
tetracycline
アドリアマイシン　adriamycin

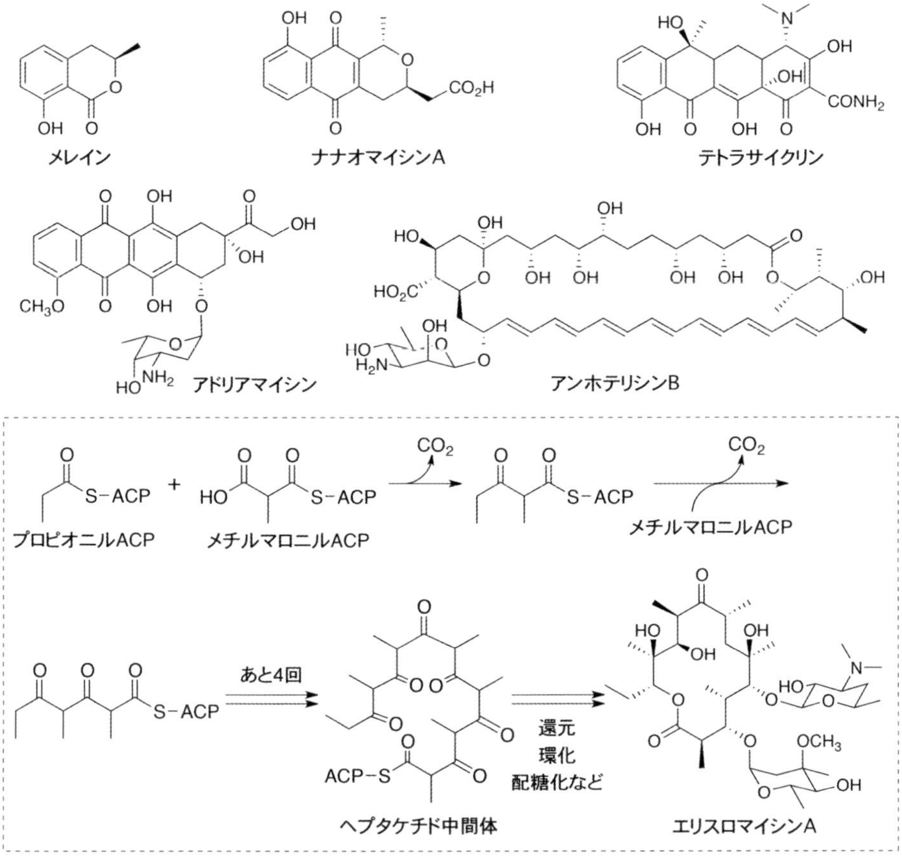

図12・2　代表的なポリケチドとエリスロマイシンA生合成の概念図

130 | 第12章 二次代謝と生合成 (2) －生合成経路による分類：ポリケチド・フェニルプロパノイド・アルカロイドの生合成－

*1 ポリケチドに分類される化合物の中には、抗微生物活性を有する抗生物質（詳細は 13・4・2 項で後述）が多く知られる。これらは構造上の特徴に基づいて分類されるが、その代表的なものを以下に示す。
・マクロリド系抗生物質：大環状エステルであるマクロリド環に糖が結合した構造。14 員環や 16 員環が多い。
・ポリエンマクロリド系抗生物質：マクロリド環の中に、共役したポリエン部分と多くのヒドロキシ基を含む部分を有する。
・テトラサイクリン系抗生物質：炭化水素からなる四環性の化合物。
・アンサマイシン系抗生物質：芳香環が脂肪族鎖により架橋された構造。

アンホテリシン B
amphotericin B

エリスロマイシン A
erythromycin A

*2 両側を電子求引基に挟まれたメチレン基 ($-CH_2-$) を有する化合物を活性メチレン化合物と呼ぶ。メチレン部分が高い酸性度を示すことから、アニオンを発生しやすい性質をもち、有機化学的に炭素－炭素結合の形成によく用いられる。

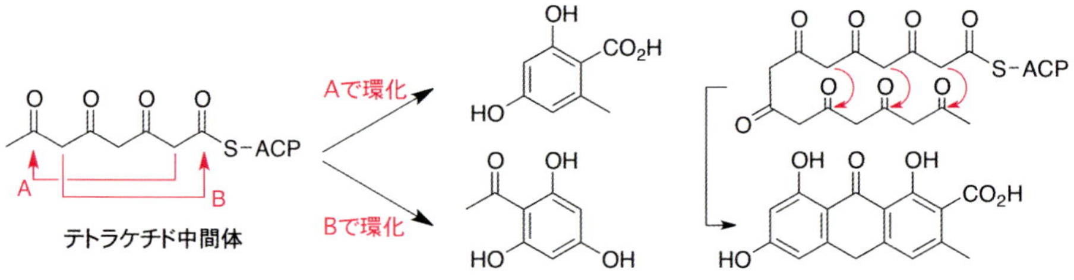

参照）。また、抗真菌性ポリエンマクロリド系抗生物質[*1]である**アンホテリシン B** のように、さらに長い β−ケトメチレン鎖が環化した化合物も知られている。

　ここで、14 員環のマクロリド系抗生物質として知られる**エリスロマイシン A** を例に、その生合成を単純化して考えてみる。プロピオニル ACP を出発物質として、メチルマロニル ACP を伸長単位とした縮合反応と脱炭酸を合計 6 回繰り返せば、メチル分岐を有する β−ケトメチレン鎖（ヘプタケチド）が合成される。このメチル分岐は、図 12・1 の例とは異なり、伸長単位がメチル分岐を有するメチルマロニル ACP であることに由来する。さらに環化反応やカルボニル基の還元、糖の結合などが起こると考えれば、エリスロマイシン A へと導かれる。実際には、β−ケトメチレン鎖が伸長する過程で、カルボニル基の還元などが起こる場合もあり、詳細は 12・1・4 項を参照してほしい。

12・1・3　ポリケチドにおける芳香環の形成

　図 12・2 に例示したように、ポリケチドに分類される化合物の中には、芳香環を有するものが多く知られる。β−ケトメチレン鎖から芳香環が形成される様式を、テトラケチド中間体を例として**図 12・3** に示した。β−ケトメチレン鎖は、両側をカルボニル基に挟まれた活性メチレン[*2]を多数有しており、有機化学的に見て求核反応を起こしやすい性質をもっている。活性メチレンから発生したアニオンが、ちょうど 6 員環を形成できる位置にあるカルボニル基を求核攻撃し、さらにエノール化や脱水反応で芳香化すれば、様々な置換様式の芳香環が形成されることになる。また、さらに長いオクタケチド中間体が 3 箇所で環化すれば、三環性化合物を与え、さらに酸化されればアントラキノン骨格へと変換される。

図 12・3　ポリケチドにおける芳香環の形成

12・1・4　ポリケチド合成酵素

　これまでに示した図では、ポリケチドの生合成経路を有機化学的に単純化して捉えてきたが、実際の生合成は酵素反応である。この項では、主なポリケチド合成酵素である I 型ポリケチド合成酵素と II 型ポリケチド合成

酵素について、もう少し掘り下げて考えてみる。

まず、より単純なⅡ型ポリケチド合成酵素について概説する(**図12・4**)。Ⅱ型ポリケチド合成酵素は、様々な機能をもった複数のタンパク質の複合体であり、これまでに学んだアシル基運搬タンパク質(ACP)の他、ケト合成酵素(KS、伸長単位の縮合反応を起こす)、アシル基転移酵素(AT、出発単位や伸長単位を ACP へと移動する)、鎖長決定因子(CLF、最終的な β-ケトメチレン鎖の鎖長(伸長の繰返し回数)を制御する)などから構成される。Ⅱ型ポリケチド合成酵素は、反復して作用することにより炭素鎖伸長を繰り返し、β-ケトメチレン鎖が完成した後に環化・還元・修飾反応などにより最終ポリケチド産物を与えるが、その仕組みは次のようになっている。

① アセチル CoA に由来するアセチル基とマロニル CoA に由来するマロニル基が、それぞれ KS と ACP に運搬され結合する。ここにはアシル基転移酵素が関わっている。② KS の作用でアセチル基とマロニル基がクライゼン型の縮合[*3]を起こすとともに脱炭酸を引き起こし、その結果アセトアセチル ACP が形成される。③ アセトアセチル基は KS 上に移動し、④ 空いた ACP 上には AT の作用で新たなマロニル基が結合する。⑤ KS の作用でアセトアセチル基がマロニル ACP と縮合し、さらに脱炭酸によりトリケチド中間体を与える。⑥ トリケチド鎖 KS 上に移動した後さらに同様の伸長反応を繰り返し、⑦ 完成した β-ケトメチレン鎖は、CLF の作用

*3 アセチル基とマロニル基のクライゼン型縮合反応でアセトアセチル ACP が生成する反応は、10・3節で示した脂肪酸の合成経路と同様である。

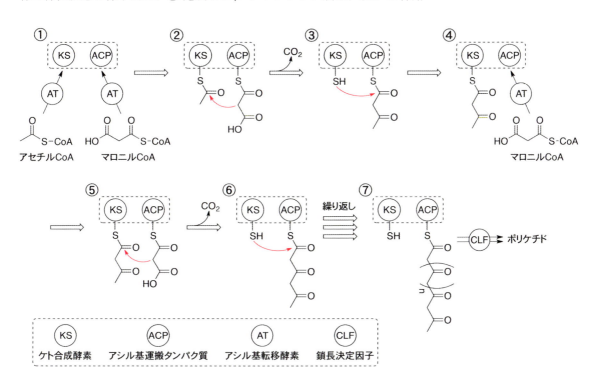

図12・4 Ⅱ型ポリケチド合成酵素による生合成模式図

132 | 第12章 二次代謝と生合成 (2) －生合成経路による分類：ポリケチド・フェニルプロパノイド・アルカロイドの生合成－

によりACP上から加水分解され、様々な酵素により環化・還元・修飾反応などを経て最終ポリケチド産物を与える。つまり、AT、ACP、KSの作用で繰り返し起こる伸長反応の回数はCLFにより制御されている。

一方、Ⅰ型ポリケチド合成酵素は、伸長単位一つが縮合するたびにカルボニル基を還元する過程を有し、最終的にACP上から切り出される際には還元型のβ-ケトメチレン鎖となっている点が、Ⅱ型と大きく異なる点である。このカルボニル基の還元に関わる酵素としては、ケト還元酵素（KR、カルボニル基を還元してヒドロキシ基に変換）、脱水酵素（DH、還元で生じたヒドロキシ基を脱水して二重結合に変換）、エノイル還元酵素（ER、脱水で生じた二重結合をメチレンに還元）が存在し、これらがAT、KS、ACPなどと複合体を形成している。伸長を行うAT、KS、ACPの組合せ単位を**モジュール**というが、Ⅰ型ではⅡ型のように同一モジュールでの反復はせず、最終産物に必要な伸長回数分だけのモジュールが連結した長大なタンパク質となっており、CLFは存在しない。

モジュール module

先に示したエリスロマイシンAは、Ⅰ型ポリケチド合成酵素によりつくられることが知られている（**図12・5**）。エリスロマイシンAは炭素鎖伸長が6回繰り返され合成されるので、その合成酵素は対応した六つのモ

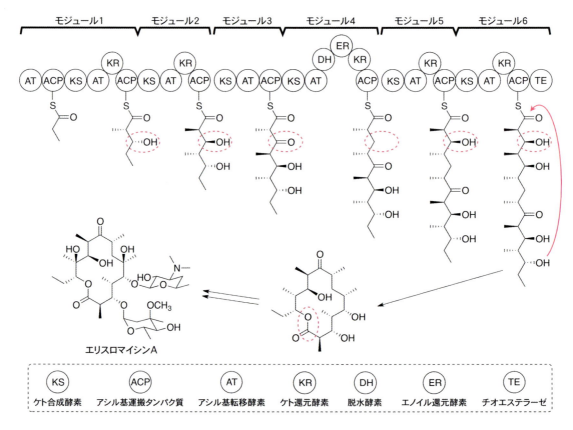

図12・5 Ⅰ型ポリケチド合成酵素による生合成模式図（エリスロマイシンA）

ジュールから構成される。

　まず、プロピオニル ACP を出発物質として、モジュール 1 で縮合と脱炭酸による最初の伸長が行われるが、モジュール内の KR が働き、出発物質に由来するカルボニル基がヒドロキシ基へと立体選択的に還元される。次に、生成物はモジュール 2 へと渡され二度目の伸長が行われるが、ここでも KR が働きカルボニル基の還元も起こる。モジュール 3 でも同様に伸長が起こるが、ここでは還元酵素が働かずにカルボニル基のまま次のモジュールに渡される。モジュール 4 では KR だけでなく DH と ER の三つの還元酵素が働くため、伸長後にカルボニル基がメチレンにまで還元される。さらにモジュール 5 と 6 で同様に伸長と還元が行われ、還元型のヘプタケチド鎖となるが、最後にチオエステラーゼ (TE) の作用により、ヒドロキシ基がチオエステル部分を求核攻撃し、14 員環ラクトンを形成しながら ACP 上から切り出される。この中間体はさらに多段階の変換を受け、エリスロマイシン A へと導かれる。

　以上のように、AT、ACP、KS の作用で伸長を繰り返す点は II 型と同様であるが、伸長回数はモジュールの数で決まっている点、各段階での伸長の直後に還元反応が含まれる点が II 型と異なっている。

12・2　シキミ酸経路

12・2・1　芳香族アミノ酸

　シキミ酸を中間体とした生合成経路を**シキミ酸経路**と呼ぶが、この経路で生合成される代表的な化合物として芳香族アミノ酸が挙げられる。シキミ酸は、解糖系で生じるホスホエノールピルビン酸と、ペントースリン酸経路の中間体であるエリスロース 4-リン酸（リボース 5-リン酸からグリセルアルデヒド 3-リン酸への変換過程の中間体）より合成されるが、これらは両者ともにグルコースより導かれる化合物である（**図 12・6**）。

　まず、ホスホエノールピルビン酸とエリスロース 4-リン酸が 6 員環を形成することにより 3-デヒドロキナ酸が生成し、脱水と NADPH による還元を経てシキミ酸が合成される。シキミ酸は ATP によるリン酸化を受けた後、もう 1 分子のホスホエノールピルビン酸との縮合と脱リン酸を経て、コリスミン酸へと変換される。コリスミン酸はクライゼン転位[*4]を起こしてプレフェン酸となるが、これが脱炭酸を伴った芳香化でヒドロキシ基を失えばフェニルピルビン酸が合成される。一方、プレフェン酸がヒドロキシ基を残したまま酸化的脱炭酸を起こせば、4-ヒドロキシフェニルピルビン酸が合成される。これらにアミノ基転位酵素が作用すると、フェニルアラニンやチロシンといった芳香族アミノ酸へと変換される[*5]。また、中間体のコリスミン酸からアントラニル酸を経由して、トリプトファンも合成

シキミ酸経路
shikimic acid pathway

*4　クライゼン転位（Claisen rearrangement）は、アリルビニルエーテルが γ, δ-不飽和カルボニル化合物に転位する有機化学反応で、代表的な [3,3]-シグマトロピー転位である。この場合、コリスミン酸のビニルエーテル部分がアキシアルになる配座で転位が進行する（図 12・6 カッコ内）。

*5　植物や多くの微生物はプレフェン酸から芳香族アミノ酸を合成しているが、動物はフェニルアラニンを体内でつくり出すことができないため、必須アミノ酸として摂取したフェニルアラニンを酸化してチロシンを合成している。

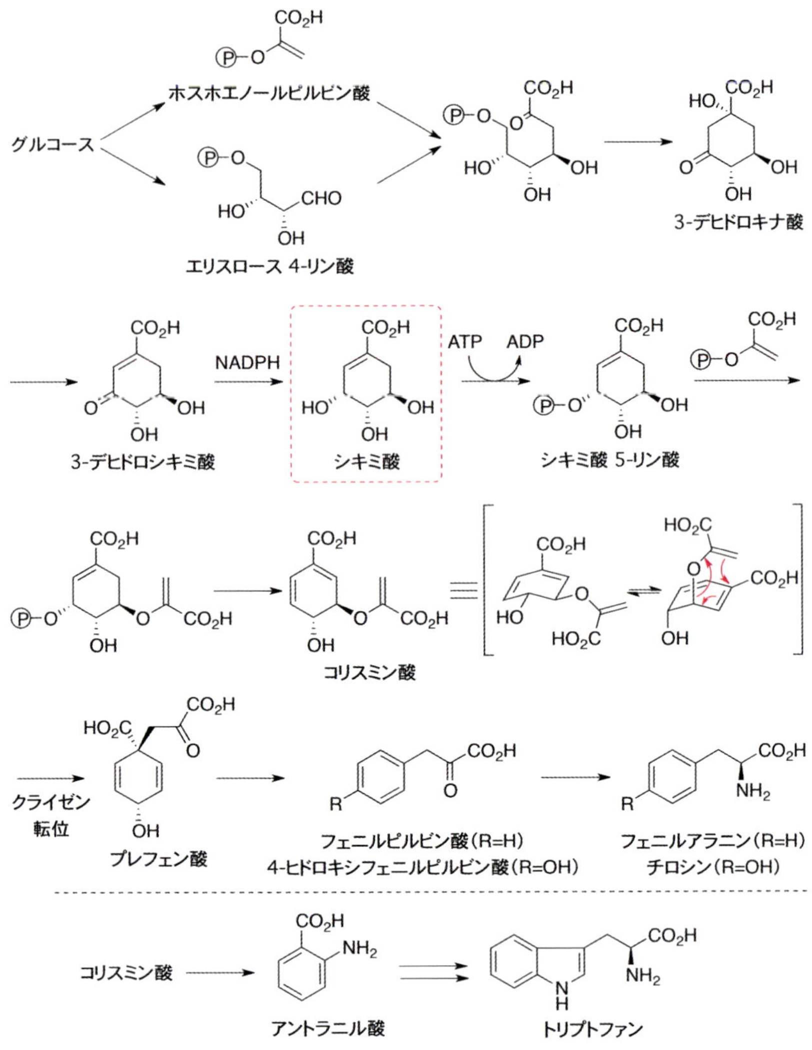

134 第12章 二次代謝と生合成 (2) −生合成経路による分類：ポリケチド・フェニルプロパノイド・アルカロイドの生合成−

図 12・6 シキミ酸経路による芳香族アミノ酸の生合成

される。

12・2・2 フェニルプロパノイド

　天然には、**フェニルプロパン**単位 (ベンゼン環と三炭素) を基本骨格にもつ化合物が多く知られる。これらもシキミ酸経路により生合成されるが、上述したチロシンやフェニルアラニンなどとともに、その基本骨格に因んで**フェニルプロパノイド**と総称される。

　チロシンやフェニルアラニンは酵素による脱アンモニア反応を起こし、桂皮酸型のフェニルプロパノイドを与える (**図 12・7**)。**桂皮アルデヒド**は桂皮に含まれるシナモンの香気成分であり、フェニルアラニンから生合成される。**クロロゲン酸**は、コーヒー酸と呼ばれる桂皮酸類縁体がキナ酸と

フェニルプロパン
phenylpropane

フェニルプロパノイド
phenylpropanoid

桂皮アルデヒド
cinnamaldehyde

クロロゲン酸
chlorogenic acid

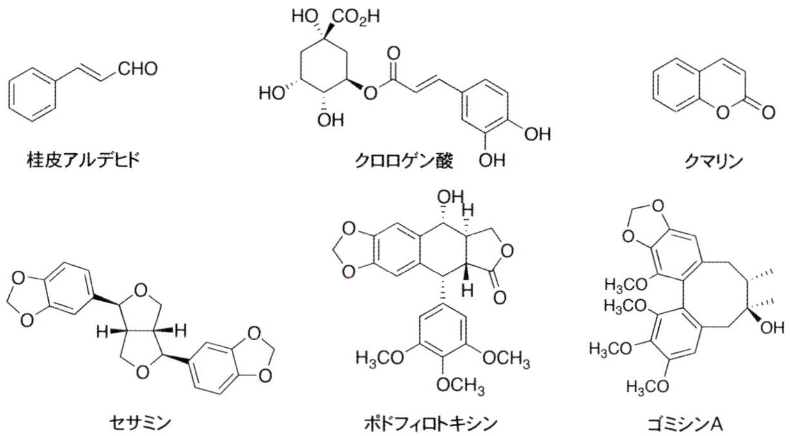

12・3　アミノ酸経路　135

図12・7　シキミ酸経路により生合成されるフェニルプロパノイド類

エステルを形成した化合物で、コーヒー豆に含まれる。一方、桂皮酸が環化してラクトンを形成した**クマリン**（桜の葉などに含まれる香気成分）や、フェニルプロパン単位が二量化した**リグナン**と呼ばれる一連の化合物群もフェニルプロパノイドに分類される。リグナンとしては、ゴマの抗酸化成分である**セサミン**、植物の根に含まれる抗がん剤の**ポドフィロトキシン**、漢方薬の五味子に含まれる鎮咳成分の**ゴミシン A** など、様々な化合物が知られる。

クマリン coumarin
リグナン lignan
セサミン sesamin
ポドフィロトキシン
podophyllotoxin
ゴミシン A gomisin A

12・3　アミノ酸経路

12・3・1　アルカロイド

アルカロイドと総称される一連の化合物は、もともと植物に含有される塩基性物質を示していたが、顕著な生物活性を有する化合物が多かったため、古来より盛んに研究が行われてきた。現在では、植物由来かどうかにかかわらず、窒素原子を含む化合物を広くアルカロイドと呼ぶこともある。アルカロイドには、その基本骨格と窒素原子がアミノ酸に由来するものが多く、その生合成の過程を**アミノ酸経路**と呼ぶ。タンパク質構成成分であるアミノ酸は 20 種類が知られるが、アルカロイドの生合成に関わるアミノ酸は限られており、オルニチン、リシン、フェニルアラニン、チロシン、トリプトファンなどである。芳香族アミノ酸はシキミ酸経路で合成されることを考えると、これらに由来するアルカロイド合成は、シキミ酸経路の延長線上にあるともいえる。

12・3・2　オルニチン由来のアルカロイド

オルニチンはタンパク質の構成成分ではないが、動物では尿素サイクル

オルニチン ornithine

第12章　二次代謝と生合成 (2) －生合成経路による分類：ポリケチド・フェニルプロパノイド・アルカロイドの生合成－

コカイン cocaine

ニコチン nicotine

レトロネシン retronecine
セネシオニン senecionine

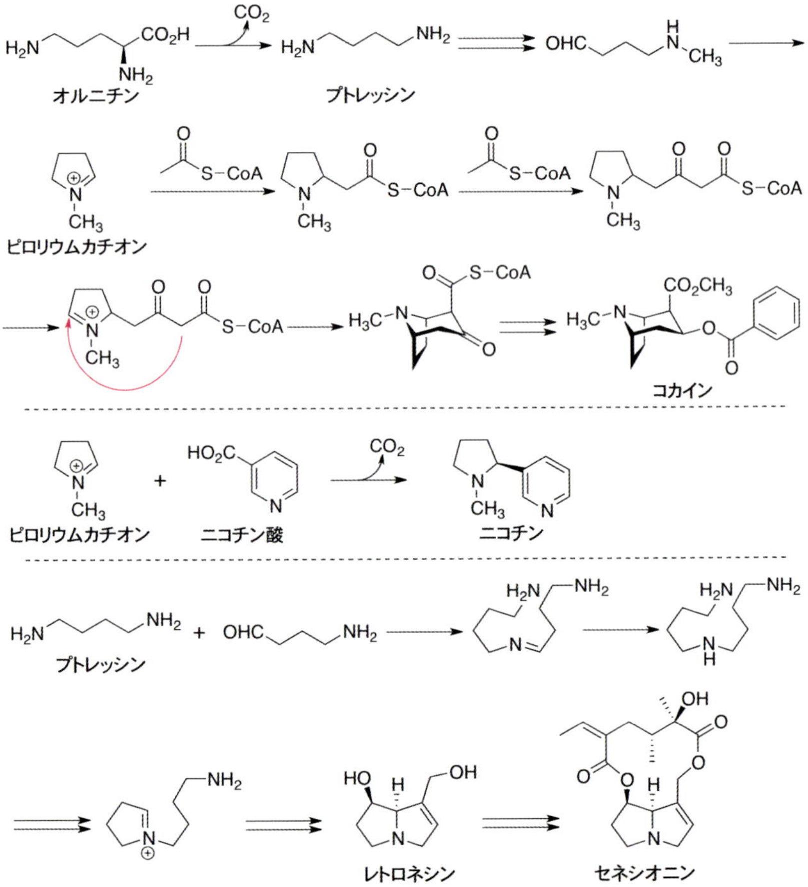

でアルギニンから、植物ではグルタミン酸から生合成される。はじめに、コカノキに含まれるアルカロイドで局所麻酔薬として知られる**コカイン**の生合成を示す（**図 12・8**）。オルニチンは、脱炭酸によりプトレッシンへと変換された後、酸化的脱アミノ化反応でアルデヒドとなり、これが環化してピロリウムカチオンを生成する。次に、アセチル CoA が 2 回結合することにより炭素鎖が伸長され、再び環化が起こることにより、コカインの基本骨格が完成する。

　また、中間体のピロリウムカチオンに対して、ビタミンの一種であるニコチン酸に由来するピリジンが結合した化合物が、タバコに含まれる**ニコチン**である。

　一方、プトレッシンと、それが酸化的脱アミノ化したアルデヒドとが縮合して二量体となり、さらに酸化的な脱アミノ化を繰り返しながら二度の環化が進行すると、**レトロネシン**が生合成されるが、これはキク科セネシオ属の植物に含まれる**セネシオニン**の構成成分として知られる。

図 12・8　オルニチン由来アルカロイドの生合成

12・3・3 リシン由来のアルカロイド

　リシンはオルニチンより1炭素長いアミノ酸であるが、オルニチンと同様に、対応するジアミンである**カダベリン**を中間体として、6員環のピペリジン環を形成する（**図12・9**）[*6]。これに側鎖が導入されれば、ザクロに含まれる**ペレチエリン**や、コショウの辛味成分である**ピペリン**へと変換される。また、ピペリジン環が二量化を起こせば、ルピナス属の植物に含まれる苦味成分の**ルピニン**のような二環性のアルカロイドにも変換される。

カダベリン cadaverine

*6　図12・8と図12・9を比較すると、オルニチンからは炭素数4のジアミン（アミノ基を二つもつ化合物）を経由して5員環のピロリウムカチオンが生成するのに対し、リシンからは炭素数5のジアミンを経由して6員環のピペリジウムカチオンが生成するのが分かる。

ペレチエリン pelletierine
ピペリン piperine
ルピニン lupinine

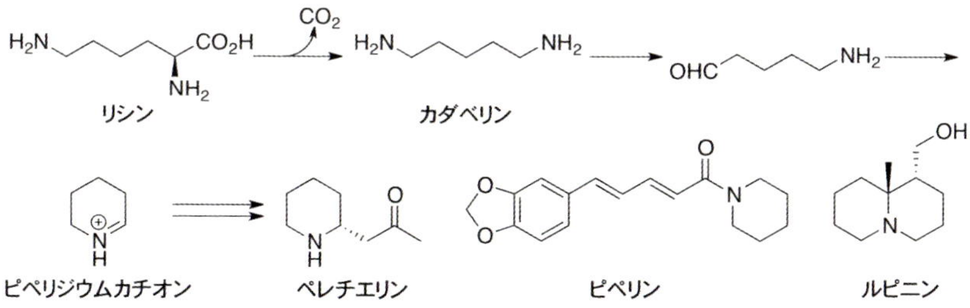

図 12・9　リシン由来アルカロイドの生合成

12・3・4 チロシンやフェニルアラニン由来のアルカロイド

　芳香族アミノ酸である**チロシン**や**フェニルアラニン**からは、芳香環を有する様々なアルカロイドが生合成される（**図12・10**）。チロシンがチロシンヒドロキシラーゼにより酸化された後、脱炭酸を起こせば、中枢神経系に存在する神経伝達物質である**ドーパミン**が合成される。さらに**ノルアドレナリン**を経てメチル化され、**アドレナリン**へも変換される。アドレナリンは1900年に高峰譲吉により結晶として単離された副腎髄質ホルモンである。

　鎮痛作用を有する**コデイン**や**モルヒネ**は、アヘンから抽出されるアルカロイドであるが、二分子のチロシンから生合成されている。つまり、チロシンのアミノ基転移と脱炭酸により生じたアルデヒドと、やはりチロシンから合成された**ドーパミン**との、ピクテ-スペングラー反応と呼ばれる縮合反応でテトラヒドロイソキノリン骨格が形成される[*7]。その後メチル化や酸化を経て合成される**レチクリン**も、アヘンなどに含まれるアルカロイドである。さらにフェノールの酸化的カップリングによる閉環反応を経て、コデインやモルヒネに変換されている。チロシンはシキミ酸経路で生合成されているので、これらのアルカロイドは、シキミ酸経路とアミノ酸経路の複合経路で生合成されていると考えることもできる。

　また、**ガランタミン**や**コルヒチン**は、1分子のチロシンと1分子のフェニルアラニンから生合成されると考えられている。ガランタミンはヒガンバナ科の植物に含まれ、アセチルコリンエステラーゼ阻害作用が知られているが、アルツハイマー病の治療薬としても注目されている。コルヒチン

コデイン codeine
モルヒネ morphine

*7　ピクテ-スペングラー反応（Pictet-Spengler reaction）は、アリールエチルアミンとアルデヒドからテトラヒドロイソキノリン骨格を合成する有機化学反応である。酸性条件下、アミンとアルデヒドが縮合して生じるイミニウムカチオンが、分子内の芳香環に対して、フリーデル-クラフツ型の求電子置換反応を起こして閉環し、テトラヒドロイソキノリン骨格を与える。
　ベンゼン環とピリジン環が縮合した構造をイソキノリンと呼ぶが、テトラヒドロイソキノリンは、イソキノリンの二重結合二つが水素化された化合物である。

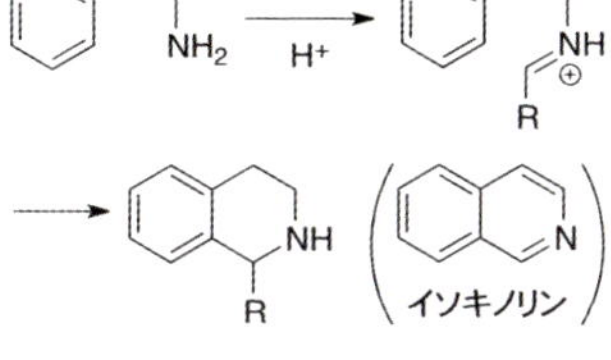

レチクリン reticuline
ガランタミン galantamine
コルヒチン colchicine

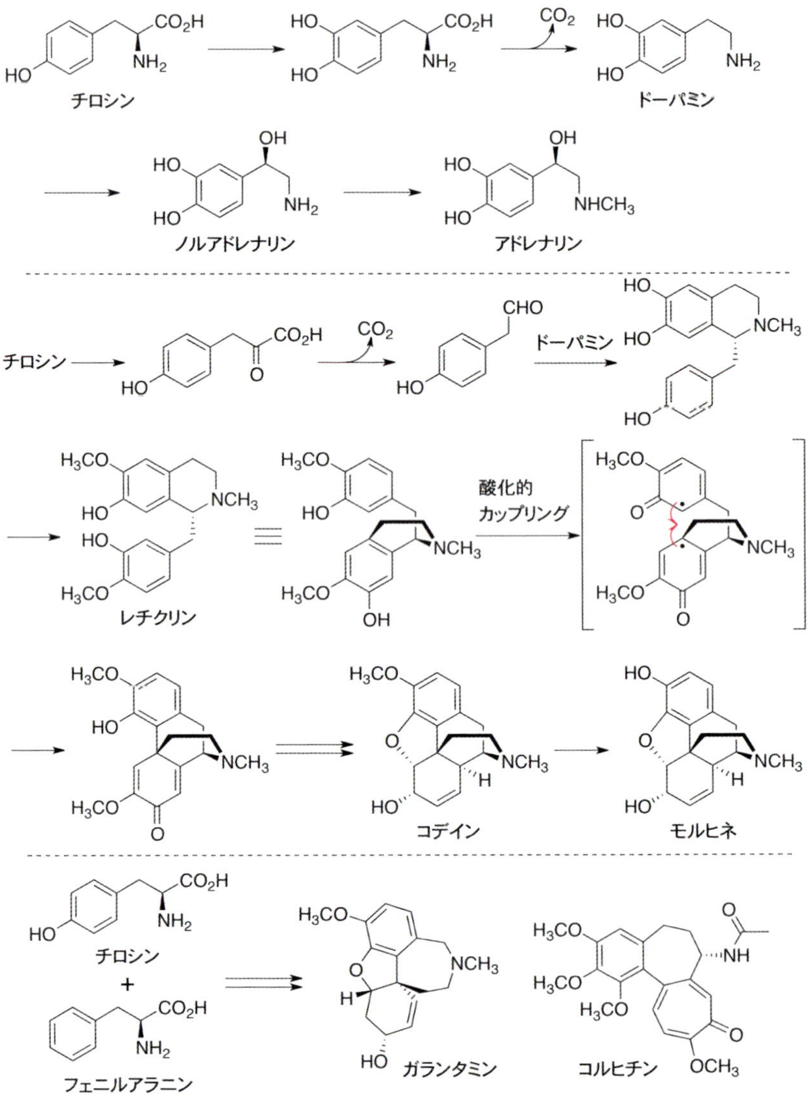

図12・10　チロシンやフェニルアラニン由来アルカロイドの生合成

*8　インドール骨格はベンゼン環とピロール環（含窒素5員環芳香族）が縮合した構造で、この骨格を含む天然有機化合物は数多く知られる。

インドールアルカロイド
indole alkaloid

セロトニン serotonin

トリプタミン tryptamine

シロシン psilocin
シロシビン psilocybin

はイヌサフランに含まれ、痛風に対して有効とされているが毒性も高い。

12・3・5　トリプトファン由来のアルカロイド

　トリプトファンからは、インドール骨格*8を有し**インドールアルカロイド**と呼ばれる多様な化合物が生合成される（**図12・11**）。トリプトファンが酸化された後に脱炭酸して生成する**セロトニン**は、神経伝達物質の一種である。トリプトファンが脱炭酸して生じる**トリプタミン**は、多くのインドールアルカロイドの生合成中間体となる。トリプタミンから酸化とメチル化を経て合成される**シロシン**や、さらにリン酸化された**シロシビン**は幻覚作用を示し、いわゆるマジックマッシュルームの成分である。植物ホルモン

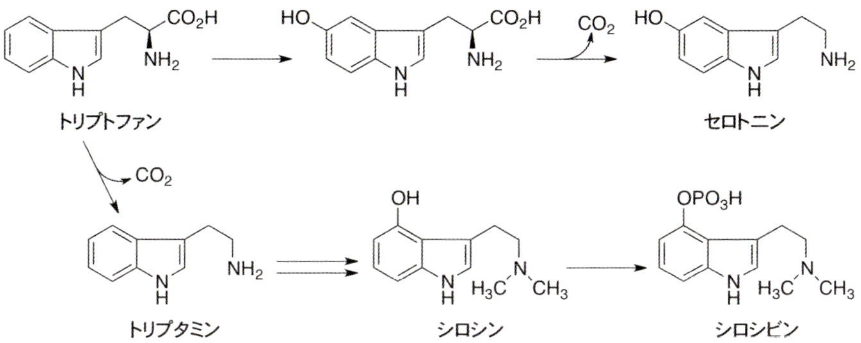

12・3 アミノ酸経路 139

トリプトファン　　　　　　　　　　　　　　　　　　　セロトニン

トリプタミン　　　　　シロシン　　　　　シロシビン

図 12・11　トリプトファン由来の単純なアルカロイドの生合成

の一種である**オーキシン**（構造は図8・14を参照：p.95）も同様の経路で生合成される。

　さらに複雑なインドールアルカロイドが知られており（**図12・12**）、植物病原菌の一種である**麦角菌**（章末コラム参照）は、**リゼルグ酸**を共通骨格としたアルカロイドを生産し、これらは麦角アルカロイドと総称される。リゼルグ酸骨格にはトリプトファンが脱炭酸したトリプタミン部分の他に、炭素5個の単位（図中赤で示した）が含まれているのが分かる。これはテルペノイド合成に関わるジメチルアリル二リン酸に由来している。リゼルグ酸がアミドに変換された化合物は多数知られるが、**エルゴメトリン**は筋収縮作用や血管収縮作用を有し、分娩促進や子宮出血治療に用いられてきた。また、リゼルグ酸を人工的にジエチルアミドに変換した化合物は、幻覚剤として知られる **LSD** である。

麦角菌 ergot
リゼルグ酸 lysergic acid

エルゴメトリン ergometrine

LSD
lysergic acid diethylamide

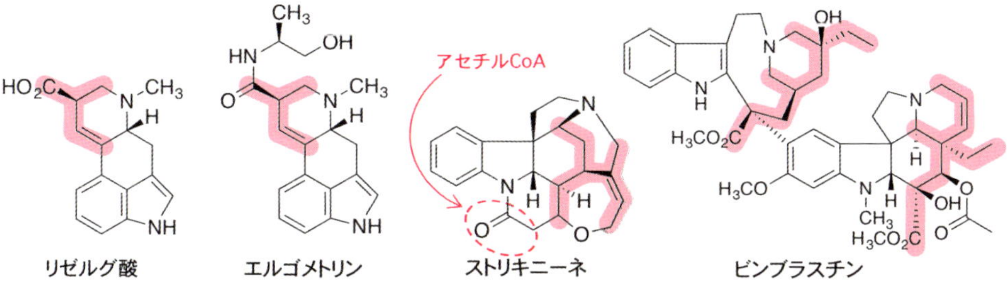

リゼルグ酸　　　エルゴメトリン　　　アセチルCoA　　ストリキニーネ　　　ビンブラスチン

図 12・12　トリプトファン由来の複雑なアルカロイドの生合成（複合経路）

　また、マチン科の植物に含まれる毒である**ストリキニーネ**や、ニチニチソウに含まれる**ビンブラスチン**にも、トリプタミン部分以外に、炭素9個もしくは10個からなる炭素鎖（図中赤で示した）が含まれているのが分かる。これらはモノテルペンに由来する構造であることが分かっており、アミノ酸経路とイソプレノイドの生合成経路が複合して生合成されている。

ストリキニーネ strychnine
ビンブラスチン vinblastine

140 | 第12章 二次代謝と生合成 (2) −生合成経路による分類：ポリケチド・フェニルプロパノイド・アルカロイドの生合成−

ビンブラスチンはインドールアルカロイドが二量化した構造をしており、微小管の重合阻害活性を有することから、抗がん剤として用いられている。

12・4 　複 合 経 路

第11章からこれまでに、主に四つの重要な生合成経路を紹介してきたが、これですべての二次代謝産物の生合成を網羅するわけではない。前節では、リゼルグ酸やストリキニーネなどはアミノ酸経路とイソプレノイドの生合成経路が複合した経路で生合成されると紹介したが、このような複合経路により生合成される化合物は多く知られる。本節では、複合経路により生成する化合物群をいくつか紹介する。

12・4・1　フラボノイドやスチルベノイド

フラボノイド flavonoid
スチルベノイド stilbenoid
フラバン flavan
スチルベン stilbene

フラボノイドやスチルベノイドと呼ばれる化合物群は、フラバンやスチルベンを基本構造とする植物の二次代謝産物である。これらはフェニルプロパノイドである桂皮酸誘導体を出発物質とし、マロニル CoA を伸長単位としてポリケチドの生合成経路によって生合成される (図12・13)。つまり、シキミ酸経路と酢酸−マロン酸経路の複合経路で生合成される。シキミ酸経路により生成したフェニルプロパン単位に対して、3分子のマロニル CoA による炭素鎖伸長で β-ケトメチレン鎖が形成される。この環化により、芳香環を形成したカルコンがさらに環化したフラバノンを中間体として、植物色素であるフラボンやアントシアニンなど、様々なフラボノイド

カルコン chalcone
フラバノン flavanone
フラボン flavone
アントシアニン anthocyanin

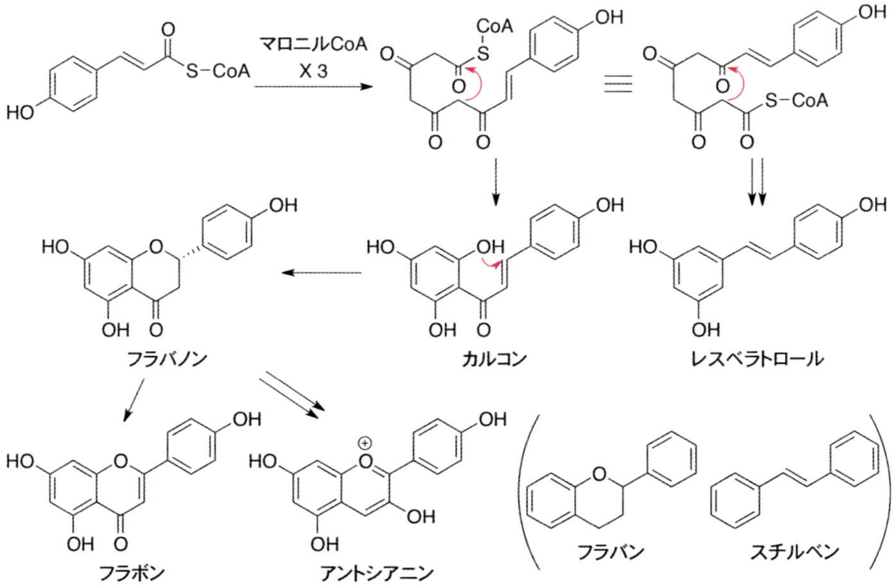

図 12・13　フラボノイドやスチルベノイドの生合成

12・4　複合経路　　141

類が合成される。また、β-ケトメチレン鎖が別の環化様式を経由すれば、植物のファイトアレキシン（13・2・1項参照）として知られる**レスベラトロール**（スチルベノイドの一種）を与える。

レスベラトロール resveratrol

12・4・2　カンナビノイド

カンナビノイドとは、大麻（マリファナ）に含まれる化学物質の総称であるが、その中で主な幻覚作用物質とされるのが**テトラヒドロカンナビノール**である。この化合物は、ポリケチドとイソプレノイドの複合経路で生合成される（**図12・14**）。すなわち、ヘキサノイル CoA を出発物質とし、マロニル CoA を伸長単位とした3回の炭素鎖伸長で、β-ケトメチレン鎖が形成される。これが芳香環を形成した**オリベトール酸**に対して、ゲラニル二リン酸によるアルキル化が進行し、さらに環化反応などを経てテトラヒドロカンナビノールが生成する。植物体内では芳香環上のカルボキシ基は残存した状態で生合成されており、伐採後や喫煙時の熱などにより脱炭酸してテトラヒドロカンナビノールが生成している。

カンナビノイド cannabinoid

テトラヒドロカンナビノール
tetrahydrocannabinol

オリベトール酸
olivetolcarboxylic acid

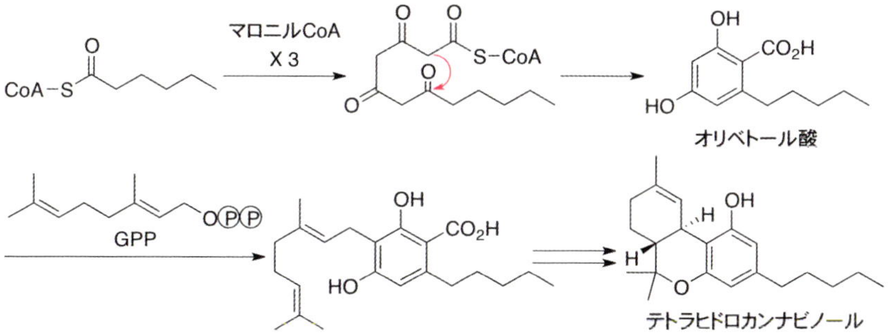

図12・14　テトラヒドロカンナビノールの生合成

12・4・3　一部のキノン類

酢酸-マロン酸経路でアントラキノン骨格が生合成される例を12・1節で示した。しかし、アカネ科植物の色素として知られるアントラキノン類である**ルビアジン**や**アリザリン**は、ポリケチドではなく、シキミ酸経路とイソプレノイド生合成の複合経路で生合成されている（**図12・15**、図中赤で示した部分がイソプレノイド由来）。また、ナフトキノン骨格の**シコニン**

ルビアジン rubiadin
アリザリン alizarin

シコニン shikonin

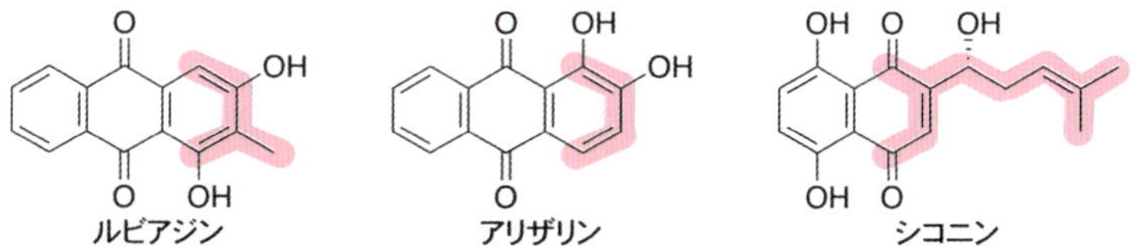

図12・15　シキミ酸経路とイソプレノイドの複合経路で生合成されるキノン類

は、ムラサキ科の植物の色素であるが、シキミ酸経路と炭素10個のモノテルペン部分（図中赤で示した）より生合成されている。このように、同様の骨格でも生合成経路が異なる可能性もあり、生合成経路が解明されていない化合物も多い。

演習問題

12・1 図12・3に示したテトラケチドから芳香環が形成される反応を有機化学的に考え、電子の動きを矢印で示して反応機構を説明せよ。

12・2 Ⅱ型ポリケチド合成酵素における炭素鎖伸長反応を有機化学的に考え、電子の動きを矢印で示して反応機構を説明せよ。

12・3 Ⅰ型ポリケチド合成酵素とⅡ型ポリケチド合成酵素の違いを説明せよ。

12・4 コリスミン酸からフェニルピルビン酸が生成する過程を有機化学的に考え、電子の動きを矢印で示して反応機構を説明せよ。

12・5 2分子のチロシンから、ピクテ–スペングラー反応によりテトラヒドロイソキノリン骨格が形成される反応機構を説明せよ。

COLUMN　麦角アルカロイド

麦角菌がイネ科の植物に寄生すると、穂の部分に麦角と呼ばれる黒い爪状の菌核（菌が集まってできる硬い塊）が生じる。麦角にはエルゴメトリンをはじめとする様々な麦角アルカロイドが含まれ、これを食べると血管収縮による手足の壊死や脳の血流不足による精神錯乱などの麦角中毒（麦角病）を引き起こす。

麦角の毒性については紀元前から知られていたが、ライ麦の普及とともに麦角中毒は流行し始めた。中世ヨーロッパでは、麦角菌が感染したライ麦や小麦のパンを食べることにより手足の壊死を起こす病気が蔓延し、ペストなどと並ぶ病気として恐れられた。この病気は「聖アントニオスの火」と呼ばれ、聖アントニオスの聖地に巡礼すれば治癒するとされていた。実際には、巡礼中には転地療養の効果が得られ、麦角菌に汚染された食物を食べずに済んだからと考えられる。

17世紀には麦角中毒と麦角の関係が知られるようになり、麦角中毒は急速に減少してきたが、現在でも飢餓地域を中心に被害が報告されている。日本

麦角（spline_x/Shutterstock.com）

では麦角菌に感染しにくい米を主食としてきたため、麦角病の被害はほとんど見られていない。

微量の麦角は血管収縮作用をもつので、分娩後の出血抑制などを目的として古くから医薬として用いられてきた。現在では、麦角自体を医薬として用いることはないが、成分の一つであるエルゴメトリンやエルゴタミンが、分娩後出血や急性偏頭痛に対する医薬品として用いられている。

第13章 二次代謝と生合成 (3)
―生物活性物質の機能による分類―

第11章と第12章では、生物活性物質を中心に、その生合成経路に基づいて分類した。本章では、様々な生合成経路で合成される生物活性物質を、その機能に基づいて概説する。たとえば、トリテルペンであるジベレリンとシキミ酸経路由来のオーキシンは、生合成という観点では別の群に分類されるが、機能という観点ではどちらも植物ホルモンに分類されるというように、生合成に基づく分類と機能に基づく分類とはまったく異なっており、互いに相関はない。本章では、生物活性物質の中から重要なものを取り上げて概説する。

13・1 フェロモン

ホルモンは同一個体内で作用する機能分子であったのに対し、フェロモンは同一種他個体に作用し、個体間の情報伝達に用いられる分子である。フェロモンはその作用効果により、特定の生理作用を引き起こす**起動フェロモン**と、一定の行動を引き起こす**触発フェロモン**の二つに大別される。

フェロモン pheromone

起動フェロモン
primer pheromone
触発フェロモン
releaser pheromone

13・1・1 昆虫フェロモン

フェロモンに関する研究は、20世紀初頭から昆虫を対象に行われてきた。社会性昆虫であるアリやハチは、階級の維持のために階級分化フェロモンを用いており、これは起動フェロモンの一種である。最もよく知られているのは、ミツバチの女王バチが分泌する女王物質であるが、働きバチの卵巣の発育を抑制することにより、巣内に女王バチが一匹になるよう制御している。一方、触発フェロモンとしては多くの化合物が研究されており、性フェロモン、集合フェロモン、警報フェロモン、道しるべフェロモンなどに分類される（図13・1）。

性フェロモンは異性に対して作用し配偶行動を制御するフェロモンで、雌が分泌している例が多い。**ボンビコール**（カイコガ）、**ディスパーリュア**

性フェロモン sex pheromone
ボンビコール bombykol
ディスパーリュア disparlure

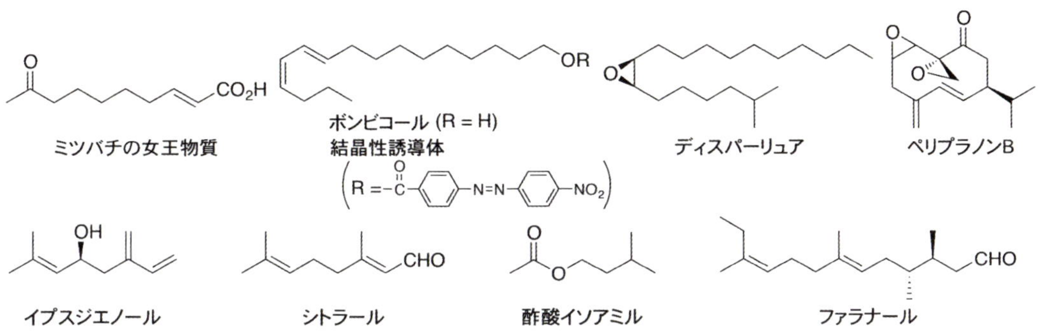

図13・1　代表的な昆虫フェロモン

144 ｜ 第13章 二次代謝と生合成 (3) －生物活性物質の機能による分類－

ペリプラノンB
periplanone B

集合フェロモン
aggregation pheromone

イプスジエノール ipsdienol

警報フェロモン
alarm pheromone

シトラール citral

酢酸イソアミル
isoamyl acetate

道しるべフェロモン
trail pheromone

ファラナール pharanal

（マイマイガ）、**ペリプラノンB**（ワモンゴキブリ）などが性フェロモンとして知られているが、いずれも雌が分泌している。

　異性のみを誘引する性フェロモンに対し、雌雄両方を誘引するのが**集合フェロモン**で、集団生活する昆虫がコロニー形成を維持するために用いており、*Ips* 属のキクイムシが用いる**イプスジエノール**などが知られる。**警報フェロモン**は、アリやハチなどの社会性昆虫が仲間に危険を知らせるフェロモンで、**シトラール**（*Lasius* 属のアリ）や**酢酸イソアミル**（セイヨウミツバチ）などが知られる。**道しるべフェロモン**は社会性昆虫が巣に戻るための道しるべとして分泌するフェロモンで、ファラオアリが用いる**ファラナール**などが知られる。

　これらはいずれも極めて低濃度で作用するので、以前は単離や構造決定がむずかしい場合が多かった。ボンビコールの構造が1959年に決定された際には、カイコガの雌50万頭から抽出したボンビコールを結晶性誘導体（12 mg）へと導いて行われた。分析技術の発達した現在では、1 mg 以下での構造解析も可能になっている。

13・1・2　昆虫フェロモンの利用

　昆虫フェロモンは害虫防除を目的として実用化されており、主に三つの手法が用いられている。発生予察法は、フェロモントラップ（フェロモンを入れた捕獲容器）を設置し、捕獲される害虫の数を調べることにより、その発生時期などを予測する方法である。大量誘殺法は、フェロモントラップを多数設置し、害虫を捕集して殺す方法である。交信撹乱法は、人為的にフェロモンを放出することにより、害虫間での交信を混乱させ、交尾を阻害する長期的な方法である。フェロモンは微量で昆虫に作用する揮発性物質なので、残留性などの環境負荷も少ないうえ、耐性も出にくいと考えられている。

*1　有性生殖において二つの細胞が融合する細胞間の現象を接合という。微生物の性は動植物とは異なるが、有性生殖は真核生物では普遍的に認められる。二つの細胞の接合により両者の遺伝子が組み換えられ、新たな個体が生じる。一般に接合を行う生殖細胞のことを配偶子という。

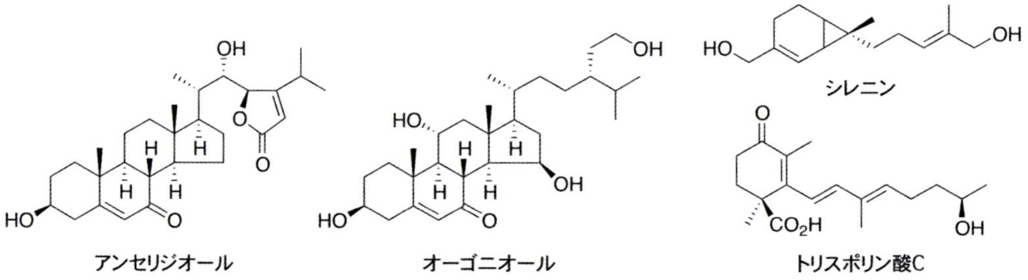

13・1・3　微生物のフェロモン

微生物の接合*1過程において、接合を誘導する因子の存在が確認されて

アンセリジオール　　　　オーゴニオール　　　トリスポリン酸C

シレニン

図13・2　微生物のフェロモン

おり、**接合フェロモン**と呼ばれる。多くの場合ペプチド性の化合物であるが、イソプレノイドを用いている例も知られる（図13・2）。雌雄異株のワタカビは造卵器と造精器による有性生殖を行うが、雌株から分泌され雄株に造精器形成を誘導する**アンセリジオール**、雄株から分泌され雌株に造卵器形成を誘導する**オーゴニオール**が接合フェロモンとして働いている。雌雄同株のカワリミズカビの接合過程では、雌性配偶子が雄性配偶子を誘引する物質として**シレニン**を用いている。また、ケカビの接合過程では、配偶子嚢の形成を誘導する物質として**トリスポリン酸C**が知られている。

接合フェロモン mating pheromone

アンセリジオール antheridiol

オーゴニオール oogoniol

シレニン sirenin

トリスポリン酸 C trisporic acid C

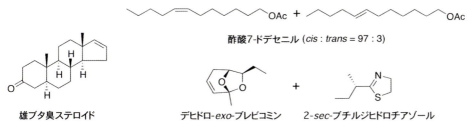

図13・3 哺乳類のフェロモン

13・1・4 哺乳類のフェロモン

哺乳類でもフェロモンの存在が示唆される現象は知られているものの、化合物が同定されている例は少ない（図13・3）。**雄ブタ臭ステロイド**は雄ブタによってつくられ、ケトンが還元されたアルコールが雌に対して性フェロモンとして働いている。**酢酸7-ドデセニル**はアジアゾウの雌が分泌する性フェロモンで、シス体とトランス体との97：3の混合物が用いられている。**デヒドロ-*exo*-ブレビコミン**と**2-*sec*-ブチルジヒドロチアゾール**は、イエネズミの雄の尿に含まれ、雄のイエネズミの攻撃性を誘発するフェロモンとして働いている。

雄ブタ臭ステロイド androstenone

酢酸7-ドデセニル 7-dodecenyl acetate

デヒドロ-*exo*-ブレビコミン dehydro-*exo*-brevicomin

2-*sec*-ブチルジヒドロチアゾール 2-*sec*-butyldihydrothiazole

ファイトアレキシン phytoalexin

13・2 植物に関わる活性物質

植物に関わる活性物質として最も重要な植物ホルモンについては、第8章（8・2・3項参照）ですでに述べたので、ここではファイトアレキシンと他感物質について概説する。

13・2・1 ファイトアレキシン

植物は動物のような免疫系をもたず、病原菌の感染やストレスなどにより、**ファイトアレキシン**と総称される抗菌性二次代謝産物を生産する。これらは通常の植物体内にはほとんど存在しないが、病原菌の侵入などに対して抵抗するために誘導される（図13・4）。イネの生産するファイトアレ

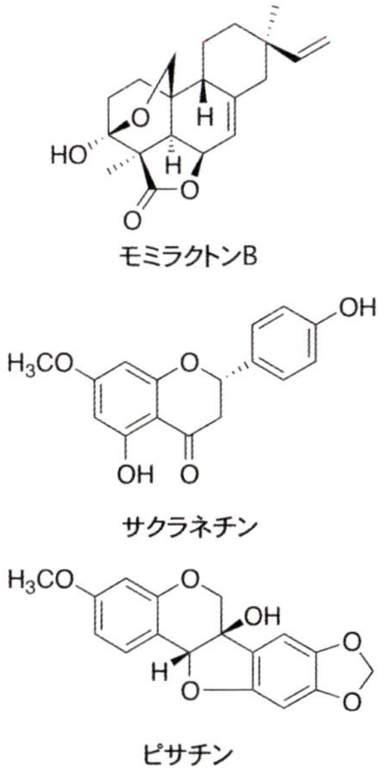

モミラクトンB

サクラネチン

ピサチン

図13・4 植物のファイトアレキシン

146 第13章 二次代謝と生合成 (3) －生物活性物質の機能による分類－

オリザレキシン A oryzalexin A

モミラクトン B momilactone B

サクラネチン sakuranetin

ピサチン pisatin

キシンとしては、ジテルペン型の**オリザレキシン A**（構造は図 11・7；p.123）や**モミラクトン B**、フラボノイド型の**サクラネチン**などが知られている。また**ピサチン**はエンドウが生産するフェニルプロパノイド型（12・2・2項）のファイトアレキシンであるが、ファイトアレキシンの構造は植物により様々で、現在までに 200 種類以上が知られている。

13・2・2 他感物質

アレロパシー（他感作用）
allelopathy

他感物質 allelochemical

＊2 同じ圃場で同じ作物の栽培を繰り返すと生育が悪くなることがある。本来他感物質は、その作物自身への影響は少ないが、その蓄積による悪影響が連作障害の一因とも考えられている。

植物が生産する化合物により、他の植物の生育に影響を与える現象を**アレロパシー（他感作用）**というが、その原因物質が**他感物質**である。この現象は、農業における雑草の防除に利用できる一方、連作障害＊2の原因の一つとも考えられている（図13・5）。**ユグロン**はクルミの生産する物質であるが、クルミの木の周囲で植物の生育が悪くなる現象から発見された他感物質である。

オオムギの生産する**グラミン**は、ハコベなどの雑草に対する生育抑制を示すことから天然の除草剤としても応用されている。**サリチル酸**はスイカの生産する他感物質であるが、連作障害の原因物質と考えられている。

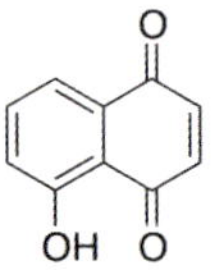

13・3 昆虫に関わる活性物質

農産物に対する害虫や、カイコなどの有用昆虫といった双方の観点から、昆虫は人類の生活と深く関わってきた。そのため、昆虫に関わる活性物質は古くから研究されてきた。最も重要な昆虫ホルモンと昆虫フェロモンについてはすでに述べたので、ここではそれ以外の活性物質について概説する。

ユグロン

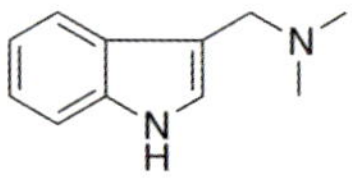

グラミン

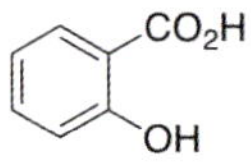

サリチル酸

図 13・5　植物の他感物質

ユグロン juglone
グラミン gramine
サリチル酸 salicylic acid
ポナステロン A ponasterone A

13・3・1 昆虫ホルモン様物質

植物の中には、昆虫ホルモン様の活性を示す化合物を生産しているものがある（図13・6）。**ポナステロン A** は、トガリバマキが生産する脱皮ホルモン様物質である。本化合物は、エクジソン（構造は図 11・10；p.125）と

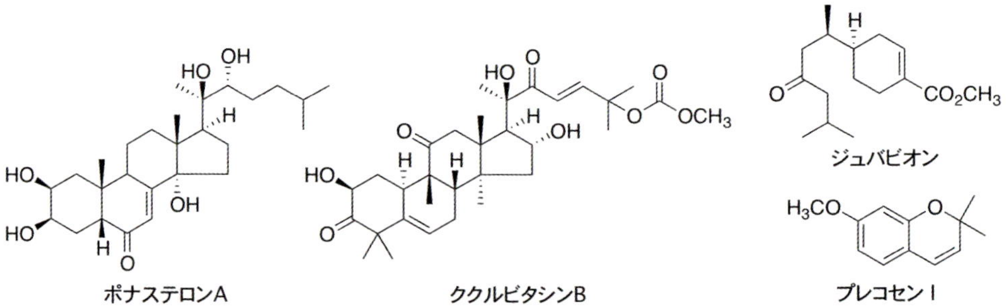

ポナステロンA　　　　**ククルビタシンB**　　　　**ジュバビオン**　　　　**プレコセンⅠ**

図 13・6　植物の生産する昆虫ホルモン様物質

比べ構造上の違いはヒドロキシ基の有無のみであるが、エクジソンより強力な活性を示す。このような植物由来の脱皮ホルモン様物質を**フィトエクジソン**と総称する。一方、脱皮ホルモンを抑制するステロイドを生産する植物も存在し、**ククルビタシン B** はウリ科の植物により生産され、脱皮ホルモン抑制活性を有する。また、植物が生産する幼若ホルモンに関連する活性物質も知られている。**ジュバビオン**はトドマツに含まれるセスキテルペンで、幼若ホルモン様活性を示す。一方、アザミから発見された**プレコセン**類は、アラタ体に作用し幼若ホルモンの生合成と分泌を阻害する[*3]。

13・3・2 殺 虫 剤

マメ科植物であるデリス属の根などには、殺虫活性を有する**ロテノン**が含まれており、古くから天然殺虫剤として用いられてきた（**図13・7**）。フェニルプロパノイドに属する本化合物は、ミトコンドリア中の電子伝達系（9・7節参照）を阻害し、昆虫や魚類に対して高い毒性を示す。哺乳類に対しても中程度の毒性を有することから、現在ではあまり用いられない。

また、除虫菊にも殺虫成分が含まれているが、その有効成分は**ピレトリン I** と**ピレトリン II** を主成分とする菊酸のエステル類であり（菊酸の構造は図11・5；p.120）、**ピレスロイド**と総称される。天然のピレスロイドは、古くから蚊取り線香などの形で殺虫剤として用いられてきた。現在では、構造を改変した様々な合成ピレスロイドが工業的に合成され、農業用や家庭用の殺虫剤の有効成分として使われている。ピレスロイドは昆虫の神経伝達系に作用する神経毒であるが、哺乳類に対しては毒性を示さない。

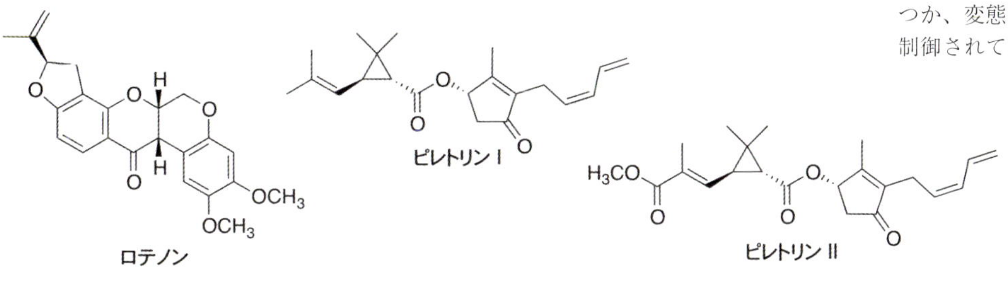

フィトエクジソン
phytoecdysone

ククルビタシン B
cucurbitacin B

ジュバビオン　juvabione

プレコセン　precocene

[*3]　昆虫は、卵から孵化した幼虫が脱皮を繰り返して大きくなり、蛹を経て羽化し、成虫となり産卵する。この昆虫の生活環の制御に重要な役割を果たしているのは昆虫ホルモンである。その中で特に重要なのは、前胸腺という器官より分泌される脱皮ホルモン（エクジソン、構造は図11・10；p.125）と、アラタ体という器官から分泌される幼若ホルモン（JH III など、構造は図11・6；p.121）の二つである。幼若ホルモンが充分に分泌された状態で脱皮ホルモンが分泌されると、幼虫は脱皮してより大きな幼虫となる。一方、幼若ホルモンが少なくなったときに脱皮ホルモンが作用すると、蛹化したり羽化したりする変態が起こる。つまり両者のバランスにより、幼虫の形態を保つか、変態して成虫となるかが制御されている。

図13・7　植物の生産する殺虫活性物質

ロテノン　rotenone

ピレトリン I, II
pyrethrin I, II

ピレスロイド　pyrethroid

13・3・3 昆虫摂食阻害物質

植物の中には、昆虫の摂食行動を阻害する物質を生産しているものがある（**図13・8**）。エサとなる植物にこのような物質が含有もしくは付着していると、昆虫はそのエサを食べるのを拒む。「蓼食う虫も好き好き」ということわざがあるが、タデに含まれる辛味成分、**ポリゴジアール**（構造は図11・6；p.121）は、昆虫に対する摂食阻害活性を有する。このセスキテルペンは辛味に加えて抗菌作用も有することから、タデは刺身のつまとしても

ポリゴジアール　polygodial

148 | 第13章 二次代謝と生合成 (3) －生物活性物質の機能による分類－

イソボルジン isoboldine

アザジラクチン azadirachtin

用いられる。また、ツヅラフジ科のカミエビは昆虫による被害が少ない植物であるが、これはカミエビに含まれるアルカロイド、**イソボルジン**の摂食阻害活性による。摂食阻害物質として最も強力とされるのが、インドセンダンに含まれるトリテルペン、**アザジラクチン**である。こうした摂食阻害物質は、摂食阻害活性の他に成長阻害活性も有することが多く、農薬としての可能性も注目をあびている。

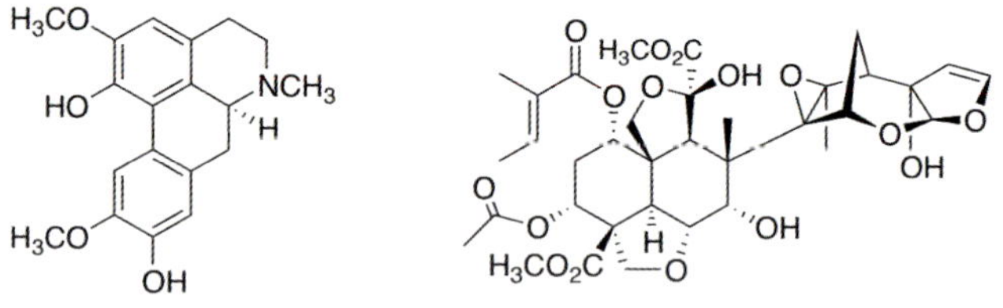

図13・8 植物の生産する昆虫摂食阻害物質

13・4 医薬・農薬

　微生物や植物が生産する二次代謝産物の中には、天然由来の医薬や農薬として人類が用いている化合物も多い。本節ではそれらについて概説する。

13・4・1 抗生物質

抗生物質 antibiotics

ストレプトマイシン streptomycin

ワクスマン Waksman, S.

　代表的な**抗生物質**である**ストレプトマイシン**の発見者ワクスマンは、抗生物質を「微生物によって生産され、他の微生物の発育を阻害する物質」と定義している。つまり、抗生物質とは主に抗菌剤を示す言葉であったが、現在では抗菌、抗真菌、抗がんなどの活性を有する微生物由来の薬剤に対して、より広範な意味で用いられることが多い。

13・4・2 抗感染症薬としての抗生物質

*4　抗感染症薬としての抗生物質は、その構造に基づき主に四つに分類される。
・β-ラクタム系抗生物質：4員環の環状アミドであるβ-ラクタム構造を有する化合物。
・アミノグリコシド系抗生物質：アミノ糖を含み、糖がグリコシド結合した化合物。
・ポリケチド系抗生物質：酢酸-マロン酸経路で生合成された化合物。さらに詳細な分類は12・1・2項参照。
・グリコペプチド系抗生物質：アミノ酸からなるペプチド鎖に糖が結合した化合物。

ペニシリン penicillin

　感染症は微生物の感染による病気であるが、結核をはじめとする様々な感染症の治療に抗生物質が用いられる。ヒトには作用せず、微生物に対してのみ選択的に活性を示す（副作用がない）薬剤が望ましいので、微生物のみに存在する器官や代謝経路を標的とした化合物が用いられる。たとえば、ヒトには存在しない細胞壁の生合成阻害や、ヒトと細菌とで構造が異なるリボソームなどを作用対象とした抗生物質が多い。**図13・9**に代表的な抗菌活性抗生物質を挙げたが、ストレプトマイセス属の放線菌により生産される化合物が多い[*4]。

　ペニシリンは1928年に発見された世界初の抗生物質で、アオカビの生産する物質である。このようなβ-ラクタム構造を有する抗生物質は数多

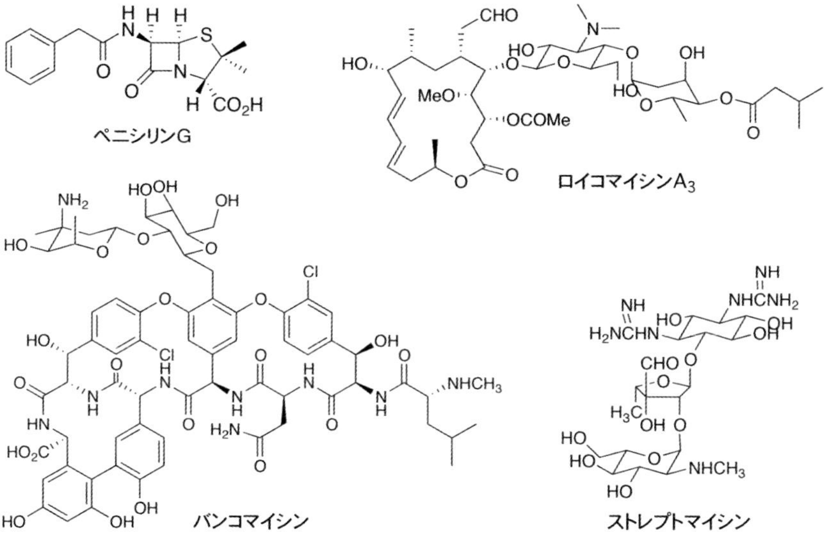

ペニシリンG　　ロイコマイシンA₃

バンコマイシン　　ストレプトマイシン

図13・9　抗菌活性抗生物質

く知られ、β-ラクタム系抗生物質と総称されるが、細菌の細胞壁合成を阻害することにより抗菌活性を示す。ストレプトマイシンはアミノグリコシド系抗生物質に分類されるが、細菌のリボソームに作用しタンパク質合成を阻害する。結核に対して有効な初めての抗生物質であり、発見者のワクスマンはこの功績でノーベル生理学・医学賞を受賞した。

マクロリド系抗生物質に分類される**エリスロマイシン A**(構造は図12・2；p.129)や**ロイコマイシン A₃**、四環性構造が特徴的なテトラサイクリン系抗生物質(構造は図12・2)は、いずれもポリケチドの生合成経路により合成される化合物であり、リボソームでのタンパク質合成を阻害する。**アンホテリシン B**(構造は図12・2)はポリエンマクロリド系抗生物質に分類され、真菌の細胞膜構成成分であるエルゴステロールに作用し、抗真菌活性を示す。**バンコマイシン**はグリコペプチド系抗生物質に分類され、細胞壁合成阻害による抗菌活性を有する。

抗生物質は感染症に対して有効な手段である一方、その使用は常に薬剤耐性という問題をはらんでいる。つまり抗生物質の使用により、細菌がそれに対する抵抗性を獲得し、薬剤耐性菌が出現することがある。耐性菌に対してはこれまでの薬剤が効かなくなるので、新たな抗生物質の開発や、耐性菌を生み出さない努力が不可欠である。

エリスロマイシン A
erythromycin A
ロイコマイシン A₃
leucomycin A₃
アンホテリシン B
amphotericin B

バンコマイシン vancomycin

13・4・3　抗がん剤などの医薬としての抗生物質

微生物由来の二次代謝産物には、感染症以外にも有効な医薬として用いられている化合物も多いが、その中で最も多いのは抗がん剤としての利用である。しかし抗感染症薬の場合と異なり、がん細胞はヒトの正常細胞か

図 13・10 医薬品として用いられる抗生物質（抗菌活性以外）

ら派生しているので両者に構造上の差異はほとんどなく、がん細胞選択的に薬剤を作用させるのはむずかしい（副作用があり得る）。がん細胞は正常細胞と比べ細胞分裂が活発であるので、細胞分裂に必要な DNA や RNA の合成阻害を標的とするなどして、がん細胞に対して選択性を有する薬剤が利用されている。

アドリアマイシン（構造は図 12・2）のようなアントラサイクリン系抗生物質[*5]には、抗がん活性を有するものが多い。これらは DNA や RNA の合成に関わる酵素を阻害し抗がん剤として有効であるが、副作用も比較的強いことが知られる。**マイトマイシン C** は、DNA への架橋形成により DNA の複製を阻害し、抗腫瘍効果を示すと考えられている。エンジイン構造[*6]を有する**カリキアマイシン γ₁** は、その糖鎖部分で DNA 鎖の副溝（図 7・6 参照；p.77）を認識した後、エンジイン部分でラジカル種を発生させて DNA を切断すると考えられている（**図 13・10**）。

一方、上記以外の目的で用いられる医療用抗生物質もいくつか知られている。**タクロリムス**はポリケチド生合成経路により基本骨格が構築されるマクロリドであるが、臓器移植の際に免疫抑制剤として用いられる他、アトピー性皮膚炎の治療などにも用いられる。アオカビが生産する**コンパクチン**は、メバロン酸経路における HMG-CoA 還元酵素の阻害によるコレステロール生合成阻害物質である。現在では一部構造を改変し、より高活性にした**プラバスタチン**が高脂血症の治療薬として用いられている。

13・4・4　農薬としての抗生物質

ヒトの感染症に対して抗生物質が有効であったのと同様、植物に対する

アドリアマイシン adriamycin

[*5]　アントラサイクリンは、アントラキノンにシクロヘキサンが縮合した骨格に対し、多くの酸素官能基が置換し、糖が結合した化合物群である。B 環がヒドロキノンになった化合物が多い。酢酸-マロン酸経路で生合成されるポリケチドを基本骨格としている。

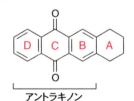

マイトマイシン C mitomycin C

[*6]　エンジイン抗生物質は、二重結合の両側に結合した二つの三重結合（エンジイン）を含む 9 員環もしくは 10 員環という特徴的な構造を有する。一般にエンジインを加熱すると、ビラジカル中間体を経てベンゼン環が形成されるが、バーグマン（Bergman）環化とよばれる重要な有機化学反応である。エンジイン抗生物質が活性を示す際にも、同様の機構で発生したラジカルが DNA 鎖を損傷していると考えられる。

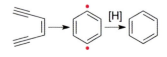

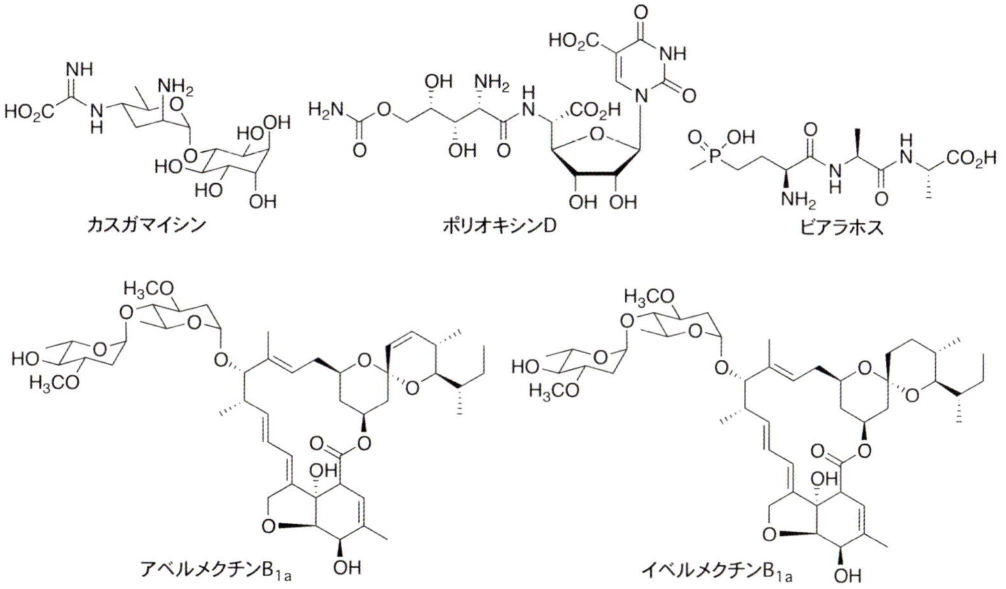

図13・11 農薬として用いられる抗生物質

病原菌の感染に対しても抗生物質は有効である。つまり、農作物の病害を防除するための農薬としても利用可能である。特にイネの病害に対する研究が多くなされており、日本で発見され実用化されている抗生物質が多い（**図13・11**）。**カスガマイシン**はアミノグリコシド系抗生物質に分類され、イネいもち病の防除に有効である。**ポリオキシンD**はヌクレオシド系抗生物質に分類され、イネ紋枯病の防除に有効な細胞壁合成阻害剤である。

一方、**ビアラホス**はC-P-C結合を有する特徴的な抗生物質であり、除草剤として用いられている。

また、**アベルメクチン B_{1a}** はマクロリド構造をもつポリケチドで、家畜寄生虫や寄生性のダニやノミに対する駆虫活性や殺虫活性を有し、農薬や動物薬として用いられている。アベルメクチンを基に合成された**イベルメクチン B_{1a}** は、抗寄生虫抗生物質として医薬としても用いられており、熱帯地方に蔓延するオンコセルカ症[*7]の特効薬である（1・3節参照）。

13・4・5 植物由来の医薬品

微生物の生産する抗生物質だけでなく、植物に含まれる成分も古くから生薬という形で医薬として用いられてきたが、現在では有効成分が同定されているものも多い（**図13・12**）。

キニーネはキナ属の植物樹皮に含まれ、マラリア原虫に対し特異的に毒性を示すことから、マラリアの特効薬として古くから用いられてきた。**アルテミシニン**（構造は図11・6：p.121）はヨモギ属の植物に含まれるセスキテルペンで、薬剤耐性のマラリア原虫にも有効とされ、本化合物やその誘

カリキアミシン γ_1
calicheamicin γ_1

タクロリムス tacrolimus
コンパクチン compactin
プラバスタチン pravastatin
カスガマイシン kasugamycin
ポリオキシン D polyoxin D

ビアラホス bialaphos

アベルメクチン B_{1a}
avermectin B_{1a}

イベルメクチン B_{1a}
ivermectin B_{1a}

[*7] オンコセルカ症は寄生虫である回旋糸状虫（*Onchocerca volvulus*）による感染症で、アフリカを中心とする熱帯地域に多く発生している。皮膚の激しいかゆみなどの炎症に加え、角膜炎から失明に至ることも多い。河川で繁殖するブユなどに媒介されることから河川盲目症とも呼ばれる。現在、イベルメクチンの集団投与が進行中で、将来的には撲滅可能と考えられている。

キニーネ quinine
アルテミシニン artemisinin

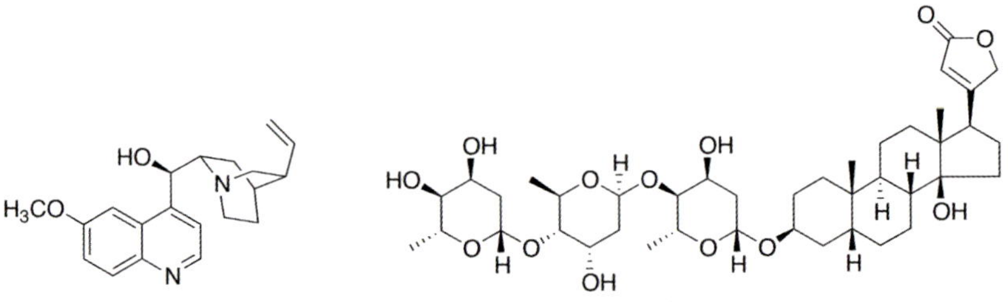

152 第13章 二次代謝と生合成 (3) −生物活性物質の機能による分類−

図13・12 植物由来の医薬品

モルヒネ morphine

アヘン opium

ヘロイン heroin
パクリタキセル paclitaxel

ジギトキシン digitoxin

導体の利用が期待されている。**モルヒネ**(構造は図12・10；p.138)はケシの抽出物である**アヘン**の主成分で鎮痛剤として使用されるが、依存性が強いことから使用が制限されている。モルヒネから合成されるジアセチルモルヒネは代表的な麻薬の**ヘロイン**である。**パクリタキセル**(構造は図11・7；p.123)はイチイ属の植物に含まれるジテルペンで、抗がん剤として用いられる。**ジギトキシン**はオオバコ科のジギタリスに含まれ、ステロイド骨格に糖が結合した化合物で、心筋の収縮力を増大させる強心配糖体の一種である。

═══ 演 習 問 題 ═══

13・1 昆虫フェロモンを用いた交信撹乱法で害虫駆除を行う場合、アメリカの大農場などに比べると、規模の小さい日本の農場では一般に効果が出にくい。その理由を考えよ。

13・2 抗がん剤であるカリキアミシン γ_1 の活性には、エンジイン部分のバーグマン環化で発生するラジカル種が関わっていると考えられている。ラジカル種が発生するメカニズムを考えよ。

13・3 高脂血症の治療薬として用いられるコンパクチンやプラバスタチンは、HMG-CoA 還元酵素の阻害剤である。HMG-CoA 還元酵素の阻害が高脂血症の治療薬となる理由を説明せよ。

13・4 抗生物質が人類にとって重要であることは、本分野の研究者に何度かノーベル賞が授与されていることからも分かる。過去の受賞者とその抗生物質に関する業績について調査せよ。

| COLUMN | マイトマイシン C の活性発現機構 |

　マイトマイシン C のキノン部分は、生体内で還元されてヒドロキノンとなり、続いて脱メタノールにより芳香化したピロール環が形成される（A）。次に、電子豊富なピロール環から電子が押し出され、アジリジン環（含窒素 3 員環で、歪みが大きく開環しやすい）が開環してイミニウムカチオンが生成する（B）。イミニウムカチオンが電子を引き戻す際に、DNA 鎖に存在するグアニン残基の一つが共役付加を起こし、マイトマイシンと DNA の間に一つ目の共有結合が形成される（C）。再びピロール環からの

電子の押し出しでカルバメート（カルバミン酸 H_2NCO_2H のエステルでウレタンともいう）部分が脱離し、イミニウムカチオンが生成する（D）。DNA 鎖の別のグアニン残基が共役付加し、マイトマイシンと DNA の間に二つ目の共有結合が形成され（E）、DNA 鎖に対してマイトマイシンが架橋したことになる。これにより DNA の複製を阻害し、がん細胞の増殖を阻害する。つまり、電子豊富なピロール環と不安定なアジリジン環の化学的性質が抗がん活性を生み出しているのである。

第14章 バイオテクノロジーと分子認識・人工酵素

　天然物の生合成経路に関する情報の蓄積や、遺伝子操作技術の発展により、微生物などに新たな化合物を生産させる研究が行われるようになった。本章では、遺伝子操作に基づいたコンビナトリアル生合成による物質生産や、酵素反応を用いた化学変換、ホスト−ゲスト化学に基づいた人工酵素による物質生産など、バイオテクノロジーに関わる分野を広く解説する。

14・1　バイオテクノロジーとは

バイオテクノロジー（生物工学）バイオテクノロジー（**生物工学**）は、生物学の知見を基盤として、生物のもつ性質や能力を応用する技術の総称である。醸造や発酵、農業、医療、創薬など様々な技術分野を含んでおり、多岐にわたる学問分野と関連する。たとえば農業の分野だと、作物の品種改良などがバイオテクノロジーに含まれるが、生物有機化学という観点から考えると、生合成経路を人工的に改変し新たな代謝産物を生産するなど、天然からは得られない有用な化合物を創製する分野と考えてよいだろう。これらの分野は、分子生物学や生物化学などの発展に伴い進んできたが、近年の遺伝子操作やゲノム解析の発達により急速に進展した。

バイオテクノロジー（生物工学）
biotechnology

14・2　遺伝子操作

　生体内での様々な化学反応に直接関わっているのは**酵素**である。第7章で学んだように、生物にとって必要な情報は **DNA** に記録されており、それが **mRNA** に転写され、さらに**翻訳**されてタンパク質が合成される。つまり、どのような機能をもったタンパク質が合成されるかは DNA の塩基配列によって決まっており、酵素がどこでどのような機能を発揮するかも DNA により支配されている。したがって、DNA に記録されているタンパク質の情報を人為的にうまく書き換えることができれば、人類が必要な酵素をつくらせることが可能となる。この**遺伝子操作**は本書の目的とする分野から外れるが、基本的手法に絞って簡単に触れる。

　たとえば、細菌は**プラスミド**という環状の二本鎖 DNA をもっており、染色体の DNA からは独立して複製を行う。**制限酵素**は、特定の塩基配列を認識して DNA を切断する酵素である。プラスミド DNA に制限酵素を作用させると、特定の場所で環状が切断され鎖状になる（**図 14・1**）。そこに、我々が必要とするタンパク質情報が記録された DNA 断片の存在下、**リガーゼ**（本来は DNA の修復や複製に関わる酵素）を作用させると縮合

遺伝子操作
gene manipulation

プラスミド plasmid
制限酵素 restriction enzyme

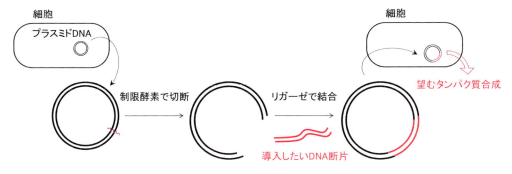

図14・1 プラスミド法による形質転換

が起こり、DNA断片が挿入された形で再び環状のプラスミドがつくられる。これを細胞内に戻してやれば、細菌は導入された情報を基にタンパク質合成を行うので、その性質をうまく使えば、我々の望む酵素をつくらせることができ、必要な物質生産にも応用できる。ここで導入するDNA断片は、他の生物から取り出したり、人工的に合成したりする。

プラスミドは目的の遺伝子の運搬役であることから**ベクター**（運び屋）と呼ばれ、細胞外部の遺伝子を導入して遺伝的性質を変えることを**形質転換**という。最近では、リコンビナーゼ[*1]を用いた**遺伝子組換え**やギブソンアッセンブリー[*2]などといった新たな組換え技術も知られるが、詳細は他の専門書にゆずることとする。

14・3　コンビナトリアル生合成

コンビナトリアル生合成とは、生合成経路を改変することにより、非天然化合物を生産する手法である。この概念は古くから研究されてきたが、以下に述べるように、生合成遺伝子に対する遺伝子操作や、異種発現[*3]による生合成経路の再現が可能になって一気に発展した分野であり、いくつかの手法に分類される。

14・3・1　ミュータシンセシス

ミュータシンセシスとは、天然物の生産者に対して生合成中間体の類縁体を投与し、それを生合成経路に取り込ませることにより、最終産物として天然二次代謝産物の類縁体を得る手法である。抗生物質である**ペニシリンG**（13・4・2項参照）は、中間体の**6-アミノペニシラン酸**に対してフェニル酢酸が縮合して生合成される。これに対し、ペニシリンを生産するアオカビの培地にフェノキシ酢酸を添加するとこれが縮合し、ペニシリンGとはアミド部分が異なった**ペニシリンV**が生合成される（図14・2）。この化合物は天然のペニシリンGより安定性が高く、現在も医薬品として使わ

ベクター vector
形質転換 transformation

*1 リコンビナーゼは組換え酵素とも呼ばれ、相同性のあるDNA配列間で起こる組換え反応を触媒する酵素である。

遺伝子組換え
gene recombination

*2 複数のDNA断片をつなぎ合わせる技術で、ギブソン（Gibson, D.）により開発された。DNA断片に対し、3種の酵素（エキソヌクレアーゼ、DNAポリメラーゼ、DNAリガーゼ）を同時に作用させ、一気につなぎ合わせることができる。

コンビナトリアル生合成
combinatorial biosynthesis

*3 植物の遺伝子を微生物で発現させるなど、宿主細胞がもともともっていない遺伝子を外部から導入して発現させることを異種発現という。

ミュータシンセシス
mutasynthesis

6-アミノペニシラン酸
6-aminopenicillanic acid

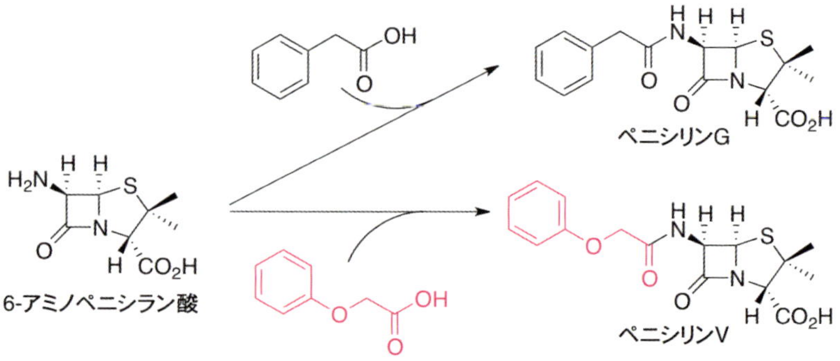

図 14・2 フェノキシ酢酸の添加によるペニシリン V の合成

れている。しかし本来の生合成経路も機能しているためペニシリン G なども いっしょに合成され、分離が困難なうえ、効率も悪い。

この効率を改善するためには、本来の生合成経路の上流を部分的に止めて、投与した類縁体を効率的に取り込ませる必要がある。ミュータシンセシスにおいては、上流に変異の入った生合成閉鎖株*4 を用いる。この手法が初めて用いられたのは、アミノグリコシド系抗生物質である**ネオマイシン B** の類縁体合成である（**図 14・3**）。

まず、ネオマイシン B の生産菌である放線菌に対しランダムに変異を導入し、ネオマイシン B 生産能をもたないが、生合成中間体である**デオキシストレプタミン**を添加した場合にネオマイシン B の生産能を回復する変異株を取得した。この変異株にデオキシストレプタミンの類縁体である**ストレプタミン**や**エピストレプタミン**を投与すると、ネオマイシン類縁体である**ハイブリマイシン** A や B を生産させることができた。デオキシストレプタミン生産能を失った変異株を用いているので、ハイブリマイシン類を選択的に合成できたが、変異株の取得には大きな労力が必要だった。

しかし近年では、遺伝子操作技術の発展により望む破壊株の取得が容易になり、ミュータシンセシスは広く利用される手法となった。**図 14・4** に

*4 英語では blocked mutant と表現される。生合成経路上の特定の部位の反応を起こせなくなった変異株。通常、閉鎖された部分から下流の生合成経路が進行しなくなるので、閉鎖された反応の直前の代謝産物が蓄積され、本来の最終産物は生産されなくなる。

ネオマイシン B neomycin B
デオキシストレプタミン deoxystreptamine
ストレプタミン streptamine
エピストレプタミン epistreptamine
ハイブリマイシン hybrimycin

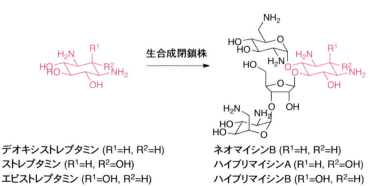

デオキシストレプタミン (R¹=H, R²=H)
ストレプタミン (R¹=H, R²=OH)
エピストレプタミン (R¹=OH, R²=H)

ネオマイシン B (R¹=H, R²=H)
ハイブリマイシン A (R¹=H, R²=OH)
ハイブリマイシン B (R¹=OH, R²=H)

図 14・3 生合成閉鎖株を用いたハイブリマイシン類の合成

示すように、抗生物質である**アベルメクチン B_{1a}**（構造は図 13・11；p.151）は、**α-メチル酪酸**を出発物質としてポリケチド生合成経路でつくられる。出発物質となる分岐脂肪酸の生産に関わる α-ケト酸デヒドロゲナーゼを破壊して得たアベルメクチン生産菌の破壊株は、アベルメクチンを生産することができない。この破壊株に対し**シクロヘキサンカルボン酸**を投与すると、これが出発物質として用いられ、構造が部分的に改変された**ドラメクチン**が生産される。本化合物はミュータシンセシスを用いて大量生産され、実際に医薬品として市販されている。

シクロヘキサンカルボン酸 cyclohexanecarboxylic acid
ドラメクチン doramectin

また、ミュータシンセシスと類似の手法として、酵素阻害剤を用いて生合成経路の上流を阻害する手法なども知られる。

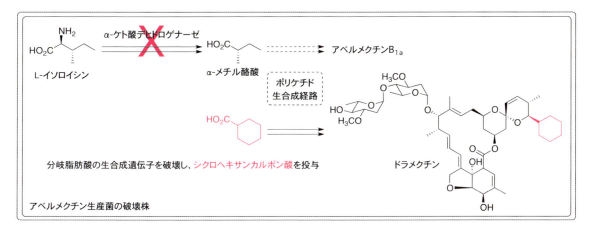

図 14・4　遺伝子破壊株を用いたドラメクチンの合成
ドラメクチンの構造中、赤で示した部分がアベルメクチンと異なる部分である。

14・3・2　酵素の改変

エリスロマイシン A の生合成については 12・1 節で述べた。本化合物に対しても、前項のようにポリケチド生合成における出発物質を交換したミュータシンセシスにより、部分的に構造改変された類縁体を得ることは可能であるが、酵素自体を改変し、非天然類縁体を得る手法も知られる。エリスロマイシン A の合成酵素である **I 型ポリケチド合成酵素**（図 12・5 参照：p.132）は、炭素鎖伸長を制御する六つのモジュールから構成され、各モジュール内で還元酵素（KR, DH, ER）が機能するかどうかで、β 位炭素の酸化状態に多様性が生じることは前述の通りである。そこで、モジュールに該当する遺伝子を組み換えれば、各伸長段階での還元反応が制御可能となり、β 位炭素の酸化状態を改変した類縁体が自由に合成可能となる。実際に、一つまたは複数のモジュールを組み換えて、非天然型の様々なエリスロマイシン骨格を合成した例が知られる（**図 14・5**）。

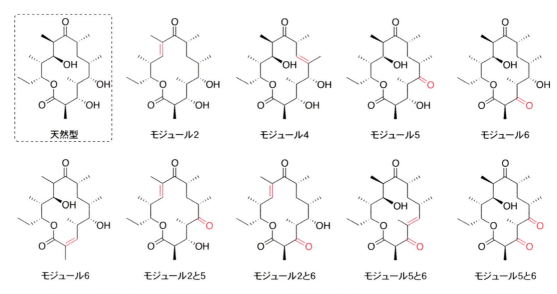

図 14・5 酵素改変による非天然型エリスロマイシン類縁体の例と改変したモジュール（図 12・5 参照）

14・3・3 生合成経路の再構成

植物は微生物と比較すると遺伝子操作がむずかしく、植物由来天然物のミュータシンセシスの例は少ない。植物の二次代謝産物をコンビナトリアル生合成でつくるためには、遺伝子操作が容易な大腸菌や酵母などの菌内に、相当する生合成経路を再構成する手法が用いられることが多い。つまり、目的化合物の生合成に必要な遺伝子を様々な生物種から収集し、それらをプラスミド法により微生物の細胞内で発現させ、微生物に生産させようという手法である。

微生物の体内に多くの遺伝子を同時に導入して形質転換させ、生合成経路を再構成するためには、複数のプラスミドを用いたマルチプラスミド法[*5]という技術が用いられる。必要な生合成遺伝子は植物から集める必要はなく、様々な生物種から収集すればよい。たとえば、図 14・6 に示すように、放線菌、酵母、植物などから収集した、フェニルプロパノイド合成やポリケチド合成に関わる遺伝子を大腸菌に導入し生合成経路を再構成すると、フラボノイドやスチルベノイドといった植物の二次代謝産物を大腸菌に生産させることが可能となる。植物より微生物の方が生育速度が圧倒的に速いので、迅速な物質生産が可能となるばかりでなく、この再構成した系を用いれば、先に示したミュータシンセシスへの応用も可能となり、様々な非天然型のフラボノイド類なども微生物に生産させることができる。

生合成経路の再構成を産業へ応用した例を図 14・7 に示す。第 11 章で紹介したアルテミシニンは、抗マラリア剤として期待されるセスキテルペンであるが、生産植物であるクソニンジン（*Artemisia annua*）からの抽出量にも限りがあり、また人工的な大量合成も困難であった。そこで、本来は

*5 マルチプラスミド法は、複数のプラスミドを安定に大腸菌内に保持させられる技術である。これにより、複数の遺伝子を大腸菌で同時に発現させることが可能となるので、生合成経路の再構成に適した手法といえる。大腸菌を様々な有用物質の生産工場として用いることが可能となる。

14・3 コンビナトリアル生合成　159

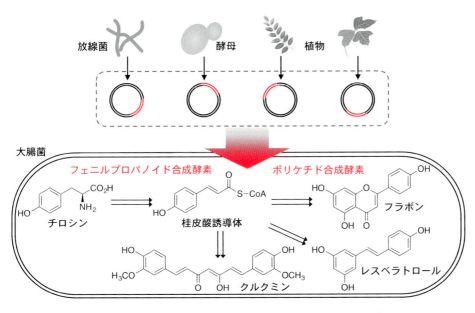

図14・6　生合成経路の再構成によるフラボノイドなどの合成

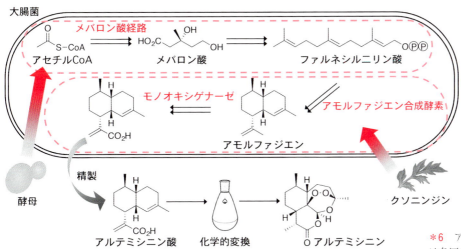

図14・7　生合成経路の再構成によるアルテミシニンの合成

MEP 経路（11・2節参照）しかもたない大腸菌に対して、酵母由来のメバロン酸経路関連遺伝子群と、クソニンジン由来のアモルファジエン合成酵素および酸化酵素の遺伝子を導入し、アルテミシニン前駆体であるアルテミシニン酸の生合成経路を構築した。アルテミシニン酸からアルテミシニンへの化学変換は比較的容易なので、大腸菌の培養で大量生産したアルテミシニン酸を精製した後、化学合成によりアルテミシニンへと変換することにより、抗マラリア剤の工業生産が可能となった[*6]。

*6　アルテミシニン生産植物は各国で栽培されているが、植物への依存は供給を制限し、薬価も増大させる。また、構造が複雑なため、一から化学合成（全合成という）すると10工程以上必要でコストもかかる。これに対し、微生物に生産させたアルテミシニン酸からアルテミシニンへは数工程の化学反応を用いて変換できるので、安価な生産が可能になった。このように、生物が生産する比較的複雑な化合物を原料として目的物を合成する部分的な化学合成を半合成という。

14・4 ホスト-ゲストと人工酵素

これまでに、生物により様々な有機化合物が生産されることを学んだが、生体内での有機化学反応は酵素により支配されている。基質と酵素の関係は、しばしば鍵と鍵穴の関係にたとえられ（第6章参照）、酵素の基質結合部位が特定の基質を認識することにより、選択的な反応が触媒される（**図14・8**）。酵素の基質結合部位はポケットとも呼ばれ、三次元的な疎水性の空間の中にヒドロキシ基、アミノ基、カルボキシ基などの極性基が適切に配置されており、基質の有する大きさや官能基、立体化学などに基づいて、基質を分子認識する機能をもっている。酵素と基質のように、水素結合やイオン結合などの比較的弱い相互作用を用いて、大きな分子が小さな分子を認識して捕まえる現象において、大きな分子を**ホスト**、小さな分子を**ゲスト**と呼ぶ。ホスト-ゲストの関係は天然の酵素と天然の基質に限ったことではなく、人工的なホストや人工的なゲストを用いて特異的な相互作用を生み出すことができれば、新たに選択的な化学反応を制御できる可能性がある。

ホスト host
ゲスト guest

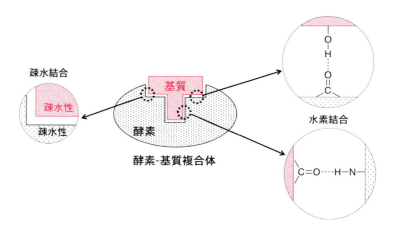

図14・8 鍵と鍵穴にたとえられる酵素による基質の分子認識

14・4・1 生体触媒を用いた化学変換

一般に酵素は**基質特異性**を有しており、限られた天然基質を効率よく反応させるように進化してきた。しかし、ポケットにはまり込む基質（人工的なゲスト）をうまく選択してやれば、本来の天然基質でなくとも作用することがある。先述のミュータシンセシスも、非天然型の基質を投与しているという点で、人工的なゲストを用いた生物合成といえる。

基質特異性
substrate specificity

化学合成の分野では、生物から精製した酵素を基質に作用させたり、微生物の培養液に基質を添加したりして反応を行うと、立体選択的反応[*7]を行える例が知られる（**図14・9**）。式1に示すようなジケトンや、式2のよ

[*7] 複数の立体異性体が生成し得る化学反応において、特定の立体異性体を優先的に与える反応（stereoselective reaction）。

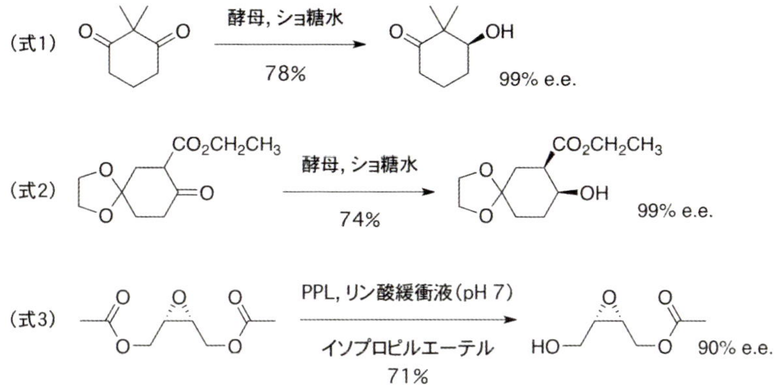

(式1) 酵母, ショ糖水 78%　99% e.e.

(式2) 酵母, ショ糖水 74%　99% e.e.
$CO_2CH_2CH_3$

(式3) PPL, リン酸緩衝液 (pH 7) イソプロピルエーテル 71%　90% e.e.

図 14・9　生体触媒を用いた化学変換の例[*8]

> *8　鏡像体過剰率（enantiomeric excess；e.e. と略す）は、光学活性化合物における鏡像体の純度であり、両鏡像体の物質量の差を、全体の物質量で割った値で示される。たとえば、両鏡像体の9：1の混合物の場合には80 % e.e. となり、ラセミ体の場合には0% e.e. となる。

うな β-ケトエステルをパン酵母の発酵液中に加えてやると、ケトンの不斉還元が起こり光学活性なアルコールが得られる[*9]。また、式3のようなメソ体のジアセタートを豚すい臓リパーゼ（PPL）で処理すると、不斉加水分解により光学活性なモノアセタートが得られる。こうして得られる光学活性体は、様々な光学活性化合物の合成における原料（**キラルビルディングブロック**、章末コラム参照）として用いられる。酵素はキラルであるので、化学合成においてキラルな不斉触媒を用いるのと同様とも考えられる。また、酵素の基質特異性を利用して、複数の官能基を有する基質に対して位置選択的な変換を行える場合もある。

14・4・2　人工ホスト

　酵素が高い選択性で反応を触媒する働きは、大きく二つの機能に分けて考えられる。第一の機能は酵素の基質結合部位による特定の基質の分子認識、第二の機能は基質に対する反応を促す選択性の高い触媒作用である。本項ではまず、特定のゲストを分子認識（第一の機能）する**人工ホスト**について述べる。

　最も単純で古くから研究されているのは環状の人工ホストであり、**クラウンエーテル**や**シクロデキストリン**が知られる（**図 14・10**）。クラウンエーテルは一般式が（$-CH_2-CH_2-O-$）$_n$ である大環状エーテルであり、王冠のような形であることが名前の由来である。環の内側に酸素原子の非共有電子対が多く存在することから、金属カチオンやアンモニウムイオンなどをゲストとして取り込む。空洞の大きさを変えることにより、取り込まれるゲストイオンの大きさを選択可能である。たとえば、環を構成する原子数が18でエーテル酸素が6である18-クラウン-6は、K^+ イオンを強く取り込み、それより小さい環の 15-クラウン-5 や 12-クラウン-4 は、それぞれ Na^+ イオン、Li^+ イオンを強く取り込む。これ以外の組合せでは空洞の大きさと金属イオンの大きさが適合せず、ゲストとして認識されにくい。

> *9　光学活性（キラル）化合物を選択的に合成することを不斉合成というが、図14・9に示した例は、酵素や微生物を用いた生物学的手法による不斉合成である。式1では、キラリティーをもたないケトン（プロキラルという）の還元により、キラルなアルコールが選択的に得られる。また式3では、メソ体（複数の不斉点をもちながら、その対称性のためにアキラルな化合物）に対する加水分解により、キラルなモノエステルが得られる。このような反応を化学的に行うには、キラルな触媒などを用いるのが一般的だが、生物学的手法（生体内でも同様）では酵素のキラリティーにより化合物の不斉が誘起され、光学活性体が得られている。

キラルビルディングブロック
chiral building block

人工ホスト　artificial host

クラウンエーテル
crown ether

シクロデキストリン
cyclodextrin

162 第14章 バイオテクノロジーと分子認識・人工酵素

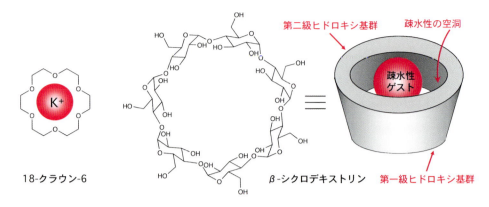

図14・10 環状の人工ホスト（18-クラウン-6とβ-シクロデキストリン）

シクロデキストリンは、グルコースが α-1,4-グリコシド結合した環状ホストで、底のないカップのような円すい台状の筒型構造をしている。環を構成するグルコースの数により空洞の大きさが異なり、α（6個）、β（7個）、γ（8個）が知られる。空洞の端には多数のヒドロキシ基が存在し、狭い側は第一級ヒドロキシ基、広い側は第二級ヒドロキシ基が占めている。そのため、親水性が高く水に溶けやすい性質をもつ。一方、空洞の内側はエーテル結合の酸素原子と水素原子が占めており、疎水的な空間を形成している。そのため、この空洞は疎水性のゲストを取り込み、複合体を形成する性質をもつ。水中での疎水性相互作用を使ってゲストと結合するのは酵素と同様であり、基質結合部位のモデルとして用いられる。

環状以外の人工ホストの例を**図14・11**に示した。(A) はクリップ型のホストで、向かい合った**アントラセン**の平面を用いて、電子不足の芳香環をゲストとして認識する。この際にホストとゲストの間にはπ電子同士の弱い相互作用が働いており、ゲストが挿入されるとアントラセン平面同士の距離が縮まり、ゲストを挟み込む性質がある。また、(B) はスコーピオン型（サソリのような形）のホストで、炭素骨格によりつくられた三次元空間の中心部に官能基が適切に配置されている。このホストは、核酸の構成塩基の一つであるアデニン類縁体（図では 9-エチルアデニン）をゲストと

アントラセン anthracene

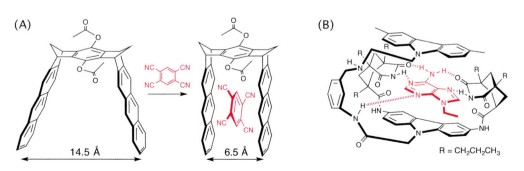

図14・11 人工ホストの例 (A) クリップ型ホスト、(B) スコーピオン型ホスト

して認識し、空間内に取り込む。この際に、ホストとゲストの間には多くの水素結合が形成されるうえ、上下に配置された芳香環平面とアデニン平面との間での相互作用が複合体の安定性を高めている。

14・4・3 人工酵素

前項では、酵素の基質結合部位に相当する人工ホストについて述べた。酵素反応では、酵素と基質が分子認識により酵素–基質複合体を形成した後、結合した基質に作用して化学反応を引き起こす官能基群(触媒部位)の働きで触媒反応が進行し、生成物ができるとともに酵素が再生する。先述の人工ホストに酵素としての機能をもたせるためには、ホスト–ゲスト複合体からホストと生成物に至る触媒作用を付加してやればよい。つまり、複合体を形成したゲストの反応点近傍に、触媒作用を有する官能基を配置してやればよいことになる。

シクロデキストリンを基にした**人工酵素**の例を示す(**図 14・12**)。シクロデキストリンの空洞の端には複数のヒドロキシ基が存在している(図中には第二級ヒドロキシ基を一つだけ示した)。ここに基質として m–ニトロフェニルアセタートを添加すると、疎水的な空洞に取り込まれて複合体を形成する。この際、基質のカルボニル基はシクロデキストリンの第二級ヒドロキシ基の近傍に固定され、その求核攻撃によりエステル交換が起こり、シクロデキストリンアセタートができるとともに、生成物として m–ニトロフェノールを与える。シクロデキストリンアセタートは水中で加水分解を受けてシクロデキストリンが再生し、触媒サイクルが一周する。つまり、シクロデキストリン自体が人工の加水分解酵素として働いたことになる。複合体を形成した際、一般に、ホストの触媒作用をもつ官能基とゲストの反応点の距離が近いほど反応速度は速くなる。

やや複雑な例を**図 14・13**に示した。二つのイミダゾール基で修飾したシクロデキストリンを合成し、基質として環状のリン酸エステルを添加すると、疎水的な空洞に取り込まれて複合体を形成する。この際、基質のリン

人工酵素 artificial enzyme

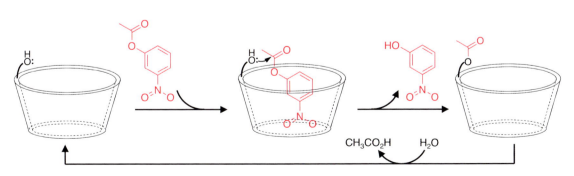

図 14・12 シクロデキストリンの加水分解酵素としての作用

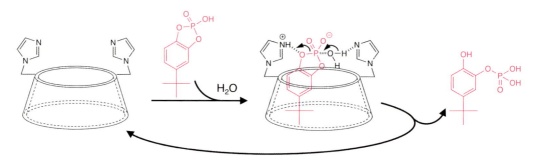

図 14・13 リボヌクレアーゼのモデル人工酵素

リボヌクレアーゼ
ribonuclease

酸エステル部分は二つのイミダゾール基に挟まれた位置に固定されて活性化され、位置選択的な加水分解を受けてリン酸モノエステルを与える。天然の**リボヌクレアーゼ**（RNAを加水分解する酵素）は、触媒部位に位置する二つのヒスチジン残基のイミダゾール基が作用してRNAを加水分解することが知られており、この人工酵素はリボヌクレアーゼのモデルと考えられる。人工酵素を設計することは、天然の酵素のモデル研究として役立つだけでなく、目的の化学反応を選択的に達成可能な手段ともなり得る。

――― 演 習 問 題 ―――

14・1 図14・5に示した非天然型エリスロマイシン類縁体それぞれについて、各モジュールでの還元酵素の機能がどのように改変されているか考えよ。

14・2 18-クラウン-6、15-クラウン-5、12-クラウン-4の構造式を描き、空洞の大きさと取り込まれる金属イオンの大きさの関係を確認せよ。

14・3 分子模型を用いてβ-シクロデキストリンをつくり、疎水性空洞の存在やヒドロキシ基の位置関係を確認せよ。

14・4 ホストとゲストの認識に水素結合が用いられることが多い理由を考えよ。

COLUMN	キラルビルディングブロック

　天然有機化合物の全合成は、天然から微量しか得られない化合物の大量供給や、不明である構造の決定を可能とするなど、重要な研究分野である。天然物の合成においては立体化学をどのように構築するかが鍵になるが、その際に原料として用いる光学活性化合物をキラルビルディングブロックという。

　図14・9の（式2）に示した酵母還元で得られるヒドロキシエステルは、高い光学純度で大量に調製可能であることから、多くの天然物合成に対するキラルビルディングブロックとして用いられてきた有用な化合物の一つである。代表的な例を下図に示した

が、スポローゲン-AO 1は麹菌の胞子形成因子であるセスキテルペン、ファゼイン酸はアブシシン酸の代謝産物である。また、Sch 642305 は細菌の DNA プライマーゼ（DNA 複製の起点となるプライマーと呼ばれる RNA 断片を合成する酵素）に対する阻害剤、ピロネチンは微小管重合阻害剤（微小管は紡錘体の形成に関わるので、細胞分裂阻害剤となる）であるポリケチドである。赤で示した部分が、キラルビルディングブロックに由来する部分構造となっている。

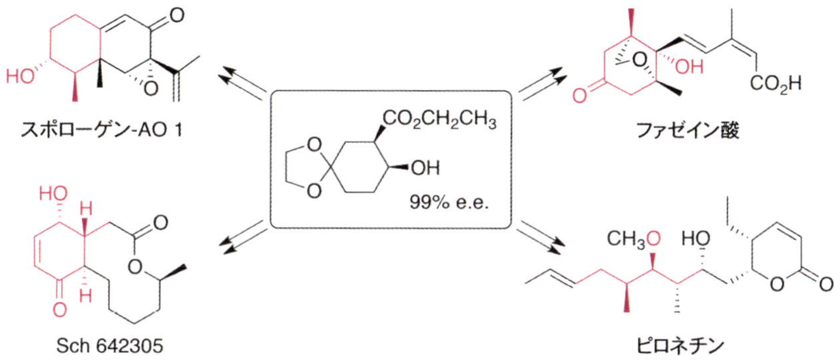

演習問題解答

第2章 炭水化物

2・1

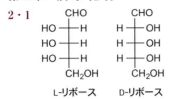

2・2 D形の六炭糖の5位の立体化学は全て共通しているため、5位ヒドロキシ基と1位との間で閉環してフラノース形となった場合、6位の-CH₂OH基は環の上側に位置することになる。

2・3

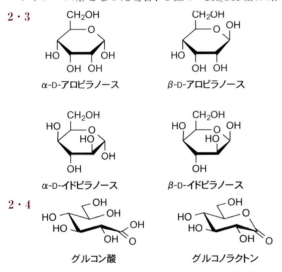

2・4

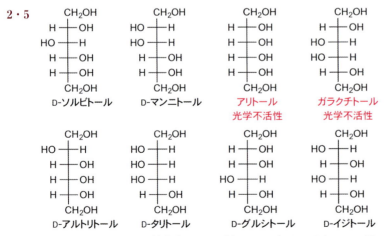

酸化生成物はアルデヒド基が酸化された化合物で、グルコン酸と、その分子内のエステルであるグルコノラクトンとの平衡混合物となる。

2・5

アロース、ガラクトースに対応するアルジトールであるアリトール、ガラクチトールが光学不活性である。D-アルトリトールとD-タリトールは同一の化合物であること、D-グルシトールはD-ソルビトールの鏡像異性体、すなわちL-ソルビトールとも呼べることを確認せよ。

演習問題解答　167

2・6

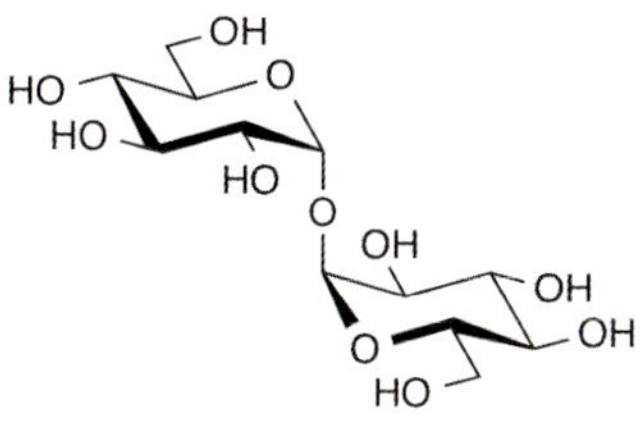

トレハロース

第3章　脂肪酸と脂質

3・1

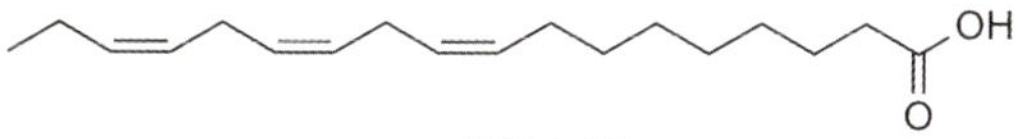

α-リノレン酸

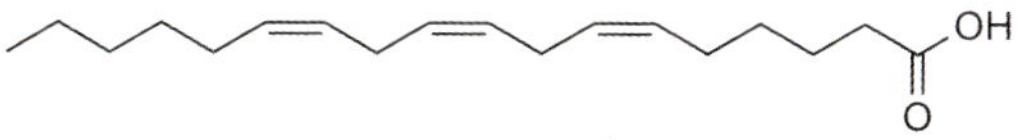

γ-リノレン酸

3・2

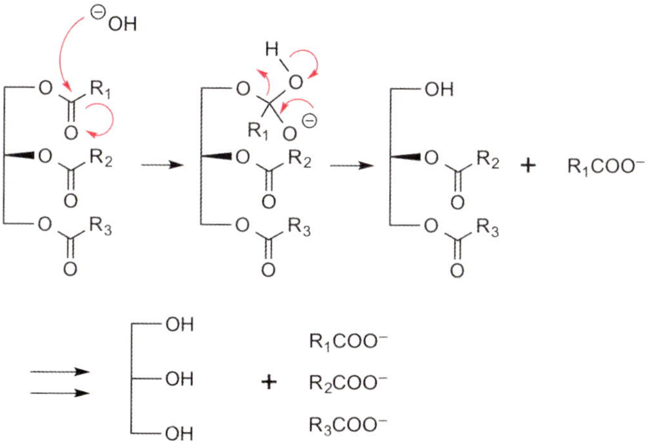

3・3

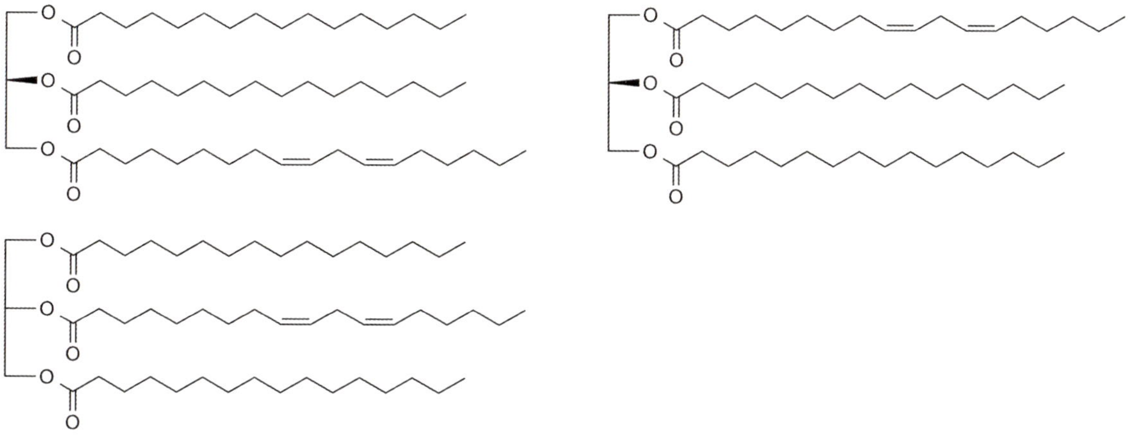

上段二つの化合物は鏡像異性体の関係にある。また下段の化合物は光学不活性である。

3・4　オリーブ油中の油脂が全てトリアシルグリセロールであると仮定すると、その物質量は、

168 | 演習問題解答

$10\,(\mathrm{g}) \div 1450\,(\mathrm{g/mol}) = 6.9 \times 10^{-3}\,(\mathrm{mol})$ である。これを全て加水分解するためには3倍の物質量の NaOH $(M = 40)$ が必要であるから、$3 \times 6.9 \times 10^{-3}\,(\mathrm{mol}) \times 40\,(\mathrm{g/mol}) = 0.83\,(\mathrm{g})$ が必要である。

3・5 リポソームはミセルと異なり疎水性の部位が二重になっており、親水性の部位が外側と内側の両方にある。そのため、リポソームの内側の空間には、親水性をもつ化合物などを閉じ込めることが可能になっている。

第4章 アミノ酸

4・1

酸性から塩基性となるにつれて、左から右の構造に変化する。

4・2 リシンの等電点はその構造から塩基性にあると考えられる。そのため K_1 は近似的に無視することができる。よって、$(9.06 + 10.54) \div 2 = 9.8$ となる。この値は実測値9.75とよく一致している。

4・3 トリプトファンのインドール、アスパラギンおよびグルタミンのアミドは塩基性を示さない部位であるため。

4・4 高速液体クロマトグラフィーによる方法 メリット：迅速に分析できることなど。デメリット：専用の装置が必要であることや、アミノ酸以外の不純物との分離が困難な場合があることなど。
光学活性な化合物との反応による誘導体化による方法 メリット：狙ったアミノ酸を分析できることなど。デメリット：比較的多くのサンプル量が必要なことなど。

4・5 真菌はPABAをジヒドロプテロイン酸シンターゼによって葉酸へ変換するが、ヒトはこの酵素を欠いている。合成抗菌薬であるサルファ剤はPABAと類似の構造を有していることから、この酵素の競争阻害物質となり、結果として真菌の葉酸生合成を阻害し、抗真菌薬としての効果を発揮する。

第5章 ペプチド・タンパク質

5・1, 5・2

5・3 例）

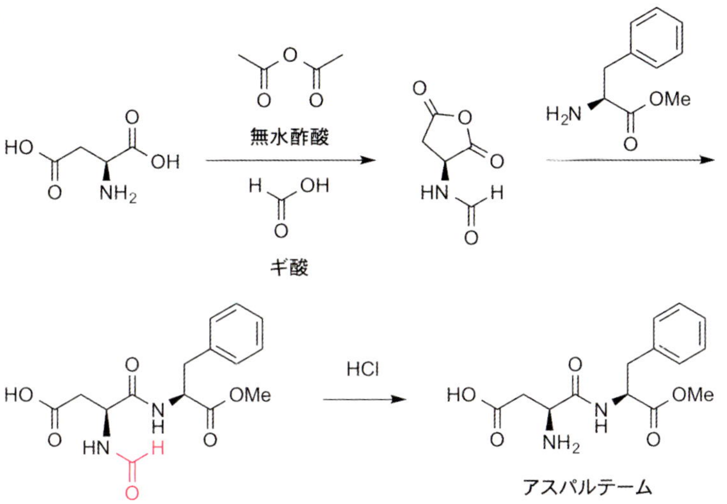

無水酢酸

ギ酸

アスパルテーム

上記の方法では、アスパラギン酸の二つのカルボキシ基を無水酢酸を用いて酸無水物へ変換している。また、アミノ基の保護基としてホルミル基を採用している。生成した酸無水物は、縮合剤を用いることなく直接 L‐フェニルアラニンメチルエステルと反応してペプチドを与える。最後に塩酸を用いてホルミル基を除去してアスパルテームを合成している。ここで原料として用いたアスパラギン酸やフェニルアラニンは、微生物を用いた発酵法を駆使して大量生産されている。

5・4

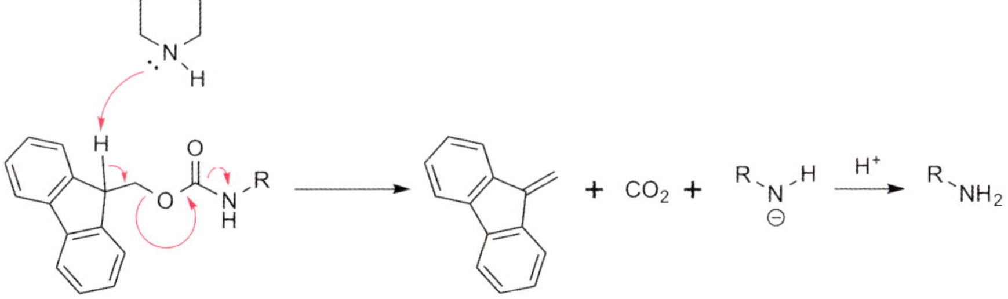

5・5 プロリンの構造より導き出せる二面角の値は約 $-70°$ であることから、タンパク質中の α‐ヘリックス構造をゆがめたり、壊したりする可能性が高い。

第6章 酵素と反応

6・1 過酸化水素水に含まれる過酸化水素（M＝34）は約 3 g として、1 mg のカタラーゼ（M＝250000）が 1 秒間に分解できる過酸化水素の分子数より、

$$\frac{\frac{3}{34} \times 6.02 \times 10^{23}}{40000000 \times \frac{0.001}{250000} \times 6.02 \times 10^{23}} \fallingdotseq 0.55（秒）$$

6・2

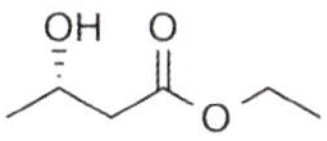

6・3 ラセミ体は両鏡像異性体が 1：1 の比で混合している。酵素がある一方の鏡像異性体のみを選択的に反応基質として選択する場合、半分の原料が消費されたところでそれ以上反応が進行しなくなる。生成物、残存した原料の両方が純粋な鏡像異性体となっているはずである。

170 演習問題解答

6・4

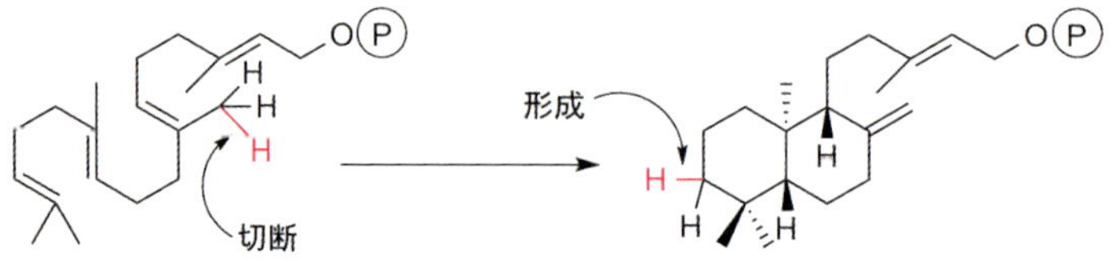

6・5

オキサロ酢酸

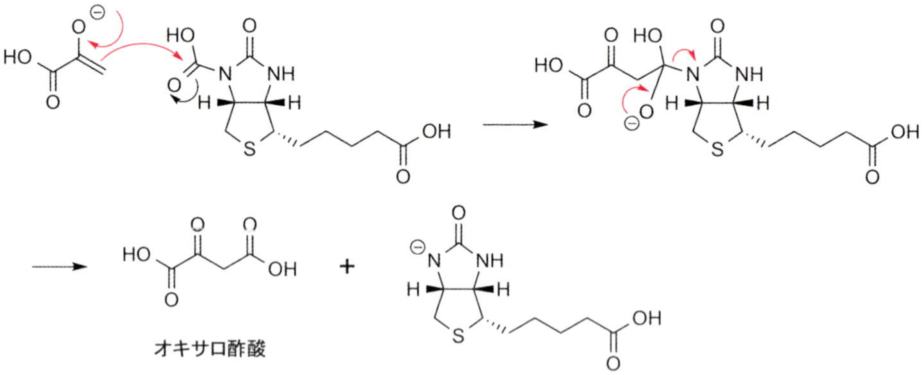

第7章 核 酸

7・1

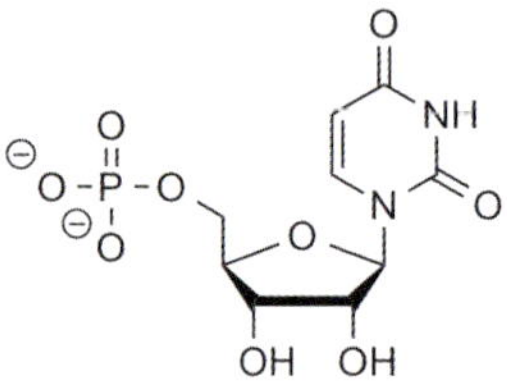

ウリジン5'-一リン酸
（UMP）

7・2 3′ T-A-C-A-A-T-C-G-T-G-T-G-A-C-C 5′

7・3 5′ A-U-G-U-U-A-G-C-A-C-A-C-U-G-G 3′

7・4 Met-Leu-Ala-His-Trp

7・5 A-T の含有量、G-C の含有量が同じであるため、G：20 ％、A：30 ％、T：30 ％

第8章 微量必須元素：ビタミン・ホルモン

8・1 水溶性ビタミンには、極性があり親水性を示すヒドロキシ基、アミノ基、カルボキシ基などが存在するが、脂溶性ビタミンには存在しないか、もしくは存在していたとしても分子量に対して割合が少ない。

8・2

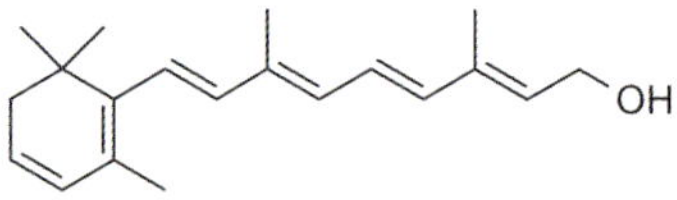

ビタミンA$_2$

演習問題解答 | 171

8・3

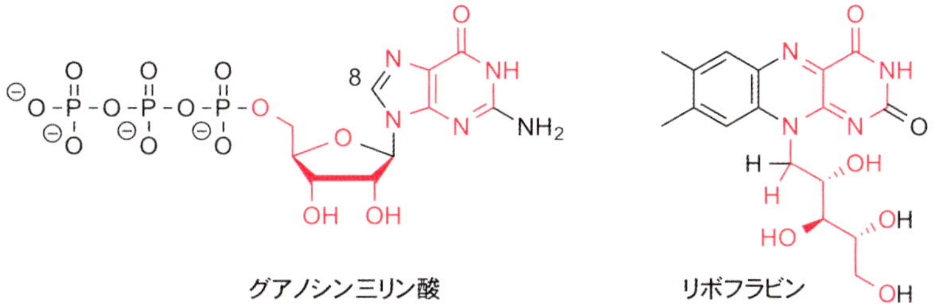

グアノシン三リン酸
（GTP）

リボフラビン

図中赤で示した部位がリボフラビンへの変換に使われる部位である。グアニンの8位炭素は生合成の途中で除去され、ベンゼン環に相当する部分は4炭素ずつ順次付加して構築される。

8・4

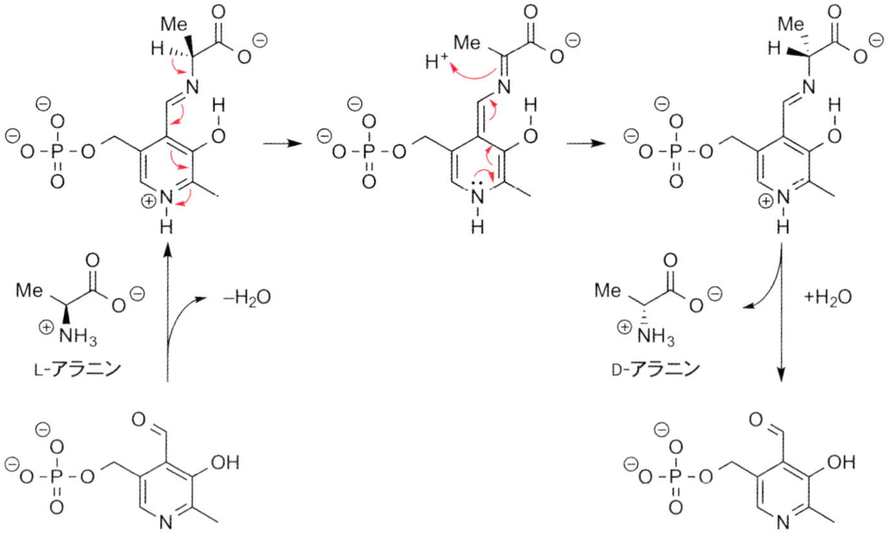

L-アラニン

−H₂O

D-アラニン

+H₂O

8・5

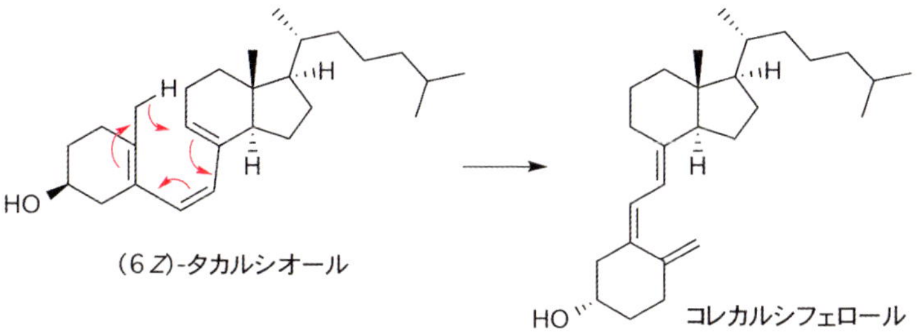

（6Z)-タカルシオール

コレカルシフェロール

8・6 サイトカイニンの特徴的な構造として、窒素を含んだ2環性の部位がある。この構造は、アデノシンなどの核酸塩基であるアデニンによく似ている。

172　演習問題解答

第9章　光合成と糖代謝

9・1

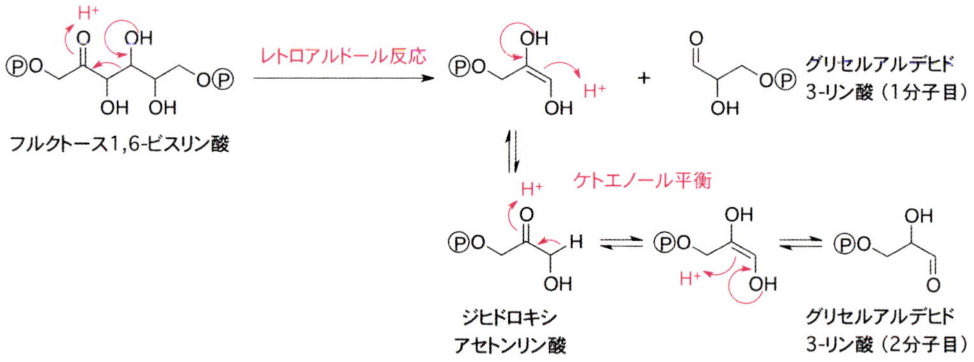

9・2　α-ケトグルタル酸の α-ケト酸部分が、ピルビン酸と同様のデヒドロゲナーゼの作用により（図9・5参照）、酸化的脱炭酸を経て、アシル基が補酵素 A のチオール基に転移したスクシニル CoA が形成される。酸化的脱炭酸の過程にはチアミン二リン酸が関与するが、その機構は図8・1を参照せよ。

9・3　グルコースは、解糖系・アセチル CoA の生成・TCA 回路・呼吸鎖を経て代謝されるが、エネルギー生産に関わる部分だけを下式にまとめた。GTP の生産は実質的には ATP の生産に等しいこと、呼吸鎖において1分子の NADH から3分子の ATP が生産され、1分子の FADH$_2$ から2分子の ATP が生産されることを考え合わせれば、グルコース1分子より合計 38 分子の ATP が生産されることになる。

解糖系	グルコース（1分子） ⟶ ピルビン酸（2分子） + ATP（2分子） + NADH（2分子）
アセチルCoAの生成	ピルビン酸（2分子） ⟶ アセチルCoA（2分子） + NADH（2分子）
TCA回路	アセチルCoA（2分子） ⟶ NADH（6分子） + FADH$_2$（2分子） + GTP（2分子）

呼吸鎖
- NADH（10分子） ⟶ ATP（30分子）
- FADH$_2$（2分子） ⟶ ATP（4分子）

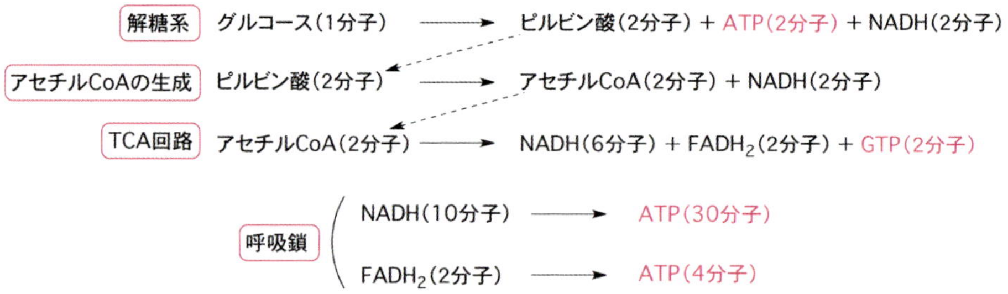

9・4　1分子のグルコースの代謝により獲得される総エネルギーは、38分子の ATP に相当し、ATP 1分子当たり 30.5 kJ/mol のエネルギーが蓄えられているので、$30.5 \times 38 = 1159$ kJ/mol となる。これをグルコースの燃焼熱で割れば、ATP 合成におけるエネルギー効率は約 40 % であることが分かる。この値は低いと感じるかも知れないが、車のガソリンエンジンのエネルギー効率は数十 % 程度しかないことや、グルコースの代謝による ATP 合成は複雑な多段階の過程であることを考えると、無駄の少ないエネルギー獲得といえる。

第10章　一次代謝と生合成

10・1　β 酸化が1回転するごとに、2炭素ずつがアセチル CoA として切断され、FADH$_2$ と NADH が1分子ずつ生成する。炭素数 16 のパルミチン酸の場合、β 酸化が7回転して8分子のアセチル CoA、7分子の FADH$_2$ と7分子の NADH が生成することになる。アセチル CoA は TCA 回路と続く呼吸鎖で、FADH$_2$ と NADH は呼吸鎖で ATP に変換され、それぞれ1分子当たり 12 分子、2分子、3分子の ATP が生産される。したがって、パルミチン酸の β 酸化では、$(8 \times 12) + (7 \times 2) + (7 \times 3) = 131$ 分子の ATP が生産されることになる。ただし、β 酸化開始時のパルミチン酸がアシル CoA へと変換される際に、1分子の ATP が AMP へ変換され、消費されている。ATP から AMP への変換では、高エネルギーリン酸結合二つ

演習問題解答 | 173

が切断されることになるので、エネルギー的には ATP を 2 分子消費したのと等しい。つまり収支を考えると 129 分子の ATP が生産されたことになる。

10・2 脂肪酸は、アセチル CoA に由来する 2 炭素ずつが順次伸長して生合成される。一度の伸長過程では、アセチル CoA がマロニル CoA に変換される際に ATP 1 分子が消費され、炭素鎖伸長の後に NADPH による還元が 2 回行われる。したがって、炭素数 16 のパルミチン酸の場合、出発物質のアセチル CoA に対して 7 回の炭素鎖伸長が繰り返されるので、8 分子のアセチル CoA、7 分子の ATP、14 分子の NADPH が必要となる。

10・3 アシル AMP は脂肪酸とアデノシン一リン酸（AMP）とが縮合した分子である。構造式中の点線で囲った部分に着目すると、カルボン酸 2 分子からなる混合酸無水物と構造が類似しており、アシル AMP は脂肪酸とリン酸基からなる混合酸無水物と考えることができる。リン－酸素二重結合が電子を求引するので、脂肪酸のカルボニル炭素の電子密度が下がり、求核攻撃を受けやすい、活性化された状態になっている。

10・4 アミノ酸から α-ケトグルタル酸へのアミノ基の転移では、ビタミン B_6 がアミノ基の仲介役として働いている。まず、アミノ酸のアミノ基とピリドキサールリン酸のアルデヒド部分が縮合し、イミンを形成する。このイミンが脱プロトンを伴ってケトイミンへと異性化する。プロトン化の後イミン部分が加水分解されれば、α-ケト酸が得られるとともに、ピリドキサミンリン酸が生成する。これらの過程は可逆であるので同様の反応が逆向きに起こり、α-ケトグルタル酸へピリドキサミンリン酸のアミノ基が渡される。結果的に、アミノ酸から α-ケトグルタル酸へのアミノ基の転移が起こったことになる。

第11章 二次代謝と生合成 (1) －生合成経路による分類：イソプレノイドの生合成－

11・1

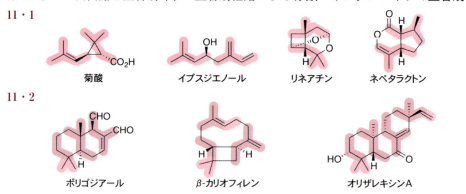

菊酸　　　イプスジエノール　　　リネアチン　　　ネペタラクトン

11・2

ポリゴジアール　　β-カリオフィレン　　オリザレキシンA

11・3 11位と12位のC－C結合。

11・4 スクアレンオキシドが、いす形-いす形-いす形に折りたたまれて環化し、四環性のプロトステロール中間体が生成する。生成したカチオンを解消するように4回のワグナー-メーヤワイン転位と脱プロトン化が進行してチルカロールを与える。

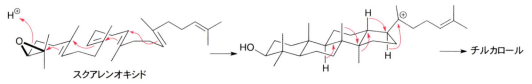

11・5 ステロイド類はスクアレンオキシドが環化することにより生合成される（図11・9参照）。したがって、エポキシドが開環してできるヒドロキシ基に由来する酸素官能基が3位に残存していることが多い。

11・6 図11・8のFPPをGGPPに置き換えて考えよ（Rがイソプレン単位一つ分長くなるだけ）。3員環が開裂し、アリルカチオンを与えるまでは全く同様である。スクアレンの生合成ではNADPHによるアリルカチオンの還元が起こったが、フィトエンの生合成ではアリルカチオンの脱プロトン化により、共役した二重結合が形成する点だけが異なっている。

第12章 二次代謝と生合成 (2)
－生合成経路による分類：ポリケチド・フェニルプロパノイド・アルカロイドの生合成－

12・1 テトラケチドの活性メチレンに発生したアニオンが6員環を形成するように、分子内のカルボニル基を求核攻撃する式を二通り示した。Aで環化した場合には、シクロヘキサンジオン型の中間体が形成され、脱水反応と二つのカルボニル基のエノール化、チオエステル部分の加水分解（図中では電子の流れを省略した）を経て芳香化が起こり、安息香酸類縁体を与える。一方Bで環化した場合には、環化が -S-ACP の脱離を伴うので、シクロヘキサントリオン型の中間体が形成され、三つのカルボニル基がエノール化（図中では電子の流れは省略した）を経て芳香化が起こり、メチルケトン類縁体を与える。

演習問題解答

Aで環化した場合

[反応スキーム図: テトラケチド中間体からオルセリン酸への環化・加水分解]

Bで環化した場合

[反応スキーム図: テトラケチド中間体からフロログルシノール誘導体への環化]

12・2 アセチルACPに対するマロニルACPの反応（一段階目の伸長反応）を例に説明する。マロニルACPの活性メチレンに生じたアニオンがアセチルCoAとクライゼン型縮合反応を起こした後、脱炭酸反応を起こす。生じたエノラートのプロトン化により、アセトアセチルACPが生成する。この反応でアセチルCoAは2炭素増炭されたことになるが、同様のマロニルCoAによる増炭反応を繰り返してβ-ケトメチレン鎖が2炭素ずつ伸長していく。

[反応スキーム図: アセチルACPとマロニルACPからアセトアセチルACPへの反応]

12・3 II型ポリケチド合成酵素は、炭素鎖伸長を繰り返しβ-ケトメチレン鎖を合成するのに対し、I型ポリケチド合成酵素はモジュールが連結した大きなタンパク質で、炭素鎖を伸長するたびにカルボニル基の還元なども起こり、還元型のβ-ケトメチレン鎖を合成する。また、伸長回数の制御も異なるなど、詳細な違いは12・1・4項を見よ。

12・4 コリスミン酸のクライゼン転位でプレフェン酸が生成した後（図12・6参照）、プレフェン酸が脱水を伴った脱炭酸反応で、フェニルピルビン酸へと変換される。

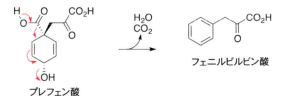

12・5 ピクテ–スペングラー反応によりテトラヒドロイソキノリン骨格が形成する過程は、p.137の側注7で説明した。チロシンに由来するドーパミンと、チロシン由来のアルデヒドとの反応に当てはめて考えよ。

第13章　二次代謝と生合成（3）－生物活性物質の機能による分類－

13・1 交信攪乱法は、害虫のフェロモンによる交信を攪乱し、交尾を阻害することにより、次世代の害虫発生を抑制するものである。農地環境中のフェロモン濃度を維持する必要があり、大農場であれば広大な範囲で処理が可能なため効果は出やすい。狭い農地の場合、風などの影響でフェロモンが流失したり、交尾を終えた雌が外部から飛来したりするなど、効果が期待できないことが多い。多くの農家や地域で協力し、まとまった面積で行う必要がある。

13・2 トリスルフィド部分が切断されてできたアニオンが、シクロヘキセノン部分に共役付加を起こす。そ

の結果，分子の形が変わり，三重結合間の距離がわずかに縮まることが，バーグマン環化が起こるきっかけであると考えられている．p.150 の側注 6 も参照せよ．

13・3 高脂血症は血中のコレステロールが過多になる病気である．HMG-CoA 還元酵素は，生体内イソプレン単位を生産する経路であるメバロン酸経路における重要な酵素であり，ヒトもこれを使っている．コレステロールはトリテルペンの減成によりつくられるので，HMG-CoA 還元酵素の阻害剤はメバロン酸経路を阻害し，結果的にコレステロールの合成も抑制される．

13・4 詳細は省略するが，ペニシリンの発見（1945 年，フレミング），ストレプトマイシンの発見（1952 年，ワクスマン），イベルメクチンの開発（2015 年，大村）などが抗生物質の発見による過去の受賞例である．他の生物活性物質に関わる受賞例も調べてみるとよい．

第 14 章 バイオテクノロジーと分子認識・人工酵素

14・1 I 型ポリケチド合成酵素におけるカルボニル基の還元に関わる酵素には，ケト還元酵素（KR，カルボニル基を還元してヒドロキシ基に変換），脱水酵素（DH，還元で生じたヒドロキシ基を脱水して二重結合に変換），エノイル還元酵素（ER，脱水で生じた二重結合をメチレンに還元）の三種類がある．図 12・5 に示した各モジュールでの還元酵素の働きと，図 14・5 に示した非天然型類縁体の構造を比較しながら考えよ．例えば，モジュール 2 では本来 KR だけが機能してヒドロキシ基が残存するが，DH も機能するように改変すれば，対応する位置に二重結合を導入することができる．逆に本来の酵素を働かなくしたり，複数のモジュールを同時に組み換えたりして合成した類縁体も存在する．

14・2 それぞれ，カリウムイオン，ナトリウムイオン，リチウムイオンを取り込むことができるが，空洞の大きさが異なっていることが分かる．実際に分子模型を組んで確認するとよい．

14・3 作製した分子模型が，図 14・10 に示した形状やヒドロキシ基の位置と同様であることを確認せよ．

14・4 共有結合はいったん結合が形成されると簡単には切断されない．ホストとゲストの間では，互いに認識したり離れたりすることが必要なので，水素結合や配位結合，ファンデルワールス力などの，比較的弱い結合が用いられる．生体内でもヒドロキシ基や水分子を介した水素結合が機能していることが多い．

索　引

ア

IPP　117
アキシアル　13
アグリコン　18
アシル基運搬タンパク質　108
アスタキサンチン　127
アセチル CoA　100
アデノシン三リン酸　75, 97
アデノシン二リン酸　97
アドリアマイシン　129, 150
アドレナリン　94, 137
アノマー　13
アブシシン酸　94, 127
アベルメクチン　8, 151, 157
アポ酵素　62
アミノ基転移酵素　109
アミノグリコシド系抗生物質　149, 151
アミノ酸　35, 109
アミノ酸経路　116, 135
アミロース　20
アミロペクチン　20
RNA　15, 74
RNA ポリメラーゼ　79
アルカロイド　116, 135
アルジトール　16
アルテミシニン　122, 151, 158
アルドース　10, 100
アルドラーゼ　99
α-ヘリックス　55
アレロパシー　146
アンチコドン　81
アントラサイクリン系抗生物質　129, 150
アンドロゲン　93
アンホテリシン　130, 149

イ

鋳型鎖　79
イコサノイド　32
EC 番号　66
異性化酵素　71
異性体　2
イソプレノイド　32, 116
イソプレン　116
イソプレン則　117
イソペンテニル二リン酸　117
一次構造　54
一次代謝　106
一次代謝成分　8
遺伝子　77
遺伝子組換え　155
遺伝子操作　154
イベルメクチン　8, 151
インジゴ　1
インドールアルカロイド　138

ウ

ウェーラー　2
ウッドワード　3
ウルシオール　4

エ

エイクマン　4
エクアトリアル　13
β-エクジソン　125
ACP　69, 108
エストロゲン　93
エタノール　1
エッシェンモーザー　3
ATP　75, 97
ADP　97
NADH　87, 100
NADPH　87, 98
エピマー　11
エピメリ化　14
FAD　87, 102
エフェドリン　4
FMN　87, 102
FPP　118
mRNA　52
MEP 経路　116, 118
エリスロマイシン　7, 130, 131, 149, 157
エンジイン　150

オ

大村　智　8
オキシテトラサイクリン　7
オキシトシン　53
オーキシン　94, 139
オサゾン　6
オリゴ糖　19
オリゴマー　19
オリザニン　4
オリザレキシン　122, 146
オルニチン　135

カ

解糖系　99
核酸　74
加水分解酵素　69
カタラーゼ　63
活性部位　62
ガラクトース　14
カリキアミシン γ_1　150
カルビン回路　98
カロテノイド　115, 126, 127
カロテン　127
ガングリオシド　34
還元剤　16
カンナビノイド　141

キ

菊酸　120
キサントフィル　127
基質　62
基質特異性　160
起動フェロモン　143
逆アルドール反応　70, 100
球状タンパク質　57
鏡像異性体　11
キラルビルディングブロック　161, 165

ク

クエン酸　1, 102
クエン酸回路　73
クマリン　135
クラウンエーテル　161
グリコーゲン　99
グリコシド　17
β グリコシド結合　74
グリコシル化　17
グリコペプチド系抗生物質　149
グリセリン　16, 23
グリセロール　16, 23, 106
グルコース　6, 13, 103
クロロフィル　98

ケ

形質転換　155
警報フェロモン　144
ケクレ　2
ゲスト　160
ケト-エノール互変異性　16
α-ケトグルタル酸　102, 109
α-ケト酸　109
ケトース　10, 100
β-ケトメチレン鎖　128
ゲラニオール　119
ゲラニルゲラニル二リン酸　72, 118
ゲラニル二リン酸　118
ゲラニルファルネシル二リン酸　118

コ

CoA　88, 100
高エネルギーリン酸結合　97
光合成　97, 105
交信撹乱法　144
合成酵素　72
抗生物質　7, 148
合成有機化学　5
酵素　62
酵素-基質複合体　63
構造有機化学　5
高速液体クロマトグラフィー　42
呼吸鎖　102
コドン　79
コリン　27
コレステロール　31, 91, 125
混合酸無水物　81
昆虫摂食阻害物質　147
コンパクチン　150
コンビナトリアル生合成　155

サ

酢酸-マロン酸経路　116, 128
サブユニット　59
酸化還元酵素　67
酸化的脱アミノ化反応

112
酸化的リン酸化　103
三次構造　57

シ

ジアステレオマー　11
シアル酸　22
シアン酸銀　2
GFPP　118
GGPP　118
GTP　102
GPP　118
JH Ⅲ　121
シューレ　1
シキミ酸経路　116,133
シクロデキストリン　161
脂質　23,106
ジスルフィド結合　45
失活　65
シッフ塩基　41
至適温度　64
至適 pH　65
ジテルペン　122
シトクロム　102
ジベレリン　5,122
脂肪酸　23,106,116
ジメチルアリル二リン酸　117
シャルガフの法則　77
集合フェロモン　144
酒石酸　1
脂溶性ビタミン　90
情報鎖　79
触発フェロモン　143
人工酵素　163
人工ホスト　161
シンターゼ　72
シンテターゼ　72

ス

水素結合　55
水溶性ビタミン　85
スクアレン　30,123
スクロース　14
鈴木梅太郎　4
スタチン　31
スチルベノイド　140
ステロイド　30,115,125
ストレプトマイシン　7,148,149
ストロマ　98
スフィンゴ脂質　29
スフィンゴシン　29

スフィンゴミエリン　29
スフィンゴリン脂質　29

セ，ソ

生気論　2
制限酵素　154
生合成　106
生合成閉鎖株　156
性フェロモン　143
生物活性　115
生物工学　154
生物有機化学　6
生命力　2
セサミン　135
セスキテルペン　121
接合フェロモン　145
セラミド　29
セルロース　21
セレブロシド　29
セロビオース　18
遷移状態　64
繊維状タンパク質　57
双性イオン　36

タ

代謝回転数　63
大量誘殺法　144
他感作用　146
他感物質　146
タクロリムス　150
脱離反応　70
多糖（類）　20
炭水化物　10
炭素正四面体説　2
単糖（類）　6,10
タンパク質　35
タンパク質ドメイン　60

チ

チェイン　7
チラコイド　98
チルカロール　124
チロシン　137

テ

DNA　15,74
DMAPP　117
TCA 回路　73,101
デオキシリボ核酸　15,74
デオキシリボース　15,74
テトラサイクリン　129
テトラサイクリン系
　抗生物質　130,149

テルペノイド　30,32,115,117
テルペン　117
転移 RNA　80
転移酵素　68
電子伝達系　102
転写　79
天然物化学　5
デンプン　20

ト

糖アルコール　16
糖脂質　29
糖質　6,10,99
糖新生　100
等電点　37
ドーパミン　137
トランスケトラーゼ　99
トリアシルグリセロール　25
トリグリセリド　25
トリスポリ酸　127,145
トリテルペン　123
トリプトファン　138
トリプレットコドン　80
トロンボキサン　33

ナ，ニ

長井長義　4
二次構造　55
二次代謝　106
二次代謝産物　8,115
二重らせん構造　77,83
二糖（類）　18
乳酸　1
尿素　2
尿素回路　113
ニンヒドリン反応　41

ヌ，ノ

ヌクレオシド　75,97
ヌクレオシド系抗生物質　151
ヌクレオチド　75,97
ノルアドレナリン　94,137

ハ

バイオテクノロジー　154
配糖体　16
バイヤー　6
パクリタキセル　122,152
パスツール　2
ハース投影式　12

麦角菌　139,142
発生予察法　144
バンコマイシン　53,149
反応有機化学　5

ヒ

ピクテ-スペングラー反応　137
PCR　65,73
ビタミン　4,85,96
ビタミン A　90
ビタミン A1　127
ビタミン B 群　87
ビタミン B12　3,89
ビタミン C　88
必須アミノ酸　40,109,111
ヒノキチオール　5
非必須アミノ酸　109
非ベンゼン系芳香族化合物　5
非メバロン酸経路　115,118
ピラノース　12
非リボソームペプチド　53
ピルビン酸　99
ピレスロイド　4,147
ピレトリン　5

フ

ファイトアレキシン　71,145
ファルネシル二リン酸　118
ファルネソール　121
ファントホッフ　2
フィッシャー　6
フィッシャー投影式　10
フィトエクジソン　147
フィトエン　126
フェニルアラニン　137
フェニルプロパノイド　116,134
フェロモン　143
不斉アシル化反応　69
不斉炭素原子　10
物理有機化学　5
不飽和脂肪酸　24
ブラシノライド　95,125
プラスミド　154
フラノース　12
フラボノイド　140
フルクトース　14
プレニル基転移酵素　118

索　引　179

フレミング　7
プロスタグランジン　33
フローリー　7
フンク　4

ヘ

ヘキソキナーゼ　63
ベクター　155
ベシクル　33
β酸化　106
β-シート　56
ペニシリン　7,148,155
ペプチド　43
ペプチド結合　47
ヘミアセタール　12
ヘモグロビン　59
ペリプラノン　122,144
ベルセリウス　1
変性　65
ペントースリン酸経路　104

ホ

補因子　62
放線菌　148
飽和脂肪酸　24
補酵素　62
補酵素 A　88,100
保護基　49
ホスト　160
ホスファチジルイノシトール　28
ホスファチジルコリン　27
ポリエンマクロリド系抗生物質　130,149
ポリケチド　116,128
ポリケチド合成酵素　53,130,157
ポリゴジアール　122,147
ポリヌクレオチド　74
ポリマー　20

ポリメラーゼ連鎖反応　65
ホルボール　122
ホルモン　92,143
ホロ酵素　62
ボンビコール　143
翻訳　79
翻訳後修飾　46

マ

マイトマイシン　150,153
マクロリド系抗生物質　130,149
真島利行　4
マルトース　18
マロニル CoA　108
マンノース　6,14

ミ，ム

ミオグロビン　58
ミセル　26
道しるべフェロモン　144
ミトコンドリア　100
ミュータシンセシス　155
無機化合物　1

メ，モ

メバロン酸経路　115,117
モジュール　132
モノテルペン　119

ヤ，ユ

薬剤耐性　149
有機化合物　1
有機分析化学　6
誘導適合モデル　63
油脂　25
ユビキノン　102

ヨ

葉緑体　98
四次構造　59

ラ

雷酸銀　2
β-ラクタム系抗生物質　149
ラセミ体　35
ラノステロール　124
ランチオニン　45

リ

リアーゼ　70
リガーゼ　72,154
リガンド　40
リグナン　135
リコペン　126
リシン　137
リゾチーム　58
立体異性体　11
立体特異的番号付　27
リービッヒ　2
リボ核酸　15,74
リボース　15,74
リポソーム　33
リボソーム　52,80
リボソームペプチド　52
リン酸エステル結合　74
リン酸ジエステル結合　79
リン脂質　27

ル，レ

ルエル　1
ルテイン　127
レセルピン　3

ロ

ロイコトリエン　33
蝋　25
ロテノン　147

ワ

ワグナー–メーヤワイン転位　120

アルファベットなど

α-ケトグルタル酸　102,109
α-ケト酸　109
α-ヘリックス　55
β-エクジソン　125
βグリコシド結合　74
β-ケトメチレン鎖　128
β酸化　106
β-シート　56
β-ラクタム系抗生物質　149
ACP　69,108
ADP　97
ATP　75,97
CoA　88,100
DMAPP　117
DNA　15,74
EC 番号　66
FAD　87,102
FMN　87,102
FPP　118
GFPP　118
GGPP　118
GPP　118
GTP　102
IPP　117
JH Ⅲ　121
MEP 経路　116,118
mRNA　52
NADH　87,100
NADPH　87,98
PCR　65,73
RNA　15,74
RNA ポリメラーゼ　79
TCA 回路　73,10

著 者 略 歴

北原　武（きたはら たけし）

1943 年	長野県に生まれる
1965 年	東京大学農学部農芸化学科卒業
1970 年	東京大学農学系大学院博士課程修了
1970 年	理化学研究所研究員
1979 年	東京大学農学部助教授
1994 年	東京大学大学院農学生命科学研究科教授
2004 年	東京大学名誉教授・帝京平成大学教授・北里大学客員教授

専門　有機合成化学，天然物化学　農学博士

石神　健（いしがみ けん）

1969 年	東京都に生まれる
1992 年	東京大学農学部農芸化学科卒業
1997 年	東京大学大学院農学生命科学研究科 応用生命化学専攻博士課程修了
1997 年	日本学術振興会特別研究員を経て 東京大学農学部助手
2005 年	東京大学農学部講師
2008 年	東京大学農学部准教授
2017 年	東京農業大学生命科学部 分子生命化学科教授

専門　天然物化学，有機合成化学　博士（農学）

矢島　新（やじま あらた）

1972 年	東京都に生まれる
1995 年	東京理科大学理学部化学科卒業
2000 年	東京理科大学理学研究科化学専攻博士課程修了
2000 年	東京農業大学応用生物科学部醸造科学科助手～講師～
2009 年	東京農業大学応用生物科学部醸造科学科准教授
2017 年	東京農業大学生命科学部分子生命化学科准教授
2018 年	東京農業大学生命科学部分子生命化学科教授

専門　有機合成化学　博士（理学）

有機化学スタンダード　生物有機化学

2018 年 8 月 20 日　第 1 版 1 刷発行
2021 年 3 月 15 日　第 2 版 1 刷発行

検印省略

定価はカバーに表示してあります.

著作者	北　原　　　武 石　神　　　健 矢　島　　　新
発行者	吉　野　和　浩
発行所	東京都千代田区四番町 8-1 電　話　　03-3262-9166（代） 郵便番号　102-0081 株式会社　裳　華　房
印刷所	三報社印刷株式会社
製本所	牧製本印刷株式会社

一般社団法人
自然科学書協会会員

JCOPY〈出版者著作権管理機構 委託出版物〉
本書の無断複製は著作権法上での例外を除き禁じられています. 複製される場合は, そのつど事前に, 出版者著作権管理機構（電話 03-5244-5088, FAX 03-5244-5089, e-mail: info@jcopy.or.jp）の許諾を得てください.

ISBN 978-4-7853-3425-3

© 北原 武・石神 健・矢島 新, 2018　　Printed in Japan

有機化学スタンダード   各B5判，全5巻

裾野の広い有機化学の内容をテーマ（分野）別に学習することは、有機化学を学ぶ一つの有効な方法であり、専門基礎の教育にあっても、このようなアプローチは可能と思われる。本シリーズは、有機化学の専門基礎に相当する必須のテーマ（分野）を選び、それぞれについて、いわばスタンダードとすべき内容を盛って、学生の学びやすさと教科書としての使いやすさを最重点に考えて企画した。

基礎有機化学
小林啓二 著　184頁／定価（本体2600円＋税）

立体化学
木原伸浩 著　154頁／定価（本体2400円＋税）

有機反応・合成
小林　進 著　192頁／定価（本体2800円＋税）

生物有機化学
北原　武・石神　健・矢島　新 共著
192頁／定価（本体2800円＋税）

有機スペクトル解析入門
小林啓二・木原伸浩 共著　　　近　刊

化学の指針シリーズ
生物有機化学　−ケミカルバイオロジーへの展開−
宍戸昌彦・大槻高史 共著　A5判／204頁／定価（本体2300円＋税）

【目次】1．アミノ酸から蛋白質，遺伝子から蛋白質 −生体の物質変換と情報変換を学ぶ−　2．分子生物学で用いる基本技術 −分子生物学の技法を使いこなす−　3．細胞内で機能する人工分子 −生き物の中で化学を使いこなす−　4．人工生体分子から機能生命体へ −合成生命体にアプローチする−　5．遺伝子発現の制御 −生物機能を操る−　6．進化分子工学 −未知の生物機能を創る−　7．人工生体分子の医療応用 −化学を診断や治療につなげる−

化学新シリーズ
生物有機化学　−新たなバイオを切り拓く−
小宮山　真 著　A5判／158頁／定価（本体2400円＋税）

【目次】1．生物有機化学とは　2．タンパク質の構造と機能　3．核酸　4．バイオテクノロジー　5．生体反応のエネルギー源：ATP　6．触媒作用の基礎　7．酵素の構造と機能　8．代表的な酵素（α−キモトリプシン）の作用機構　9．補酵素　10．分子内反応と分子内触媒作用　11．複数の官能基の協同触媒作用　12．人工ホスト　13．人工酵素

新バイオの扉　未来を拓く生物工学の世界
高木正道 監修／池田友久 編集代表
A5判／272頁／定価（本体2600円＋税）

しくみからわかる生命工学
田村隆明 著
B5判／224頁／定価（本体3100円＋税）

ゲノム編集の基本原理と応用
−ZFN，TALEN，CRISPR-Cas9−
山本　卓 著
A5判／176頁／定価（本体2600円＋税）

ゲノム編集入門
−ZFN・TALEN・CRISPR-Cas9−
山本　卓 編
A5判／240頁／定価（本体3300円＋税）

ゲノム創薬科学
田沼靖一 編
A5判／322頁／定価（本体4400円＋税）

健康寿命を延ばそう！
機能性脂肪酸入門
彼谷邦光 著
A5判／168頁／定価（本体2300円＋税）

裳華房ホームページ　https://www.shokabo.co.jp/

代表的な官能基

構造式	示性式	官能基の名称	化合物の名称	置換基として接頭語に置く場合の命名
$\diagup C = C \diagdown$		二重結合	アルケン	炭化水素骨格の中で接尾語として組み込まれて命名される
$-C \equiv C-$		三重結合	アルキン	
R-X	R-X	ハロゲン	ハロゲン化合物	フルオロ、クロロ、ブロモ、ヨード
R-O-H	R-OH	ヒドロキシ	アルコール	ヒドロキシ
R-O-R'	R-O-R'	R－オキシ（アルコキシ）	エーテル	R－オキシ（アルコキシ）
R-C-H ‖O	R-CO-H	アルデヒド（ホルミル）	アルデヒド	ホルミル
R-C-R' ‖O	R-CO-R'	カルボニル	ケトン	オキソ
R-C-O-H ‖O	$R-CO_2H$	カルボキシ	カルボン酸	カルボキシ
R-C-N$\diagdown^H_H$ ‖O	$R-CO-NH_2$	カルバモイル	アミド	カルバモイル
R-N$^{+}\diagup^O_{O^-}$	$R-NO_2$	ニトロ	ニトロ化合物	ニトロ
R-N$\diagdown^H_H$	$R-NH_2$	アミノ	アミン	アミノ
R-$\overset{O}{\underset{O}{S}}$-O-H	$R-SO_3H$	スルホ	スルホン酸	スルホ
$R-C \equiv N$	R-CN	シアノ	ニトリル	シアノ

表の注： †1：官能基以外の炭化水素部分を R、R′で表している。

　　　　　†2：カルボキシ基、アルデヒド基、アミド基などの $\diagup C=O$ をまとめてカルボニル基という。